特种作业人员安全技术培训考核统编教材

压力容器操作工

国家《特种作业人员安全技术培训
大纲及考核标准》起草小组专家编写

中国劳动社会保障出版社

图书在版编目(CIP)数据

压力容器操作工/王朝前主编. —北京：中国劳动社会保障出版社，2007

特种作业人员安全技术培训考核统编教材

ISBN 978-7-5045-6232-6

Ⅰ. 压… Ⅱ. 王… Ⅲ. 压力容器-操作-技术培训-教材 Ⅳ. TH49

中国版本图书馆 CIP 数据核字(2007)第 200851 号

中国劳动社会保障出版社出版发行

（北京市惠新东街 1 号 邮政编码：100029）

出 版 人：张梦欣

*

三河市华骏印务包装有限公司印刷装订 新华书店经销

850 毫米×1168 毫米 32 开本 12.5 印张 307 千字

2008 年 1 月第 1 版 2018 年 1 月第 16 次印刷

定价：28.00 元

读者服务部电话：（010）64929211/64921644/84626437

营销部电话：（010）64961894

出版社网址：http://www.class.com.cn

编委会

主　任　闪淳昌

委　员　施卫祖　吕海燕　杨国顺　牛开健
徐洪军　崔国璋　时　文　王朝前
王铭珍　王海军　宋光积　邢　磊
马恩远　杨有启　杨泗霖　王琛亮
洪　亮　曹希桐　高　扬　孙桂林
冯维君　甘晓东　柯振泉　冯国庆
宋鸿铭　吴　燕

主　编　王朝前

副主编　陈东初　闫绍峰　王　旭　王维臣

撰　稿　王朝前　陈东初　闫绍峰　王　旭
王维臣　王　雪　张　楠　杨　雷
孔英姿　樊　利　生继成　王文彬

内容提要

本书由国家《特种作业人员安全技术培训大纲及考核标准》起草小组专家编写，是压力容器操作工安全技术培训考核用书。

本书系统地介绍了压力容器操作工应学习掌握的安全技术理论知识和实际操作技能。全书共分两部分，第一部分是压力容器操作工安全技术培训内容，包括压力容器基础知识、压力容器的基本结构、压力容器安全附件、压力容器常用介质及其特性、压力容器带压密封、罐车充装及安全管理、气瓶充装及安全管理、压力容器安全运行与管理、压力容器事故与应急预案。第二部分是压力容器操作工安全技术考核复习题及试卷实例。

本书除作为压力容器操作工安全技术培训考核教材外，还可作为压力容器使用单位安全管理干部及相关技术人员的参考用书。

前言

我国《劳动法》规定："从事特种作业的劳动者必须经过专门培训并取得特种作业资格。"我国《安全生产法》还规定："生产经营单位的特种作业人员必须按照国家有关规定经专门的安全作业培训，取得特种作业操作资格证书，方可上岗操作。"

为了进一步落实《劳动法》《安全生产法》的上述规定，配合国家安全生产监督管理局依法做好特种作业人员的培训考核工作，中国劳动社会保障出版社根据国家安全生产监督管理局颁布的《安全培训管理办法》《关于特种作业人员安全技术培训考核工作的意见》《特种作业人员培训考核管理办法》，组织《特种作业人员安全技术培训大纲及考核标准：通用部分》起草小组的有关专家，对由原劳动部组织的我国第一套《特种作业人员培训考核统编教材》及《特种作业人员复审教材》，进行全面的修订。

修订后的《特种作业人员安全技术培训考核统编教材》（第二版）共计以下 9 种：（1）电工；（2）焊工；（3）起重机司机；（4）起重指挥司索工；（5）电梯维修与操作；（6）企业内机动车辆驾驶员；（7）登高架设工；（8）制冷空调设备维修与操作；（9）压力容器操作工。修订后的《特种作业人员安全技术复审教材》（第二版）共计以下 9 种：（1）电工作业；（2）金属焊割作业；（3）起重作业；（4）起重指挥司索作业；（5）电梯作业；（6）企业内机动车辆驾驶；（7）登高架设作业；（8）制冷与空调作业；（9）压力容器操作。第二版统编教材具有以下几方面特点：

一、突出科学性、规范性。本版统编教材是根据国家安全生产监督管理局统一制定的特种作业人员培训大纲和考核标准，由该培训大纲和考核标准起草小组的有关专家对全国第一套《特种作业人员培训考核统编教材》及《特种作业人员复审教材》进行全面修订的最新成果。因此，本版统编教材具有突出的科学性、规范性。

二、突出适用性、针对性。专家在修订编写过程中，根据国家安全生产监督管理局关于教材建设要在安全生产培训工作指导委员会的统一指导和协调下，本着“少而精”“实用、管用”的原则，对第一版统编教材进行全面修订。因此，本版统编教材具有突出的适用性、针对性。

三、突出实用性、可操作性。根据国家安全生产监督管理局关于“努力做好培训机构、培训大纲、考核标准、考试题库建设，构建安全培训的标准化体系”的要求，以及“统一规划，归口管理，分级实施，教考分离”的原则，有关专家在修订中，为以上 9 种培训教材和 9 种复审教材分别配套编写了复习题库和答案，并提供了相应的考核试卷实例。因此，本版统编教材又具有突出的实用性、可操作性。

总之，本版统编教材反映了国家安全生产监督管理局关于全国特种作业人员培训考核的最新要求，是全国各有关行业、各类企业准备从事特种作业的劳动者，为提高有关特种作业的知识与技能，提高自身安全素质，取得特种作业人员 IC 卡操作证的最佳培训考核与复审教材。

目录

第一部分　压力容器操作工安全技术培训内容

第一章　压力容器基础知识……………………………………（1）

第一节　概述……………………………………………………（1）
第二节　压力容器的基本要求…………………………………（4）
第三节　压力容器的主要技术参数……………………………（5）
第四节　压力容器的分类………………………………………（10）
第五节　压力容器常用钢材……………………………………（19）
第六节　压力容器常用非金属材料……………………………（25）
第七节　压力容器应力及其对安全性的影响…………………（30）

第二章　压力容器的基本结构………………………………（33）

第一节　压力容器的结构形式…………………………………（33）
第二节　压力容器的组成………………………………………（43）

第三章　压力容器的安全附件………………………………（51）

第一节　安全附件的分类及设置要求…………………………（51）
第二节　安全阀…………………………………………………（56）
第三节　爆破片…………………………………………………（69）
第四节　安全阀与爆破片的组合………………………………（75）
第五节　紧急切断装置…………………………………………（77）
第六节　快开门式压力容器安全联锁装置……………………（81）
第七节　压力表与液面计………………………………………（90）

第八节　其他安全附件…………………………………………………（97）
第九节　安全附件的检查………………………………………………（104）

第四章　压力容器常用介质及其特性……………………………（108）

第一节　压力容器常用介质基础知识………………………………（108）
第二节　压力容器常用气体的分类及其特性………………………（112）
第三节　压力容器常用气体的危险特性及其预防措施
……………………………………………………………………（123）

第五章　压力容器带压密封………………………………………（140）

第一节　泄漏与密封……………………………………………………（140）
第二节　带压密封技术…………………………………………………（155）
第三节　带压密封的安全与防护………………………………………（188）

第六章　罐车充装与安全管理……………………………………（193）

第一节　罐车的分类与主要技术参数…………………………………（193）
第二节　罐车的基本结构和颜色标志…………………………………（196）
第三节　罐车的充装……………………………………………………（234）
第四节　罐车的安全使用与管理………………………………………（243）

第七章　气瓶充装与安全管理……………………………………（248）

第一节　气瓶的分类与结构……………………………………………（248）
第二节　气瓶的主要技术参数…………………………………………（257）
第三节　气瓶附件及其作用……………………………………………（261）
第四节　气瓶的颜色标记和钢印标记…………………………………（267）
第五节　瓶装气体充装量………………………………………………（275）
第六节　气瓶的充装……………………………………………………（285）
第七节　气瓶的安全管理………………………………………………（303）

第八章　压力容器安全运行与管理……………………（313）

第一节　压力容器安全运行……………………………（313）
第二节　压力容器的维护保养…………………………（326）
第三节　压力容器定期检验与改造维修………………（329）

第九章　压力容器事故与应急预案……………………（344）

第一节　压力容器事故的危害性与破裂形式
　　　　……………………………………………………（344）
第二节　压力容器事故分类与处理……………………（354）
第三节　压力容器典型事故与预防……………………（360）
第四节　压力容器事故的应急预案……………………（364）

第二部分　压力容器操作工安全技术考核复习题及试卷实例

Ⅰ. 安全技术考核复习题 ……………………………（369）
Ⅱ. 安全技术考核复习题答案 ………………………（378）
Ⅲ. 安全技术考核试卷实例 …………………………（386）

第一部分 压力容器操作工安全技术培训内容

第一章

压力容器基础知识

第一节 概 述

压力容器是许多工业生产过程中不可缺少的一种承压类特种设备。随着工业的发展，压力容器已经广泛应用于石油、化工、机械、冶金、航空、航天及电力等行业。目前，在医疗卫生和日常生活中也已被广泛使用，数量在日益增加，并逐渐趋向容量大型化和结构复杂化。为了适应工程上的需要，近年来，压力容器的设备制造不断采用新材料、新工艺和新技术。因此，压力容器的安全可靠性问题就显得更为重要，更需要人们密切关注。

压力容器的安全问题之所以特别重要，主要是因为它既是工业生产、医疗卫生、能源、军事、科研等领域和日常生活中广泛使用的设备，又是事故率高，事故后果严重的特种设备。

一、压力容器应用广泛

压力容器是一种能承受压力载荷的密闭容器。它的主要作用是储存、运输有压力的气体或液化气体，或为这些流体的传热、分离提供一个密闭的空间，或作为完成物理或化学过程的设备。压力容器有各种各样的结构形式，从容积只有几升的瓶或罐，到容积为上万立方米的球形容器或高达上百米的塔式容器。它们在生产和生活中得到广泛的应用。在化学工业中，几乎每一个工艺过程都要用到压力容器。在医疗卫生领域，医用氧舱、灭菌柜等也都很常见。而液化石油气钢瓶等压力容器已进入千家万户，与人们的日常生活密切相关。

二、压力容器事故率高

压力容器是一种可能引起爆炸或中毒等危害性较大事故的特种设备，当设备发生破坏或爆炸时，设备内的介质迅速膨胀、释放出极大的内能，这些能量不仅会使设备本身遭到破坏，瞬间释放的巨大能量还将产生冲击波，使周围的设施和建筑物遭到破坏，危及人民生命安全。如果设备内盛装易燃或有毒介质，一旦突然发生爆炸或泄漏，将会造成恶性的连锁反应，后果不堪设想。它比一般通用机械设备事故率都高，所以要有更高的安全要求。

压力容器的工作条件一般比较恶劣，因而容易发生各种事故。

1. 承受一定的压力及温度

压力容器要承受大小不同的压力载荷和其他载荷，有些容器要在高温或深冷条件下工作。压力容器内的压力可能因操作失误或反应异常而迅速升高，导致承压部件超压破裂。

2. 使用介质复杂

压力容器的工作介质常具有较强的腐蚀性，会导致氧腐蚀、硫腐蚀、硫化氢腐蚀以及各种浓度的酸、碱、盐腐蚀，损坏设备；有的工作介质是易燃易爆有毒物质，一旦泄漏，或发生燃烧、爆炸，会造成人身伤亡和财产损失。

3. 较为复杂的局部应力

压力容器通常都有开孔接管及其他的不连续结构，在这些区域内存在着较高的应力，在某些使用环境或载荷条件下，会导致承压部件破裂。

4. 连续运转不能得到正常检验

压力容器大多是钢制焊接结构，其焊缝部位常隐藏着漏检缺陷或标准允许的细微缺陷。在使用中，很多压力容器必须连续运行，不便停用以进行定期检验，所以常因缺陷扩展而导致破裂。

在上述因素共同影响下，即使是设计、制造质量符合标准的压力容器，在正常操作条件下也可能发生事故，更不用说带有设计、制造缺陷和操作不当的设备了。

三、压力容器事故后果严重

压力容器承压部件的断裂破坏伴随着介质的能量释放会形成爆炸，具有巨大的破坏力，不仅损坏设备本身，而且损坏周围的设备和建筑物，并常常造成人身伤亡，后果极其严重。造成伤害的因素主要有：

1. 冲击波伤害

压力容器内的介质一般是具有一定压力的气体、液化气体或高温液体，承压部件一旦破裂，介质就会泄压膨胀或瞬时汽化，瞬间释放出巨大的能量。其中大约85%的能量用以产生冲击波，向周围快速传播，破坏设备、建筑物，并危害人身安全。

2. 设备碎片伤害

压力容器破裂时，有些壳体可能裂成碎片并高速飞出，击穿、撞坏设备或建筑，有时还会直接伤人。

3. 介质伤害

压力容器破裂时介质外泄，常常造成人员烫伤、中毒、现场燃烧及二次爆炸，产生连锁反应。

总之，压力容器爆炸，常会造成大面积的、立体性的破坏和群体伤害，给事故发生单位及其附近社区造成严重损失。

综上所述，压力容器应用广泛，工作条件恶劣，容易损坏，事故率高，且事故后果往往严重。因此，对压力容器的安全问题不能等闲对待，一定要慎之又慎，确保万无一失。我国把压力容器作为一种特种设备，由国家质量监督检验检疫总局对其安全进行监督管理。国务院颁布了《特种设备安全监察条例》，把压力容器作为特种设备中的一种，对生产（含设计、制造、安装、改造、维修）、使用、检验检测及其监督检查等环节都做出了具体规定。对使用单位，要求使用符合安全技术规范的特种设备，建立技术档案，向特种设备安全监督管理部门登记，按规定进行定期检验，持证使用；至于作业人员（含相关管理人员和操作人员），则必须经专门的技术培训和考核，持证上岗，以确保压力容器安全运行。

第二节　压力容器的基本要求

压力容器的生产（含设计、制造、安装、改造维修）和使用，必须最大限度地满足工艺生产和安全规范的要求。也就是说，压力容器必须具备工艺要求的使用性能，安全可靠；制造与安装简单，结构先进；维修操作方便，经济合理。因此，压力容器必须满足以下要求：

一、强度

强度是指容器在确定的压力或其他外部载荷作用下，抵抗破坏（破裂或过量塑性变形）的能力。如反应器或分离器的筒体强度设计不足，在压力作用下，将产生过量塑性变形，以致直径增大，壁厚减薄，最后导致破裂失效。

二、刚度

刚度与强度不同。刚度是指抵抗变形的能力。容器或容器的受压部件虽然不会因刚度不足而发生破裂和过量的塑性变形，但弹性变形过大也会使其丧失正常工作的能力。如压力容器设备法兰和接管法兰，会因刚度不足导致密封泄漏，使密封结构失效。

三、稳定性

稳定性是指在外载荷作用下，容器保持其固有形状不变的能力。稳定性失效是指容器外载荷达到某一极限而形状突然发生改变，使容器丧失工作能力。如薄壁圆筒容器在外部载荷作用下的突然压瘪或断裂。

四、耐久性

耐久性是容器使用寿命的表征。它与强度、刚度及稳定性一样，是容器性能的重要指标。一般压力容器的设计使用年限为10～20年，对重要的容器可按20年考虑。当然，容器的设计使用年限与容器的实际使用年限是不同的，如果容器维护保养得当，实际使用年限可以比设计使用年限长得多。压力容器的使用年限取决于容器的疲劳寿命和腐蚀速率等。

五、密封性

压力容器的密封不仅指可拆连接处的密封，而且也包括焊接连接处的密封。对于盛装易燃、有毒介质的压力容器，容器的密封性必须从严要求。盛装这类介质的容器不但需采用可靠的密封结构，而且其制造和定期检验都要提出气密性试验等更高要求。

第三节　压力容器的主要技术参数

压力容器技术参数是由工艺确定的。它是压力容器设计、制造、检验、使用的重要依据。压力容器主要技术参数为压力、温度、介质、容积和壁厚。

一、压力

压力是压力容器内壁单位面积所承受的与表面垂直的作用力。又称压力强度，简称压强，习惯上叫压力。用符号“p”表示，单位为帕（Pa），常用倍数单位为兆帕（MPa）。

1. 大气压力

大气压力是地球表面大气层受地心的吸引所产生的重力，即所谓大气压。地球表面不同部位大气层厚度是不同的，大气层厚处，压力就大，反之则小。高山上的大气压就比海平面上的小。为使计算有个统一基点，我们将海平面上，相当于760约定毫米汞柱（mmHg）的大气压力称为1标准大气压（atm），用

0.1 MPa 表示。为计算方便，工程上称 0.098 MPa 为 1 工程大气压（at）。它与标准大气压之间的换算关系为：

1 工程大气压＝0.968 标准大气压＝735.6 mmHg

如果以约定毫米水柱（mmH_2O）来计算压力时，其换算关系为：

$$9.8\ Pa = 1\ mmH_2O$$

$$0.098\ MPa = 10\,000\ mmH_2O = 10\ mH_2O$$

应该注意的是，标准大气压、工程大气压、约定毫米汞柱或约定毫米水柱都是应废除的单位。

2. 绝对压力

绝对压力是流体相对于真空的自身实际压力，与大气压无关。

3. 表压力

压力表测得的压力数值，实际上是容器内部压力与大气压的差值，通常称为表压。当容器内介质的压力等于大气压时，压力表的指针指在零位，称表压为零。绝对压力、表压力之间的关系为：

绝对压力＝表压力＋大气压力

4. 最高工作压力

最高工作压力是指在正常操作情况下，容器顶部可能出现的最高压力（即不包括液体的静压力）。

5. 设计压力

设计压力是指在相应设计温度下，用以确定容器壳体厚度的压力，亦即标注在铭牌上的容器设计压力，其值略高于最高工作压力。

对于盛装液化气体的容器，在规定的系数范围内，设计压力应根据操作条件下可能达到的最高温度确定。

外压容器的设计压力，应取不小于正常操作情况下可能出现的最大内外压力差。

真空容器按承受外压设计，当装有安全控制装置（如真空泄放阀）时，设计压力取1.25倍的最大内外压力差和0.1 MPa两者中的较小者；当没有安全控制装置时，取0.1 MPa。

计算带夹套部分的内容器时，应考虑正常操作情况下可能出现的内外压力差。

6. 压力容器的压力来源

压力容器的压力来源主要有四种：

（1）由压缩机或液体泵产生的压力　此时压力容器中，通过容积式压缩机或者容积式泵使气体或液体缩小体积，增加气体或液体的密度来提高气体或液体的压力。这对于工作介质的压力取决于压缩机和泵出口的压力的容器，如储气罐、缓冲罐、压缩机段间分离容器等。速度型压缩机及泵则通过增加气体或液体的流速，并将其动能转变为静压能来提高气体及液体的压力。

（2）由蒸汽锅炉、废热锅炉产生的压力　此时压力容器的工作介质为蒸汽（如汽包、蒸汽加热器等），其压力取决于锅炉蒸汽压力或经减压后的蒸汽压力。

（3）由液化气体蒸发产生的压力　这对于工作介质为液化气体的压力容器，如液化气储罐、液化气钢瓶等。其压力取决于储存温度下，液化气体的饱和蒸汽压。液化气体类型不同、操作温度不同，则其对应的饱和蒸汽压也不同。

（4）由化学反应产生的压力　多数反应容器中，两种或两种以上的化学物质，在一定的温度和压力条件下，进行化学反应，生成一种或几种化合物。有些容器中，所进行的则可能是分解或解聚等过程。在这些过程中，反应物体积和温度可能发生急剧变化，同时引起反应器内压力的变化。例如聚甲醛（固体）的比容为0.7 L/kg，当它解聚变为气态甲醛时，其比容达746 L/kg，体积剧增上千倍，在容器内产生很高的压力。

因此，无论是介质压力产生于容器外，还是产生在容器内，操作不当都有发生事故的可能性，都存在不同的危险性。

二、温度

1. 介质温度

指容器内工作介质的温度，可以用测量仪表测得。

2. 设计温度

压力容器的设计温度不同于其内部介质可能达到的温度，是指容器在正常工作过程中，在相应设计压力下，器壁或元件金属可能达到的最高或最低温度。GB 150—1998《钢制压力容器》对设计温度的选取有如下规定：

（1）当容器的各个部位在工作过程中可能产生不同温度时，可取预计的不同温度作为各相应部位的设计温度。

（2）对有内保温的容器，应进行壁温计算或以工作条件相似容器的实测壁温作为设计温度，并需在容器壁上设置测温点或涂以超温显示剂。

值得注意的是，只有当器壁或元件金属的温度低于－20℃时，才按最低温度确定设计温度。除此之外，设计温度一律按最高温度选取。

（3）试验温度是指压力试验时，容器壳体的金属温度。

有关规程或规范规定，对容器的使用温度和金属壁温要进行控制，以免容器超温运行。

三、介质

介质是指压力容器内盛装的物料，有液态、气态或气液混合态。压力容器的安全性与其内部盛装的介质密切相关，介质性质不同，对容器的材料、制造和使用的要求也不同。介质易燃、易爆、有腐蚀性和毒性的容器，危险性较大，因此，在使用维护中应特别注意。

1. 易燃介质

指与空气的混合物的爆炸下限小于10%，或爆炸上限与下限的差值大于等于20%的气体，如氢、甲烷、乙烷、环氧乙烷、环丙烷、乙烯、丙烯等。

2. 毒性介质

参照 GB 5044—1985《职业性接触毒物危害程度分级》的规定，将毒性介质分为四级，具体为：

（1）Ⅰ级极度危害，（在空气中的）允许浓度小于 0.1 mg/m^3。

（2）Ⅱ级高度危害，允许浓度大于等于 0.1 mg/m^3，小于 1.0 mg/m^3。

（3）Ⅲ级中度危害，允许浓度大于等于 1.0 mg/m^3，小于 10 mg/m^3。

（4）Ⅳ级轻度危害，允许浓度大于等于 10 mg/m^3。

如氟、氢氟酸、光气、氟化氢、氯等为Ⅰ、Ⅱ级；二氧化硫、氨、一氧化碳、甲醇、氧化乙烯、硫化乙烯等为Ⅲ级；氢氧化钠、丙酮等为Ⅳ级。

3. 混合物质的介质。压力容器中的介质为混合物质时，应根据介质的组成并按毒性程度和易燃介质的划分原则，由设计单位的工艺设计部门或使用单位的生产技术部门，判定介质毒性程度，以及是否属于易燃介质。

4. 腐蚀介质。硝酸、硫酸、盐酸、环烷酸、强碱等具有强腐蚀性。介质的腐蚀性很复杂。介质的种类和性质不同，加上工艺条件不同，介质的腐蚀性也不同。

四、容积

压力容器主要是为不同生产工艺提供承压空间。容积取决于生产工艺的需要。决定容积大小的主要参数是直径与长度。筒体的厚度与直径有关而与长度无关。长度与刚度有关。在满足生产工艺的情况下，直径小可节省材料。

压力容器通常以其内直径为基准。为适应容器标准化、系列化的需要，采用公称直径。但是，用无缝钢管制造的圆筒形容器，直径是指它的外径。因为无缝钢管的公称直径不是内径，而是接近内径而又小于外径的一个数值。为了方便，无缝钢管作为容器时，选它的外径作为容器的公称直径。公称直径是经标准化、系统化后的尺寸。直径的符号用 D 及数字表示，公称直径用符号 D_g 及数字表示，单位为毫米（mm）；容积用符号 V 及数字表示，单位为立方米（m^3）。

五、壁厚

表示容器壁厚的参数常见的有：名义厚度、厚度附加量、计算厚度、设计厚度、有效厚度等。厚度的单位为毫米（mm）。

1. 名义厚度是将设计厚度向上圆整至钢材标准规格的厚度，即是图样上标注的厚度。

2. 厚度附加量指钢材的厚度负偏差和腐蚀余量之和。

3. 计算厚度指按各计算公式计算所得的厚度（不包括厚度附加量）。

4. 设计厚度指计算厚度与厚度附加量之和。

5. 有效厚度指名义厚度减去厚度附加量。

第四节　压力容器的分类

压力容器的形式、种类繁多，有许多种分类方法，常用的有以下几种：

一、一般分类

1. 按容器承受的压力分类

按所承受压力的高低，压力容器可分为低压、中压、高压、超高压四个等级。具体划分如下：

（1）低压容器（代号 L），$0.1\ \text{MPa} \leqslant p < 1.6\ \text{MPa}$。

（2）中压容器（代号 M），$1.6\ \text{MPa} \leqslant p < 10\ \text{MPa}$。

（3）高压容器（代号 H），$10\ \text{MPa} \leqslant p < 100\ \text{MPa}$。

（4）超高压容器（代号 U），$p \geqslant 100\ \text{MPa}$。

2. 按壳体承压方式分类

按壳体承压方式不同，压力容器可分为内压（壳体内部承受介质压力）容器和外压（壳体外部承受介质压力）容器两大类。

3. 按设计温度分类

按设计温度（t）的高低，压力容器可分为低温容器（$t \leqslant -20℃$）、常温容器（$-20℃ < t < 450℃$）和高温容器（$t \geqslant 450℃$）。

4. 按安置形式分类

按安置形式分类，压力容器可分为固定式容器和移动式容器两大类：

（1）固定式容器　固定式容器是指有固定的安装和使用地点，工艺条件和操作人员也比较固定，一般不是单独装设，而是用管道与其他设备相连接的容器，如合成塔、蒸球、球罐、管壳式余热锅炉、热交换器、分离器等。

（2）移动式容器　移动式容器指的是储运容器，如气瓶、汽车罐车、铁路罐车、罐式集装箱等，其主要用途是装运有压力的气体或液体。这类容器无固定使用地点，一般没有专职的使用操作人员，使用环境经常改变，管理比较复杂，较易发生事故。

5. 按生产工艺过程中的作用原理分类

按生产工艺过程中的作用原理，压力容器可分为反应容器、换热容器、分离容器和储运容器。

（1）反应容器（代号 R）　主要用来完成介质的物理变化、化学反应的容器，如反应器、反应釜、发生器、分解锅、硫化罐、分解塔、聚合釜、高压釜、合成塔、变换炉、蒸煮锅、蒸压釜、蒸球等。

（2）换热容器（代号 E）　主要用来完成介质热量交换的容器，如管壳式废热锅炉、热交换器、冷却器、冷凝器、蒸发锅、加热器、硫化锅、消毒锅、蒸煮器、染色器等。

（3）分离容器（代号 S）　主要用来完成介质的流体压力平衡缓冲和气体净化分离等的容器，如分离器、过滤器、集油器、缓冲器、储能器、洗涤器、吸收器、铜洗塔、干燥塔等。

（4）储存容器（代号 C，其中球形储罐代号 B）　主要用来储存、盛装气体、液体、液化气体等的容器，如各种形式的储罐。

在一种容器中，如同时具有两个以上的工艺作用原理时，应按工艺过程中的主要作用来划分。

6. 其他分类方法

（1）按容器的壁厚分，有薄壁容器（壁厚不大于容器内径的1/10）和厚壁容器（壁厚大于容器内径的1/10）。

（2）按壳体的几何形状分，有球形容器、圆筒形容器、异形容器（如锥圆形、箱形、轮胎形等）。

（3）按制造方法分，有板焊容器、锻焊容器、铸造容器、包扎式容器、绕带式容器等。

（4）按容器的安放形式分，有立式容器、卧式容器等。

（5）按容器的壳体材料分，有金属容器（如钢制容器、铝制容器、钛制容器）、非金属容器（如石墨制容器、玻璃钢制容器、全塑料制容器、移动式非金属容器）。

二、从安全监察角度分类

1. 我国压力容器安全监察的范围

（1）《压力容器安全技术监察规程》列入的压力容器安全监察范围　在1999年6月由原国家质量技术监督局颁布的《压力容器安全技术监察规程》中，将同时具备下列三个条件的容器列入压力容器安全监察的范围：

1）最高工作压力（p_w）大于等于0.1 MPa（不含液体静压力）。

2）内直径（非圆形截面指其最大尺寸）大于等于0.15 m，且容积（V）大于等于0.025 m^3。

3）盛装介质为气体、液化气体或最高工作温度大于等于标准沸点的液体。

（2）《特种设备安全监察条例》列入的压力容器安全监察范围　2003年3月公布的国务院《特种设备安全监察条例》列入压力容器安全监察的范围：

盛装气体或液体，承载一定压力的密闭设备，其范围规定为最高工作压力（p_w）大于或等于 0.1 MPa（表压），且压力与容积的乘积大于或等于 2.5 MPa·L 的气体或液化气体和最高工作温度高于或等于标准沸点的液体的固定式容器和移动式容器；盛装公称工作压力大于或等于 0.2 MPa（表压），且压力与容积的乘积大于或等于 1.0 MPa·L 的气体、液化气体和标准沸点等于或低于 60℃液体的气瓶；氧舱等。

由于《特种设备安全监察条例》是后发布的法规，且又比《压力容器安全技术监察规程》监察范围宽，对属于《特种设备安全监察条例》适用范围，但不在《压力容器安全技术监察规程》适用范围的小型压力容器（即直径小于 0.15 m 或容积小于 0.025 m^3），根据国家质量监督检验检疫总局 2006 年 3 月下发的《关于锅炉压力容器安全监察工作有关问题的意见》（质检办特函［2006］144 号）第一条第一款规定，小型容器不按《压力容器安全技术监察规程》划分类别。

2. 压力容器的类别

在《压力容器安全技术监察规程》中，将其监察范围的容器划分为三类：第一类压力容器、第二类压力容器和第三类压力容器。其中第三类压力容器危险性最大，故要求最严格。

（1）第三类压力容器

1）高压容器。

2）易燃介质或毒性程度为中度危害介质且 $pV \geqslant 0.5$ MPa·m^3 的中压反应容器和 $pV \geqslant 10$ MPa·m^3 的中压储存容器。

3）毒性程度为极度或高度危害介质的中压容器和 $pV \geqslant 0.2$ MPa·m^3 的低压容器。

4）高压、中压管壳式余热锅炉。

5）中压搪玻璃压力容器。

6）使用强度级别较高（指相应标准中抗拉强度规定值下限大于等于 540 MPa）的材料制造的压力容器。

7）移动式压力容器，包括铁路罐车（介质为液化气体、低温液体)、罐式汽车[液化气体运输(半挂)车、低温液体运输(半挂)车、永久气体运输(半挂)车]和罐式集装箱(介质为液化气体、低温液体)等。

8)球形储罐(容积大于等于 50 m^3)。

9)低温液体储存容器(容积大于 50 m^3)。

(2)第二类压力容器(属于第三类压力容器的除外)

1)中压容器。

2)易燃介质或毒性程度为中度危害介质的低压反应容器和储存容器。

3)毒性程度为极度和高度危害介质的低压容器。

4)低压管壳式余热锅炉。

5)低压搪玻璃压力容器。

(3)第一类压力容器　低压容器(属于第二类、第三类压力容器的除外)。

3. 压力容器安全状况等级的划分

压力容器的安全状况等级的划分和评定是对在用压力容器安全状况的整体评定。压力容器安全状况共分为五个等级:1 级,表示压力容器处于最佳安全状态;2 级,表示压力容器处于良好安全状态;3 级,表示压力容器安全状况一般,尚在合格范围内;4 级,表示压力容器处于在限制条件下监督运行状态;5 级,表示压力容器停止使用或判废。安全状况等级是经检验人员检验后与设备使用单位商定的。根据安全状况等级可确定设备的下次检验周期。安全状况的等级按《锅炉压力容器使用登记管理办法》附件 6 划分和评定。

根据压力容器的安全状况,将新压力容器划分为 1、2、3 三个等级,在用压力容器划分为 2、3、4、5 四个等级,每个等级划分原则如下:

(1)1 级　压力容器出厂技术资料齐全;设计、制造质量符合有关法规和标准的要求;在规定的定期检验周期内,在设计条件下能安全使用。

(2) 2级

1) 新压力容器 出厂技术资料齐全；设计、制造质量基本符合有关法规和标准的要求，存在的某些不危及安全且难以纠正的缺陷，出厂时已取得设计单位、使用单位和使用单位所在地安全监察机构同意；在规定的定期检验周期内，在设计规定的操作条件下能安全使用。

2) 在用压力容器 技术资料基本齐全；设计制造质量基本符合有关法规和标准的要求；根据检验报告，存在某些不危及安全且不易修复的一般性缺陷；在规定的定期检验周期内，在规定的操作条件下能安全使用。

(3) 3级

1) 新压力容器 出厂技术资料基本齐全；主体材料、强度、结构基本符合有关法规和标准的要求；但制造时存在的某些不符合法规和标准的问题或缺陷，出厂时已取得设计单位、使用单位和使用单位所在地安全监察机构同意；在规定的定期检验周期内，在设计规定的操作条件下能安全使用。

2) 在用压力容器 技术资料不够齐全；主体材料、强度、结构基本符合有关法规和标准的要求；制造时存在的某些不符合法规和标准的问题或缺陷，焊缝存在超标的体积性缺陷，根据检验报告，未发现缺陷发展或扩大；其检验报告确定在规定的定期检验周期内，在规定的操作条件下能安全使用。

(4) 4级 主体材料不符合有关规定，或材料不明，或虽属选用正确，但已有老化倾向；主体结构有较严重的不符合有关法规和标准的缺陷，强度经校核尚能满足要求；焊接质量存在线性缺陷；根据检验报告，未发现缺陷由于使用因素而发展或扩大；使用过程中产生了腐蚀、磨损、损伤、变形等缺陷，其检验报告确定为不能在规定的操作条件下或在正常的检验周期内安全使用。必须采取相应措施进行修复和处理，提高安全状况等级，否则只能在限定的条件下短期监控使用。

（5）5 级　无制造许可证的企业或无法证明原制造单位具备制造许可证的企业制造的压力容器；缺陷严重、无法修复或难于修复、无返修价值或修复后仍不能保证安全使用的压力容器，应予以判废，不得继续作承压设备使用。

需要说明的是：安全状况等级中所述缺陷，是制造该压力容器最终存在的状态。如缺陷已消除，则以消除后的状态，确定该压力容器的安全状况等级。

技术资料不全的，按有关规定由原制造单位或检验单位经过检验验证后补全技术资料，并能在检验报告中得出结论的，则可按技术资料基本齐全对待。无法确定原制造单位具备制造资格的，不得通过检验验证补充技术资料。

安全状况等级中所述问题与缺陷，只要确认其具备最严重之一者，便可按其性质确定该压力容器的安全状况等级。

4. 压力容器注册代码和使用登记证号码

（1）注册代码　注册代码由进行在用设备登记的安全监察机构编制，是设备第一次办理使用登记时派发的永久代码。无论所有者、使用地点、性能是否改变，同一台（套）设备的代码在设备使用、检验、修理、改造、移装、过户中始终保持其唯一性，直至设备报废。

注册代码由设备分类码、行政区划代码、注册年份码、顺序码组成，共二十位（见图 1—1）。

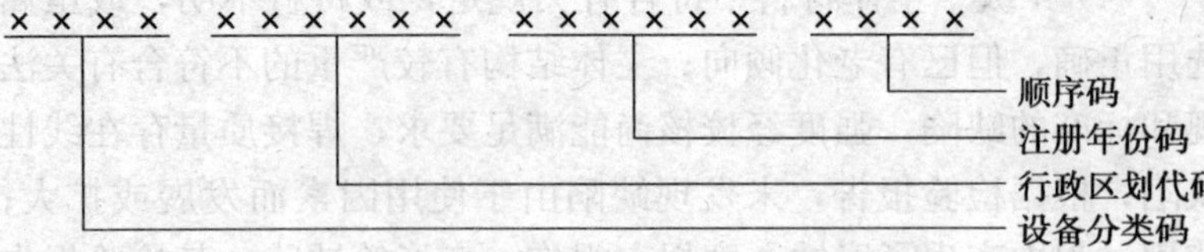

图 1—1　压力容器注册代码结构

1）设备分类码见表 1—1。

表 1—1　　　　　　　设备分类编码表

设备分类			编码
压力容器			2000
	固定式压力容器		2100
		反应容器	2110
		换热容器	2120
		分离容器	2130
		储存容器	2140
		球形储罐	2150
		深冷容器	2160
	移动式压力容器		2200
		铁路罐车	2210
		汽车罐车	2220
		罐式集装箱	2230
	氧舱		2400

2）行政区划代码用六位阿拉伯数字表示，引用 GB/T 2260《中华人民共和国行政区划代码》，按照设备登记机构所在地的行政区划代码分类。

3）注册年份码用六位阿拉伯数字表示，以登记日期的年、月表述，其中“年”用四位阿拉伯数字，“月”用两位阿拉伯数字，一位数的“月”前面加“0”。

4）顺序码一般用四位阿拉伯数字表示，以同类设备在同月内登记的顺序编排，从“0001”排到“9999”。对一个月内，同类设备的登记数超过 9999 的，可将头位数编为英文字母“A”，如登记时的排序达到 10002，则应编排为“A002”，再超过 A999，可将“A”编排为“B”，依此类推。

举例：某一单位于 2006 年 5 月 12 日到北京市丰台区特种设备安全监察机构办理一台储存容器的登记手续。5 月份，该安全监察机构已经办理 235 台储存容器的登记手续，因此该台设备的代码为：

21401101062006050236（二十位）

（2）使用登记证号码　压力容器使用登记证号码由在用设备所在地的地、市级安全监察机构在签发压力容器使用登记证时编制，使用单位应将此号码悬挂在容器车间内或喷涂在压力容器的显著位置上。

使用登记证号码由特性码（可省略）、地址码、顺序码组成（见图 1—2）。

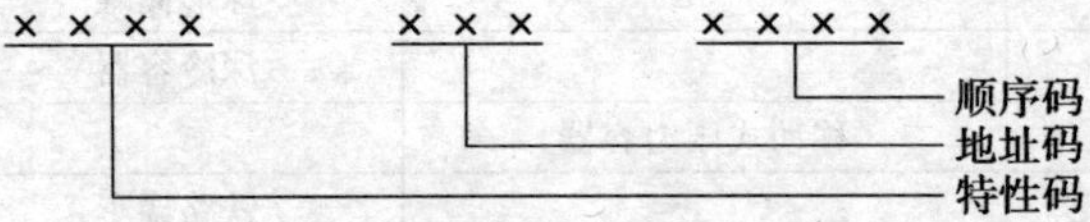

图 1—2　压力容器使用登记证号码结构

1）特性码由一个汉字、一位阿拉伯数字和两位英文字母表示，第一个汉字为“容”；第二位阿拉伯数字代表压力容器类别；第三位英文字母代表压力容器压力等级，分为超高压（U）、高压（H）、中压（M）、低压（L）；第四位英文字母代表压力容器用途，分为反应容器（R）、换热容器（E）、分离容器（S）、储存容器（C）、球形储罐（B）、医用氧舱（H）、铁路罐车（T）、汽车罐车（A）、罐式集装箱（V）。

2）地址码用一个汉字和两位英文字母或阿拉伯数字表示，第一个汉字为各省、自治区、直辖市简称；第二位英文字母代表省内各地市（由各省自行规定）；第三位，使用英文字母代表市辖县或大型联合企业，使用阿拉伯数字代表市辖区（由各省自行规定）。

3）顺序码一般用四位阿拉伯数字表示，以同一县（区）内登记的压力容器顺序编排，从“0001”排到“9999”。对同类设备的登记数超过 9999 的，可将头位数编为英文字母“A”，如登记时的排序达到 10002，则应编排为“A002”，再超过 A999，可将“A”编排为“B”，以此类推。

举例：辽宁省沈阳市所属的县级市新民市某一单位，到辽宁省沈阳市特种设备安全监察机构办理一台液化石油气储罐的登记手续。该安全监察机构为其办理压力容器使用登记证，该台设备在新民市的压力容器排序为“8923”，使用登记证号码为“容3MC辽AA8923”。

第五节 压力容器常用钢材

制造压力容器的材料种类较多，有金属材料和非金属材料。金属材料分黑色金属和有色金属等。目前，绝大多数的压力容器是金属材料的。应用最多的材料是碳素钢和合金钢。

压力容器是在承压状态下工作的，有些同时还要承受高温或腐蚀介质的作用，因此工作条件较差，易发生变形、腐蚀和疲劳等损坏。此外，在制造压力容器时，为了获得所需的几何形状，钢材还需进行弯卷、冲压、焊接等冷热成形加工。加工可能产生残余应力及缺陷。由于这些原因，压力容器要比其他一般的机械设备容易损坏。为了保证压力容器安全运行，正确选用钢材是很重要的。

一、选用钢材的要求

用来制造压力容器的钢材应能适应容器的操作条件（如温度、压力、介质特性等），并有利于容器的加工制造和质量保证。具体选用时，重点应考虑钢材的力学性能、工艺性能和耐腐蚀性能。

1. 力学性能

用来制造压力容器的钢材主要强调其强度、塑性、韧性和硬度四个性能指标。

（1）强度　强度是指材料承受外力作用而不被破坏的能力。强度指标是设计中决定许用应力的重要依据。常用的强度指标有屈服强度 σ_s 和抗拉强度 σ_b。高温下工作时，还要考虑蠕变极限 σ_n 和持久强度 σ_D。这些强度参数都是通过试验得出的。

屈服强度（σ_s）指钢材在开始塑性变形时单位面积上所承受

的拉力。这个指标表示钢材抵抗塑性变形的能力。实际上许多材料的拉伸曲线不出现明显的塑性平台，不能明显地确定出屈服点，所以用其变形量为0.2%时的应力$\sigma_{0.2}$表示屈服强度值。

抗拉强度(σ_b）指材料在拉断之前单位面积上所能承受的最大拉力，是材料承载能力的极限。这个指标表示钢材抵抗断裂的能力。

蠕变极限(σ_n）反映材料在高温下的变形问题。它是指在一定温度下，产生10^{-7} mm/(mm·h) 蠕变速度的应力值。即在该温度下经过100 000 h（约12年）产生1%总变形的应力值。

持久强度（σ_D）反映材料在高温下的断裂性能，它是指在一定温度下经过规定的工作期限（约100 000 h）后产生断裂时的应力值。常作为设计高温元件的依据。

（2）塑性　塑性指金属材料在外力作用下产生不能恢复原状的永久变形而又不破裂的能力。塑性用延伸率和断面收缩率来表示。塑性指标包括：延伸率δ，即试样拉断后的相对伸长量；断面收缩率ψ，即试样拉断后，拉断处横截面积的相对缩小量。

1）延伸率　指试样在拉断后的总伸长量与试样原长比值的百分率，表明钢材被拉断时的拉长强度，由于总伸长量是均匀伸长和产生局部缩颈后伸长之和，故δ值与试样尺寸有关。为了便于比较，规定试样计算长度为直径的5倍和10倍，用δ_5或δ_{10}表示。

2）断面收缩率　断面收缩率指试样在拉断后的断口面积的缩小同原断面面积比值的百分率，表明钢材被拉断时拉细的程度，用ψ表示。

3）韧性　是指金属材料抵抗冲击负荷的能力。韧性常用冲击功A_K和冲击韧度α_K表示。A_K值或α_K值除反映材料的抗冲击性能外，还对材料的一些缺陷很敏感，能灵敏地反映出材料品质、宏观缺陷和显微组织方面的微小变化。而且A_k对材料的脆性转化情况十分敏感，低温冲击试验能检验钢的冷脆性。

表示材料韧性的一个新的指标是断裂韧性，它是反映材料对裂纹扩展的抵抗能力。

4）硬度　是衡量材料软硬程度的一个性能指标。硬度试验的方法较多，原理也不相同，测得的硬度值和含义也不完全一样。最常用的是静负荷压入法硬度试验，即布氏硬度（HB）、洛氏硬度（HRA，HRB，HRC）、维氏硬度（HV），其值表示材料表面抵抗坚硬物体压入的能力。而肖氏硬度（HS）则属于回跳法硬度试验，其值代表金属弹性变形功的大小。因此，硬度不是一个单纯的物理量，而是一种反映材料的弹性、塑性、强度和韧性的综合性能指标。

材料力学性能的各因素是相互联系又相互制约的。有些材料强度较高，但它的伸长率及冲击韧性却很低。因此，选材时不能只看其单一的性能指标，而应对材料力学性能的诸因素做全面分析。

2. 工艺性能

工艺性能是材料的冷塑性与焊接性能的统称。压力容器大多是先用钢板卷制或冲压成形，然后进行焊接而成。因此，要求制造压力容器的材料具有良好的冷塑性与焊接性能。冷塑性一般可以由上述力学性能中的塑性指标得到保证。焊接性能是工艺性能中的主要控制指标。钢的焊接性能或称可焊性，是指钢材是否具有在规定的焊接工艺条件下获得质量优良的焊接接头的性能。钢的可焊性主要取决于它的化学组成，其中含碳量影响最大。含碳量增加，塑性下降，焊接后内应力较大，易产生焊接裂纹，而裂纹是压力容器中不允许存在的、最危险的缺陷。

3. 耐腐蚀性能

耐腐蚀性能指材料在使用条件下抵抗工作介质腐蚀的能力。由于压力容器的使用条件大多比较恶劣，介质大多具有腐蚀性，再加上温度、压力等因素的影响，可能造成腐蚀加剧，所以要求压力容器的制造材料具有一定的耐腐蚀性能。

二、钢材的分类及钢号表示方法

1. 钢材的分类

钢材可按其化学组成、品质、冶炼方法、组织和用途等，来进行分类。常用的分类方法如图 1—3 所示。

- 钢材分类
  - 按冶炼方法
    - 按炉别
      - 平炉钢
      - 转炉钢
      - 电炉钢
        - 氧气转炉钢
        - 空气转炉钢
    - 按脱氧程度、浇注
      - 沸腾钢
      - 镇静钢
      - 半镇静钢
  - 按化学组成
    - 碳素钢
      - 工业纯铁（碳含量≤0.04%）
      - 低碳钢（碳含量≤0.25%）
      - 中碳钢（碳含量为 0.25%～0.60%）
      - 高碳钢（碳含量>0.6%）
    - 合金钢
      - 低合金钢（合金元素总含量≤5%）
      - 中合金钢（合金元素总含量为 5%～10%）
      - 高合金钢（合金元素总含量>10%）
  - 按品质
    - 普通钢（P≤0.045%，S≤0.055%或 P、S 均≤0.05%）如：甲类、乙类、特类钢
    - 优质钢（P、S≤0.04%）如：20 钢
    - 高级优质钢（P≤0.035%，S≤0.03%）后带“A”
  - 按用途和组织
    - 低碳钢、低合金高强度钢
      - 铁素体—珠光体型钢
      - 低碳贝氏体钢
      - 马氏体型调质高强度钢
    - 耐热钢
      - 低合金珠光体型钢
      - 高铬马氏体型钢
      - 奥氏体型钢
    - 低温钢
      - 铁素体型钢
      - 低碳马氏体型钢
      - 奥氏体型钢
    - 不锈钢
      - 铁素体型钢
      - 奥氏体型钢
      - 奥氏体铁素体型钢（双钼钢）
      - 马氏体型钢
  - 按专业
    - 船舶用钢
    - 锅炉用钢
    - 压力容器用钢
    - 桥梁用钢

图 1—3　钢材常用分类方法

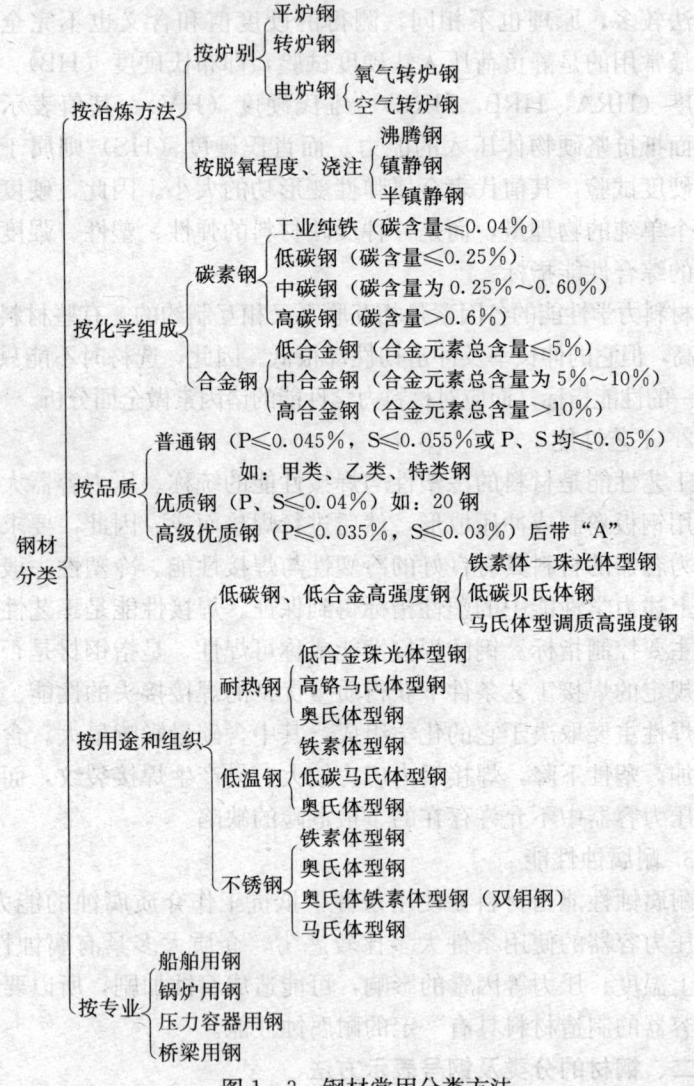

2. 我国钢号表示方法

我国钢号表示方法是采用国际化学符号和汉语拼音字母并用的原则，即钢号中的化学元素采用国际化学符号或汉字表示。产品名称、用途、冶炼和浇注方法以汉语拼音的缩写字母表示。详见表 1—2、表 1—3。

表 1—2　　钢铁牌号中表示化学元素的符号

元素名称	铬	镍	硅	锰	铝	磷	硫	钨	钼	钒
元素符号	Cr	Ni	Si	Mn	Al	P	S	W	Mo	V
元素名称	钛	铜	铁	硼	钴	铌	氮	钙	碳	稀土
元素符号	Ti	Cu	Fe	B	Co	Nb	N	Ca	C	RE

表 1—3　　钢铁牌号中表示用途、冶炼和浇注方法的代号表

名称	牌号	名称	牌号
平炉	P	高级优质钢	A*
酸性侧吹转炉	S	甲类钢	A
碱性侧吹转炉	J	乙类钢	B
顶吹转炉	D	特类钢	C
氧气顶吹转炉	Y	锅炉钢	g
沸腾炉	F	压力容器用钢	R
半镇静钢	b	低温容器用钢	DR
镇静钢	Z	多层容器用钢	RG
特殊镇静钢	TZ	焊条用钢	H

* 高级优质钢“A”标在钢号的尾部；甲类钢“A”标在钢号的冠首。

三、压力容器常用钢种及其使用范围

1. 碳素钢

含碳量小于 2.06％的铁碳合金为碳素钢。低碳钢具有适当的强度和塑性，工艺性能良好，价格低廉，因而被广泛用来制造一般的中、低压容器。常用的低碳钢有 Q235 系列钢、20 g 钢等。

Q235 系列钢有 Q235－AF、Q235－A、Q235－B、Q235－C 四个牌号，其使用范围见表 1—4。

表 1—4　　Q235 系列钢板使用范围

钢号	设计压力 *p*（MPa）	使用温度 *t*（℃）	壳体厚度 δ（mm）	使用场合
Q235－AF	≤0.6	0～250	≤12	不得用于盛装易燃易爆，毒性为中度、高度或极度危害介质的压力容器
Q235－A	≤1.0	0～350	≤16	不得用于盛装液化石油气，毒性为高度或极度危害介质的压力容器
Q235－B	≤1.6	0～350	≤20	不得用于盛装毒性为高度或极度危害介质的压力容器
Q235－C	≤2.5	0～350	≤32	

20 g 是一种锅炉用钢，其钢板与优质碳素钢的性能基本相同，含硫量等低于普通碳素钢，具有较高的强度。使用温度－20～475℃，常用来制造温度较高的中、低压容器。

2. 普通低合金钢

普通低碳钢添加少量合金元素即成，其力学性能和工艺性能都较好。制造压力容器常用的普通低合金钢是 16MnR（16MnR 比 Q235 钢多含约 1％的锰，但强度却高得多），用这种钢板制造的容器比一般碳钢质量轻约 30％～40％，使用温度为－20～475℃。此外，根据我国资源情况发展起来的低合金钢，如 15MnVR、18MnMoNbR 钢等常用于制造常温中低压容器。

3. 特殊条件下使用的容器用钢

（1）低温（＜－20℃）容器用钢　要求在最低使用温度下仍具有较好的韧性，以防止容器在运行中产生脆性破裂。深冷容器常采用高合金钢制造，如 0Cr18Ni9、0Cr18Ni9Ti 钢，其使用温度下限为 -196℃。一般低温容器常用锰钢及锰钒钢制造，如 16MnDR、09Mn2VDR 钢等，其下限使用温度分别为 -40℃和 -70℃。16MnR 钢板用于低温时，需要做低温冲击试验，如能保证钢板在 -40℃下的冲击韧度 $\alpha_K \geqslant 34.3\ J/cm^2$，则可用到 -40℃以上，此时可写成 16MnDR。

（2）高温容器用钢　使用温度在 400～500℃范围内的容器，一般可选用锰钒钢、锰钼钢等低合金钢，如 15MnVR、14MnMoVg 等；使用温度为 500～600℃时，可选用铬钼低合金钢，如 15CrMo、12Cr2Mo1 等；使用温度为 600～700℃时，则可选用镍铬高合金钢，如 0Cr18Ni9、0Cr18Ni9Ti、1Cr18Ni9Ti 钢等。

（3）抗氢腐蚀用钢　根据国内外的使用经验，工作压力为 30 MPa、介质含氢的压力容器，可以根据不同的使用温度选用下列一些钢材，在低于 200℃时可用优质碳素钢，如 10 钢；低于 350℃时可用低合金钢，如 15Mo、30Mo 钢；低于 450℃时可用铬钼铝合金钢，如 Cr6Mo 钢。在更高温度下使用时，可选用含钒量 0.5%的铬钼合金钢。

压力容器常用的钢种很多，上面所列举的钢种仅是其中常用的一部分。

第六节　压力容器常用非金属材料

目前，我国大多数的压力容器材料采用钢制的，但是由于压力容器某些工艺的需要，以及价格低的特点，铸铁制压力容器和非金属制压力容器也有很多。常用的非金属材料主要有石墨、纤维增强热固性树脂（以下简称玻璃钢）、塑料等。

一、非金属压力容器材料的要求

用于制造非金属压力容器的材料，应当符合相应安全技术规范、标准，满足非金属压力容器安全使用要求。具体的要求如下。

1. 石墨制压力容器材料

石墨制压力容器受压元件的材料包括石墨材料和金属材料。其中，炭石墨材料（简称石墨材料）包括浸渍石墨材料、压型石墨材料、复合炭一石墨材料和复合石墨材料。这些材料应分别符合以下要求：

（1）石墨材料质量应当符合《非金属压力容器安全技术监察规程》和相关标准的要求，配套的承压金属材料质量应符合《压力容器安全技术监察规程》和相关标准的要求。

（2）浸渍石墨材料中的基体材料，以最终成型的温度区分，分为炭质材料、石墨质材料和半石墨质材料。在其材料产品说明中，应明确注明基体材料的供货状态。

（3）不同供货状态的浸渍石墨材料其力学性能应符合相应标准的要求。未经设计和使用单位的同意，不得使用炭质材料或半石墨质材料制造换热元件。

（4）压型石墨材料包括挤压、模压、等静压和振动成型石墨材料。用于换热管时，因成型工艺和后处理温度不同而被分为不同的级别，其力学性能应符合相应标准的要求。

（5）用于换热器受压元件的石墨材料，必要时应增加复验热导率、电阻率、膨胀系数和渗透性等性能。

（6）作为质量控制的一部分，非金属压力容器制造单位应保存所使用的浸渍剂和黏结剂的有关文件，主要包括合格证、标记，及有关生产批次、生产日期和储存期的文件。

2. 玻璃钢制压力容器材料

（1）用于玻璃钢压力容器的主体纤维，应采用以下材料：

1）玻璃纤维及其制品。

2）碳纤维或石墨纤维及其制品。

3）聚酰胺纤维。

4）其他纤维和制品。

（2）纤维及其制品应符合相应的产品标准，并提供有效的证明文件。玻璃钢压力容器制造单位应妥善保管和储存纤维及其制品。

（3）用于玻璃钢压力容器的树脂应采用以下材料，并应符合相应的产品标准。

1）不饱和聚酯树脂。

2）环氧树脂。

3）呋喃或酚醛树脂。

4）其他树脂。

（4）非金属压力容器制造单位应保存所使用的树脂和固化剂的有关文件，主要包括合格证、标记、生产批次、生产日期和储存期。

（5）用于制造玻璃钢压力容器的树脂，应增加复验热变形温度。

3. 塑料制压力容器材料

（1）全塑料压力容器材料可采用以下材料：

1）硬聚氯乙烯。

2）改性聚丙烯。

3）聚烯烃。

（2）全塑料压力容器材料应符合 HG 20640—1997《塑料设备》中的相关规定，并提供有效的材料质量证明文件。

（3）全塑料压力容器所用硬质聚氯乙烯层压板须选用 GB/T 4454—1996《硬质聚氯乙烯层压板材》中的 A 类板材。

（4）材料使用前，若有如下情况，应按相应材料标准重新检验，合格后方能使用，并保存相应的试验记录和报告。

1）存放时间不清的材料。

2）发现因储存不当造成性能变化的材料。

二、非金属压力容器材料的性质及应用情况

1. 石墨

(1) 性质　石墨是碳的结晶体，是一种非金属材料，色泽银灰，质软，具有金属光泽。莫氏硬度为1～2，相对密度2.2～2.3。

石墨的熔点极高，在真空下到3 000℃时才开始软化并趋向熔融状态。当温度达到3 600℃时，石墨开始蒸发升华。一般的材料在高温下强度逐渐降低，而石墨在加热到2 000℃时，其强度反而较常温时提高一倍。但石墨的耐氧化性能差，随着温度的提高氧化速度逐渐增加。

石墨的热导率和电导率是相当高的。其电导率比不锈钢高4倍，比碳素钢高2倍，比一般的非金属高100倍。其热导率，不仅超过钢、铁、铅等金属材料，而且随温度升高热导率降低，这和一般金属材料不同，在极高的温度下，石墨甚至趋于绝热状态。因此，在超高温条件下，石墨的隔热性能是很可靠的。

石墨具有良好的润滑性和可塑性，摩擦因数小于0.1，可制成透气透光薄片，高强度的石墨硬度很大，用金刚石刀具都难以加工。

石墨具有化学稳定性，能耐酸、耐碱、耐有机溶剂的腐蚀。由于石墨有以上优良性能，在现代工业中用途日益广泛。

(2) 应用　石墨具有良好的化学稳定性。经过特殊加工的石墨，具有耐腐蚀、热导性好、渗透率低等特点，大量用于制作热交换器、反应槽、凝缩器、燃烧塔、吸引塔、冷却器、加热器、过滤器等设备，广泛应用于石油化工、湿法冶金、酸碱生产、合成纤维、造纸等工业部门，可节省大量的金属材料。

2. 玻璃钢

(1) 性质　玻璃钢，是国内习惯上的称呼，标准名称应为纤维增强热固性树脂。它是以合成树脂为基体材料，以玻璃纤维及其制品为增强材料组成的复合材料。主要原料是：玻璃纤维、树脂及辅材。

玻璃纤维是增强材料，该材料是决定玻璃钢性能的主要因素。最常用的玻璃纤维是无碱纤维和中碱纤维。中碱纤维几乎所有的性能都比无碱纤维差，但耐酸性较无碱纤维好，价格也较低。玻璃纤维制品主要有：玻璃纤维、玻璃纤维毡、连续毡、表面毡、针织毡、复合毡、玻璃纤维布、玻璃纤维带等。

树脂是基体材料，根据各种不同产品的特殊要求，可选择不同的树脂。常用的有不饱和聚酯树脂、环氧树脂、乙烯基酯树脂。不饱和聚酯树脂的黏度小、浸润性好、气泡容易排除、凝胶时间可根据需要任意调节控制、工艺性能最好、价格也相对较低，故虽然强度比环氧树脂低些，固化收缩率也较大，但仍得到广泛应用。环氧树脂黏结力强，用于较高强度的玻璃钢制品。但黏度高、工艺性能差、价格也较贵。乙烯基酯树脂主要因其有优越的耐腐蚀性和耐温性，在防腐领域得到广泛应用。其他还有酚醛树脂、呋喃树脂及其他一些高性能树脂。酚醛树脂因其有优越的阻燃性，近来受到广泛重视。

主要辅料：脱模剂、固化剂、催化剂、封模剂、UV 光稳定剂、洁模水、胶衣等。

（2）应用　由于玻璃钢耐酸、碱，抗化学腐蚀，与同规格的钢制容器相比，具有同样强度，质量轻的优点，目前大量应用于储罐、运输罐、反应罐、设备罐、换热器、蒸馏塔、吸收塔、提浓塔、分离器、离子交换器等。

3. 塑料

（1）性质　聚合物，又称为高分子或巨分子，也是我们通常所称的塑料或树脂。所谓塑料，其实是合成树脂中的一种，形状跟天然树脂中的松树脂相似，但因经过化学方法来合成，而被称为塑料。它是一种以高分子量有机物质为主要成分的材料，在加工完成时呈现固态形状。在制造以及加工过程中，可以借流动来造型。热固性塑料经加热后，分子会结合成网状形态。一旦结合成网状聚合体，即使再加热也不会软化，显示出所谓的非可逆变化。这是分子构造发生变化（化学变化）所致。热塑性塑料是在加热后会熔化，可流动至模具冷却后成型，再加热后又会熔化的塑料，即可运用加热及冷却，使其产生可逆变化（液态←→固态）。热塑性塑料又可再分为通用塑料、通用工程塑料、高性能工程塑料等三类。

（2）应用　由于塑料具有耐磨损、耐腐蚀、隔热及便于维修等特点，所以常用于一些反应釜、电解槽、储罐等。

第七节　压力容器应力及其对安全性的影响

组装或焊接后的压力容器，其结构的不连续处会留有较大的应力。在运行过程中，由于承受各种形式的载荷以及温差等原因，都会使容器的器壁产生整体的或局部的变形，并相应的产生各种应力。

一、应力与压力

应力是由压力产生的，是构件截面单位面积上的内力，应力的单位是 Pa，其常用倍数单位是 MPa。应力和压力虽然量纲相同，有时数值也相等（如一块板承受均匀压力作用，则板内产生的压应力恰好等于压力的值），但这是两个不同的概念。压力是垂直作用于物体表面单位面积上的力，对承载构件来讲，它是外力，而应力是由于外力的作用，在构件内引起的单位面积上的内力。

二、压力容器的应力

1. 薄膜应力

由于容器内操作压力的作用以及容器承受自重、风、地震等载荷，在容器器壁上产生的应力。对于压力容器各种受压元件的薄膜应力，按 GB 150—1998《钢制压力容器》的有关公式进行计算。

2. 温差应力

金属材料具有热胀冷缩的特性。在升温或降温过程中，容器的热胀冷缩受到约束时，容器器壁上就会出现温差应力。温差越大，出现的温差应力越大。

3. 局部应力

这是产生于压力容器局部部位的应力。主要来自：

（1）压力容器中某些结构不连续部位，如筒体与封头连接处、容器的开孔等。

（2）压力容器制造中组装质量带来结构不连续，如对口错边量、棱角度等。

（3）容器焊接过程所形成的焊接残余应力。

三、应力对压力容器安全性的影响

1. 薄膜应力

在设计中根据设计压力和所选取的材料，已确定安全、经济的压力容器厚度，在容器使用期限内，已将容器的薄膜应力控制在容器材料的许用应力以内。应该注意：对于更改用途或更改操作参数的容器，当确定在用残余寿命时，必须精确核算容器的薄膜应力状况，判断是否适用或可否继续使用。这是因为当介质引起的薄膜应力达到和超过材料的屈服极限时，对于塑性材料会发生容器过度塑性变形，以致最终破坏，对塑性差的材料，则引起裂纹扩展破坏。

2. 温差应力

对于厚壁容器或温度变化频繁的容器，特别对于裂纹敏感性强的材料所制造的压力容器，在工艺操作规程上注意温差应力的影响是十分重要的，如对高铬钼钢制容器必须按设计图样和有关规定，严格控制升温和降温速率，以防出现过高的破坏性温差应力，开、停车时应严格执行先升温后升压及先降压后降温的操作制度以防止铬钼钢的高温回火脆性。

3. 局部应力

容器上的小范围局部应力，当其塑性变形受到周围材料的约束时，塑性变形范围不能扩展，此时局部的高应力通过该范围的塑性变形会发生应力重新分布，而趋于均匀化。但局部应力的变化并非全按上述模式。超过一定范围的局部应力，特别对于用屈强比高的材料制成的压力容器或有应力腐蚀倾向的容器，局部应力的出现可能会导致产生裂纹和应力腐蚀开裂，最终导致容器破坏。

不同应力对压力容器具有不同的影响形式与结果，但最终都会导致容器失效。因此，除严格控制压力容器的设计、制造、安装质量外，实行在用压力容器的定期检验制度和操作人员持证上岗，严格遵守安全操作规程和工艺要求，对于确保压力容器生产装置的安全运行也是十分重要的。

第二章

压力容器的基本结构

压力容器的主体结构比较简单，因为它的主要作用就是盛装有压力的气体或液化气体，或者是为这些介质的传热、传质或化学反应提供一个密闭的空间。它的主要部件是一个能承受压力的壳体及其他必要的连接件与紧固件。当然，作为一种生产工艺设备，除简单的储运容器外，其他用途的容器一般都还要装设工艺过程所必需的附属装置。由于用途不同，这些工艺附件装置的形式也不同，一般不会影响容器的安全性。因此，这里对其不做叙述，只介绍容器本体的结构形式。

第一节　压力容器的结构形式

容器本体的外形与结构形式虽然较多，但最常用的是球形和圆筒形。其他特殊形状，如方形、椭球形、半圆筒形、串球形（葫芦形）等，一般只在极少数的情况下使用。

一、球形容器

球形容器（见图 2—1）的本体是一个球壳。这种结构由许多块预先按一定尺寸压制成形的球面板拼焊而成，直径较大。由于球壳是中心对称的结构，应力分布均匀。球壳体应力是相同直径圆筒形壳体应力的一半，压力载荷相同的情况下所需板材厚度最小，相同容积的结构表面积最小。因此，可节省大量材料（与同压力载荷、同容积的圆筒形容器相比，可节约材料 30%～40%）。但球形容器制造工艺复杂，拼焊要求高，再加上内部工艺附件安装困难，故一般用于大型储罐，如储存各类油品、液氨、液态烃类以及空气等气体。它有时用做蒸汽直接加热的容器，可以节省隔热材料，减少热量损失，如造纸工业中用做蒸煮纸浆原料的“蒸球”等。国内制造的大型储罐，最大直径已达 26.8 m，容积为 10 000 m^3。另外，还有一些类型的球罐，由于结构复杂，制造安装难度大，不常使用，如双层球罐、椭圆形球罐和由不同球罐球壳板组成的复合式球形罐等，如图 2—2 所示。

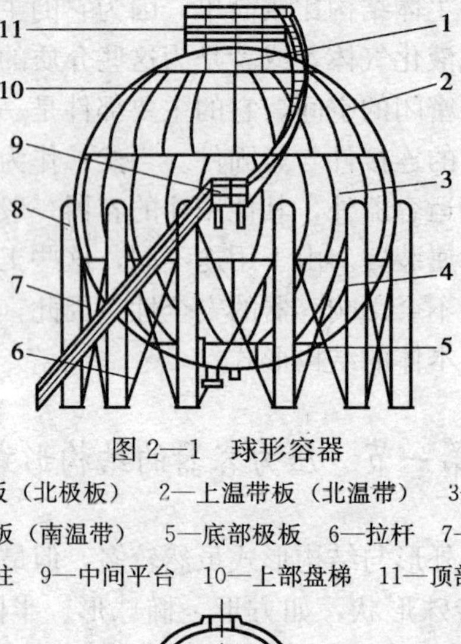

图 2—1　球形容器

1—顶部极板（北极板）　2—上温带板（北温带）　3—赤道带板
4—下温带板（南温带）　5—底部极板　6—拉杆　7—下部盘梯
8—支柱　9—中间平台　10—上部盘梯　11—顶部平台

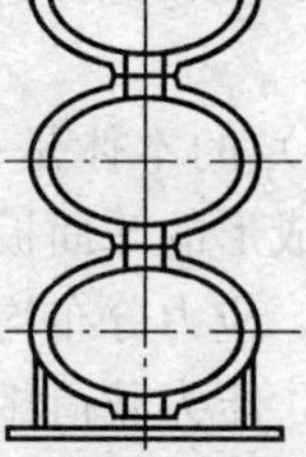

图 2—2　复合式球形罐

二、圆筒形容器

圆筒形容器（见图 2—3）是轴对称结构。此种结构没有形状突变，应力分布比较均匀，虽不如球形容器，但比其他结构形式好得多。其制造工艺较简单，便于内部工艺附件的安装，便于工作介质的流动，因而是使用最普遍的一种压力容器。圆筒形容器一般也采用焊接结构。薄壁圆筒形容器还不能承受高压，大部分只适合用于中、低压。

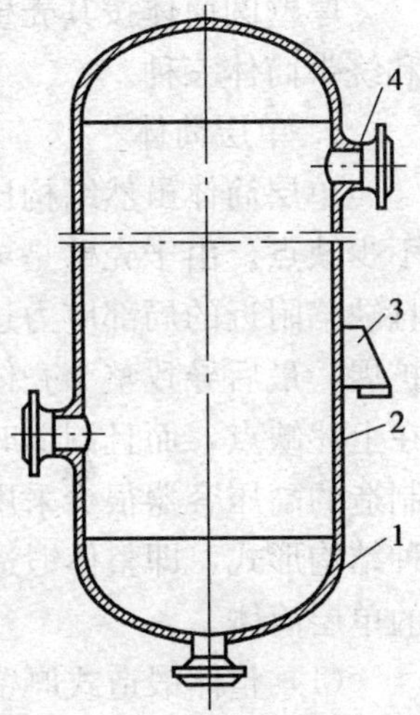

图 2—3　圆筒形容器

1—封头　2—筒体

3—支座　4—接管

在化学工业中，常常需要用提高压力的方法来强化生产，即通过增大反应介质的压力来加快反应速度和提高转化率，以提高设备的生产能力。常见的高压化工过程有氨的合成(15～100 MPa)、尿素的合成（12～40 MPa)、甲醇的合成(10～100 MPa)、石油的加氢裂化（10～21 MPa)、乙烯的高压聚合（100～250 MPa）等。这些化工过程都需要使用大量的高压容器。

高压容器因为工作压力高，壳壁较厚，容器的外径与内径的比值 K 一般大于 1.1，所以其制造要比中低压容器难度大。特别是随着石油化学工业的迅速发展，为了提高单机的生产能力，许多化工设备在逐渐趋向“大型化”。高压容器的直径和壁厚越来越大，制造方法也越来越多，这也就使高压容器出现了各种不同的结构。

高压容器一般是非盛装用容器，除少数是球体外，大多数是圆筒形容器。圆筒形高压容器和中、低压容器一样，也是由一个圆筒体和两端的封头（或端盖）构成。只是因为壳壁较厚，在结构上有与中、低压容器不同的一些特点。

厚壁圆筒体按其壳壁的构成可以分为单层筒体、多层板筒体和绕带筒体三种。

1. 单层筒体

单层筒体虽然结构比较简单，但与多层筒体比较起来，存在不少缺点。由于壳壁是单层的，当筒体金属存在裂纹等缺陷，而且缺陷附近的局部应力达到一定程度时，裂纹就会沿着壳壁继续扩展，最后导致整个壳体的破裂。由于单层厚壁筒体在结构上存在上述缺点，而且制造时又需要有大型加工设备，所以我国目前制造的高压容器很少采用这种结构。现在单层厚壁容器主要有四种结构形式，即整体锻造式、锻焊式、厚板拼焊式、电渣焊成形的单层筒体。

（1）整体锻造式厚壁筒体　这种筒体是全锻制结构，没有焊缝。它是用大型钢锭在中间冲孔后套入一根心轴，放在锻造水压机上锻压成形，最后再经过切削加工制成。筒体的端部法兰（有的则一端锻压收口成半球形封头）一般是和圆筒一起整体锻出，但也有另外制造法兰用螺纹与圆筒体连接的。这种结构目前已很少采用，只有一些工业发展较早的国家，为了利用现有的锻压设备，才采用这种方法来生产一些压力不太高、直径也不太大的高压容器。与整体锻造式筒体结构相类似的，还有拔制式（钢坯经热冲压、拉拔以及收口等几道工序制成）和无缝钢管式（用无缝钢管加工制作筒体）等。这两种结构在我国小型化肥厂的高压容器中广泛应用。

（2）锻焊式厚壁筒体　这种筒体是在整体锻造的基础上发展起来的。它是由锻制的短筒节和端部法兰组装焊接而成，所以这种结构只有环焊缝而没有纵焊缝，常用来制造直径较大的高压容器。国外制造的锻焊式高压容器，直径可达 5～6 m。

（3）厚板拼焊式筒体　这种筒体是用大型卷板机将厚钢板冷卷或热卷成圆筒，或用大型水压机将厚钢板压弯成圆筒瓣（俗称瓦片），然后用电渣焊焊接纵缝以制成筒节，再由若干段筒节和锻制的端部法兰组焊而成。这种结构目前很少使用。

（4）电渣焊成型的单层筒体　这种筒体是由一个很短的圆筒（母筒）和用电渣焊在其上面连续不断地堆焊熔化的金属构成。筒体的堆焊成型在一种特制的机床上进行，母筒被夹紧在卡盘上，熔化的金属在它的上面一圈圈堆焊，经过冷却凝固即成为一体，直至达到所需的筒体长度为止。堆焊时，焊圈的内外表面同时进行切削加工，以获得所要求的尺寸和光洁度。

2. 多层板筒体

多层板筒体的壳壁由数层或数十层紧密贴合的金属板构成。这种壳体结构具有以下一些优点：因为是多层结构，可以通过制造工艺过程在层板间产生预应力（内层为压缩应力，外层为拉伸应力），使壳体上的应力沿壁厚分布比较均匀，壳体材料可以得到较充分的利用，因而承压所需的壁厚可以稍薄；如果容器内的工作介质具有腐蚀性，可以采用耐腐蚀的合金钢作内筒，而用碳钢或其他强度较高的低合金钢作层板，这样可以充分发挥具有不同特点的材料的优势，节省贵重金属；当壳壁上存在裂纹等严重缺陷时，一般不会越过层板扩展；由于使用的是薄板，具有比较好的抗脆裂性能，因而容器脆性破裂的可能性较小；可以在筒体上钻出一些穿透各层板（但不包括内筒）的小孔，作为讯号设施，一旦内筒由于腐蚀或其他原因发生破裂时，高压气体会从小孔漏出，缺陷可以被及时发现而不致继续扩大；制造多层板筒体不需要大型锻压设备。多层板厚壁筒体的主要缺点是它的深而窄的环焊缝不易进行探伤和热处理，特别是多层板筒节与锻制的端部法兰或封头的连接环缝，常因两连接件的热传导情况差别较大而产生焊接缺陷，有时还会因此而产生脆裂。另外，在层板之间总免不了存在微量的间隙与气膜，因此它的传热性能比单层筒体要差。由于多层板厚壁筒体在结构上和制造上都具有较多的优点，大型高压容器多采用这种结构，而且它的制造方法也在不断地发展和改进。

多层板筒体按制造工艺过程的不同，可以分为四种形式，即多层包扎焊接式、多层绕板式、多层卷绕焊接式和多层热套式。

(1) 多层包扎焊接式　这种筒体由若干段筒节和端部法兰组焊而成，其结构如图 2—4 所示。筒节由一个用稍厚的钢板（一般为 15～25 mm）卷焊成的内筒，再在其外面包扎焊接上多层（一般为数十层）薄钢板（板厚约为 6～12 mm）构成。每一层层板都是先卷压成两块半圆形（也有三块的），包扎时将它紧贴在内筒外面，用钢丝绳或其他装置拉紧，进行纵缝焊接，然后将焊缝表面用砂轮磨平。再用同样方法，一层层地包扎焊接，直至达到所需要的厚度为止。各层板间的纵缝相互错开，使其沿圆周均匀分布，如图 2—5 所示，以减少纵焊缝对筒体的削弱。每个筒节上都开有一个穿透各层层板、直径约为 6 mm 的信号孔。筒体的端部法兰过去多是锻制，近年来也开始采用多层包扎焊接结构。这种多层包扎法兰上的螺孔常采用具有较小压力侧角的近似梯形的螺纹，使螺栓的轴向力能均匀地分布至各层板。现在许多化肥厂使用的高压容器仍然采用这种结构。而且随着生产的发展，这种高压容器的直径越来越大，因为它不受制造条件的限制。我国 20 世纪 70 年代从美国及日本引进的年产 30 万 t 氨的合成塔，就是直径约为 3 m 的多层包扎焊接厚壁筒体。目前国外制造的这种结构的高压容器，直径可达 6 m，质量约为 1 000 t。

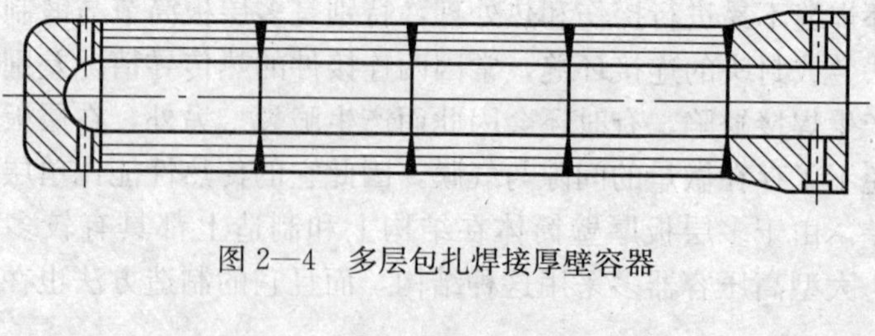

图 2—4　多层包扎焊接厚壁容器

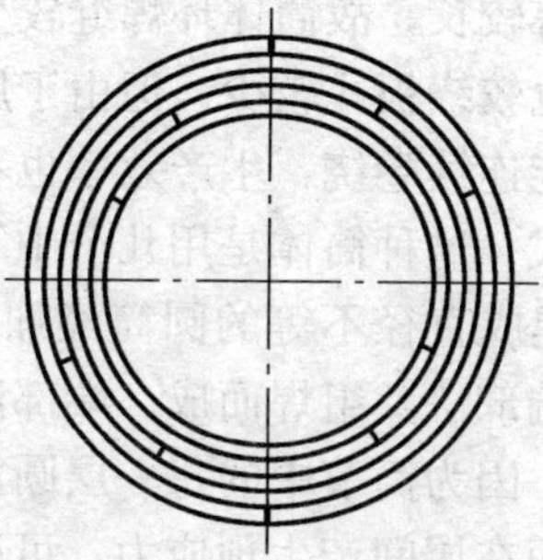

图 2—5　纵缝错开分布

（2）多层绕板式　这种筒体是在包扎焊接式的基础上发展起来的。它也是由若干段筒节组焊而成。但它的筒节由三部分构成，即内筒、绕板层和外筒。内筒也是用稍厚的钢板卷焊而成的，而绕板层则是用厚 3～5 mm 的带状钢板在内筒外面连续卷绕的多层非同心圆螺旋状层板。为了使绕板层在开始卷绕处不因突然凸起而在旁边形成间隙，在绕板层的始端和末端都焊上一段较长的楔形板，使其逐渐减薄过渡。绕板时用压力辊对内筒及绕板层施加压力，使层板拉紧贴合在内筒上。外筒是两块半圆形的壳体，用机械方法紧包在绕板层外面，然后焊接纵缝。由于受带状钢板宽度的限制，这种筒节一般不能做得太长（目前最长约 2.2 m），因而筒体环焊缝较多。绕板式厚壁筒体的优点是，除了内筒及外筒以外，整个绕板层都没有纵焊缝。这对于容器的强度是有利的。在制造上，它比包扎焊接式生产效率高得多，因为它的绕板是连续进行的。

（3）多层卷绕焊接式　这种结构与多层绕板式筒体相似，它的筒节也是由三部分组成，内筒及外筒与绕板式完全一样，中间板层也是多层非同心圆的螺旋状板层，所不同的是，卷绕焊接式的卷绕方向与钢板轧制方向相垂直，因而筒节可以做得很长（>4 m），但因钢板宽度有限，所以卷绕的层板要拼焊。这样，大直径的筒体，每一层的层板都有 1～3 条纵焊缝。这种结构的优点是筒节可以做得较长，故筒体环焊缝较少。另外，层板还可以稍厚，因而层数也较绕板式较少。但由于层板要拼接，所以有许多纵焊缝，且不能连续卷绕，生产效率也不高。

(4) 多层热套式　这种筒体是用几个中等厚度（一般为20～50 mm）的钢板卷焊成直径不等的圆筒经加热后套合制成筒节，再由若干段筒节和端部法兰组焊而成。端部法兰可用锻制，也可采用多层热套结构。因为筒节中的每一层圆筒与其外面一层之间都是过盈配合，因而在层间产生预应力，可以改善筒体在承受内压时应力分布不均匀的状态。多层热套结构提出时间较早，但最初仅用于大炮的炮筒。当时的做法是要求每一层套合面都经过精密加工，以确保层间的计算过盈量，这就大大增加了制造上的困难，限制了它的推广和发展。近年来，由于制造工艺的改进简化，套合面只要求粗加工或喷砂处理，过盈量也不要求控制太严，所以才能应用到高压容器筒体上。多层热套式厚壁筒体制造工序简单，生产周期较短，成本较低。但因使用的是中厚钢板，其抗脆断性能要比薄板稍差一些。国外几十年的使用经验证明，这种筒体用于大型高压容器是合适的。它质量良好，安全可靠。我国第一套大型氨合成塔，就是采用热套组合的筒体。

3. 绕带筒体

绕带筒体的壳体由一个用钢板卷焊而成的内筒和其外面缠绕的多层钢带构成。它也具有多层板筒体的一些优点，而且可以直接缠绕成所需要的筒体长度，而不需要由多段筒节组焊，因而可以避免多层板筒体那样深而窄的环焊缝。但其制造工艺较复杂，生产效率低，制造周期长，因而较少采用。绕带筒体所用钢带的横断面的形状有槽型和平型两种。

(1) 槽型钢带缠绕式筒体　这种筒体的内筒外壁车削有与钢带断面形状相配的螺旋形沟槽，以便与其上面缠绕的一排钢带相扣合，钢带的始端与末端用焊接固定。在整个筒体长度上绕满一层后，再在钢带外面继续缠绕若干层，直至获得所需的筒壁厚度。由于槽型钢带内外面都带有凸凹槽，而且缠绕时，外层钢带内面的凸起部分正好与内层钢带（或内筒）外面的凹槽相啮合，所以槽形钢带能承受轴向载荷。缠绕钢带时，一面在钢带上通入电流加热，一面拉紧钢带，并用辊子紧压和定向。绕到筒体上的钢带，用水和空气冷却，以产生所需的拉伸预紧力，使钢带与内筒、钢带与上一层钢带紧靠贴合。筒体端部法兰的加厚部分也是用钢带缠绕而成。钢带的起端与末端要焊接固定，最后将此加厚部分的外面加工成圆柱形，然后在其上面热套上一个法兰箍。法兰上用以连接螺栓的螺纹孔，一般开在绕带层。

但由于钢带形状复杂，尺寸要求较严，轧制比较困难，而且钢带断裂后又不易修补和加强，因此，近年来已很少生产这种容器。

（2）扁平钢带缠绕式筒体　这种筒体的制法是：在用钢板卷焊或用无缝钢管制成的长内筒两端，焊上锻制的端部法兰或封头，经热处理和无损探伤后，用厚4～8 mm、宽40～120 mm的扁平钢带，在一定的预拉力下，与圆周方向成一倾角缠绕在内筒外面，钢带的首端与末端则与端部法兰的外圆锥面焊牢；绕完一层后，错开一个角度，在钢带上面继续用相同的方法绕另一层，直至厚度达到筒体所需的厚度为止。所以这种结构的容器又称为倾角错绕扁平钢带容器。

扁平钢带缠绕式厚壁容器，是我国首创的一种结构形式。它兼有层板包扎与绕带的优点，没有难以焊接和检验的深而窄的环焊缝，制造工艺简单且易于掌握，也不需要复杂的大型设备，主要材料扁平钢带轧制容易，内筒外表面也不需要经过切削加工出沟槽。目前国内小型化肥厂生产用的高压容器，很大一部分是这种结构。多年来的使用经验证明，这种结构形式的高压容器质量良好，安全可靠。

三、箱形容器

箱形结构可分为正方形结构和长方形结构两种。其几何形状突变，应力分布不均，在转角处局部应力较高。这类容器的结构不合理，除常用做压力较低的消毒柜（见图 2—6）、气柜外，一般很少采用。

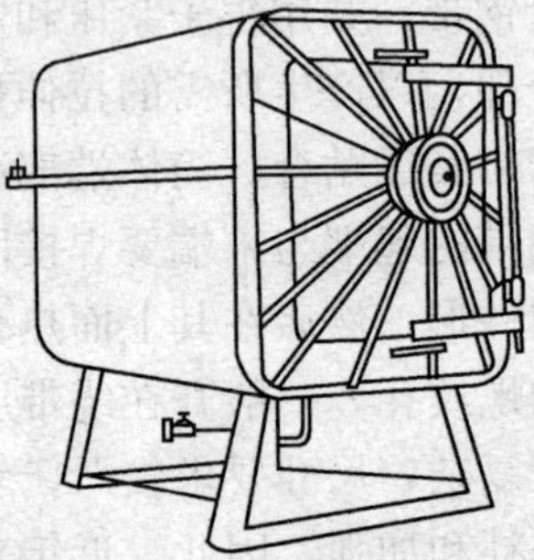

图 2—6 箱形容器（消毒柜）

四、锥形（组合形）容器

实际上，没有单纯的锥形结构容器，一般用到的多是由圆筒体与锥形体组合而成的结构（见图 2—7）。

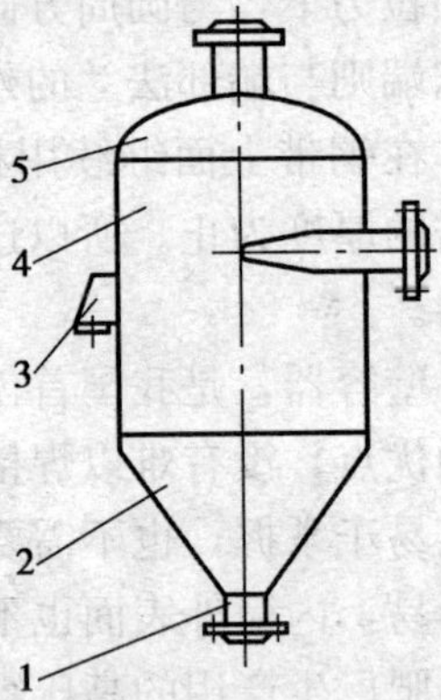

图 2—7 锥形（组合形）容器

1—接管 2—锥底 3—支座 4—壳体 5—封头

由于锥体与圆筒体连接处结构不连续，会产生较高的局部应力，锥体的锥角大小也直接关系到容器受力状况。故这类容器通常是在生产工艺有特殊要求时采用，如用于有结晶或粒状物料需要排出的场合。

五、其他形状容器

半圆筒形、串球形（葫芦形）等形状的结构，只在极个别情况下使用。

第二节　压力容器的组成

压力容器一般由壳体、封头（端盖）、法兰、密封元件、人孔与接管、支座等部分组成，如图 2—8 所示。

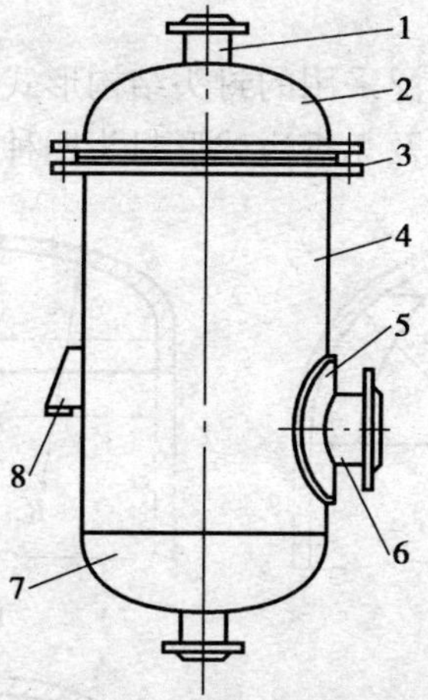

图 2—8　压力容器的组成

1—接管　2—端盖　3—法兰　4—筒体

5—加强圈　6—人孔　7—封头　8—支座

一、壳体

壳体是压力容器的重要部件，与封头或管板共同构成承压壳体，为物料的储存和完成与介质相关的物理、化学过程及其他工艺过程提供必需的空间。相关内容已在本章第一节详述。

二、封头（端盖）

封头是保证压力容器密闭的重要部件。凡是与筒体采用焊接连接而不可拆的，称为封头；与筒体以法兰等连接而可拆的，称为端盖。封头与端盖按其种类不同的分类，如图 2—9 所示。

- 封头
  - 凸形封头
    - 半球形封头
    - 碟形封头
    - 椭圆形封头
    - 无折边球形封头
  - 锥形封头
    - 带折边锥形封头
    - 无折边锥形封头
  - 平板封头

图 2—9　封头与端盖按其种类不同的分类

1. 凸形封头

这是压力容器广泛采用的封头结构形式。有半球形封头、椭圆形封头、碟形封头及无折边球形封头四种，如图 2—10 所示。

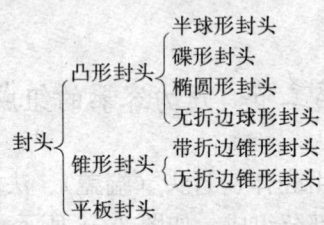

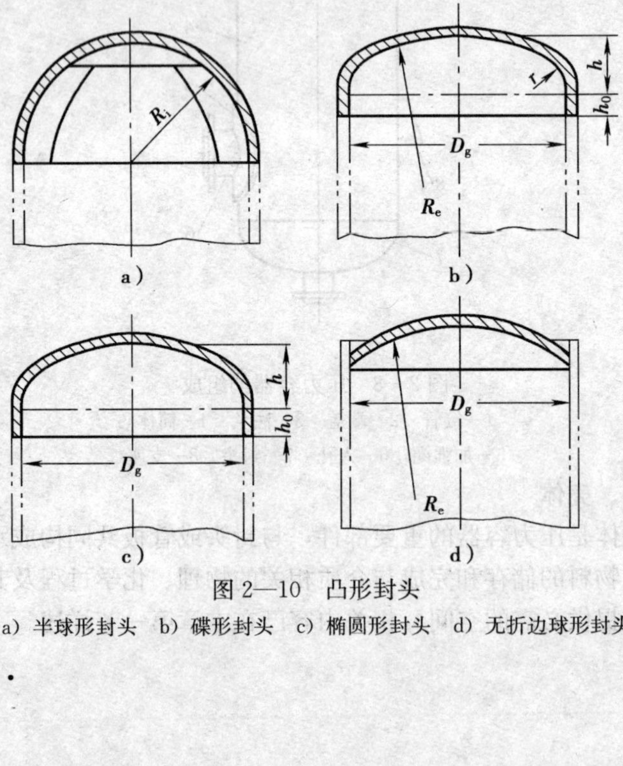

图 2—10　凸形封头

a）半球形封头　b）碟形封头　c）椭圆形封头　d）无折边球形封头

半球形封头实际上是一个半球体，受力时强度最大，在相同直径及相同压力下所需的厚度最小。但因其深度大，制造较困难，故除用于压力较高、直径较大的储罐及其他有特殊要求的容器外，一般较少采用。

椭圆形封头由半椭球体及圆筒体（即直边）两部分组成。由于其曲率半径连续变化，受力状况也较好，与半球形封头相比，制造方便，因而被广泛采用。

碟形封头又称带折边球形封头，它由几何形状不同的三个部分组成，中央为球面体，与筒体连接的部分为圆筒体，球面体与圆筒体用过渡圆弧（即折边）连接。因过渡圆弧半径远小于球体半径，故其受力状况较上述两种封头差，通常只用于压力较低、直径较大的容器。

无折边球形封头是一块深度较小的球面体，结构简单、制造方便。但在它与筒体的连接处由于形状突变而存在很高的局部应力，故只适用于直径较小、压力较低的容器。

2. 锥形封头

介质中含有颗粒状、粉末状物质或为黏稠液体的容器，为便于物料汇集及卸料，容器底部常采用锥形封头；有时为保证气体介质在容器中均匀分布或改变流体流速，也采用锥形封头。锥形封头有带折边和无折边等三种（见图 2—11）。无折边锥形封头

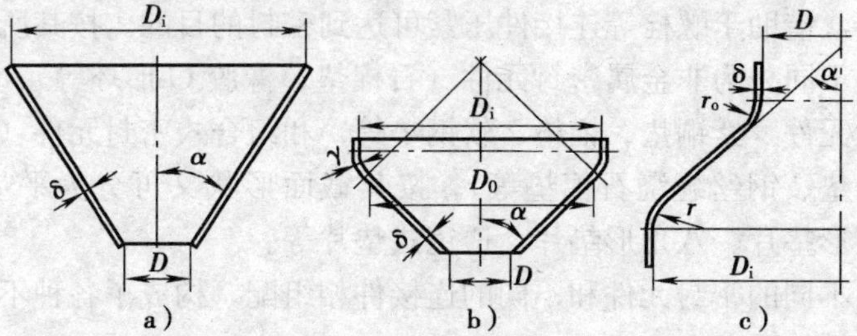

图 2—11 锥形封头

a）无折边锥形封头 b）大端折边锥形封头 c）折边锥形封头

是一段圆锥体，圆锥体与圆筒体直接连接造成形状突变而使局部应力过高，故适用于压力较低且锥体半顶角小于 30°的场合。带折边的锥形封头是在锥体与圆筒体之间有一圆弧的折边，可以降低局部应力。

3. 平板封头

受力时强度最低，相同直径、相同压力下所需厚度最大，除用做人孔盖、手孔盖外，一般很少采用。

三、法兰

为满足生产工艺需要和安装检修方便，不少容器采用可拆的连接结构，如压力容器的端盖与筒体之间、接管与管道之间的连接。这时通常采用法兰结构。法兰通过螺栓、楔口等连接件压紧密封件保证容器的密封。故法兰连接是由法兰、螺栓、螺母及密封元件所组成的密封连接件。

法兰按照所连接的部件可分为容器法兰及管法兰。前者用于容器的端盖与筒体的连接。后者用于接管（管道）与管道的连接。法兰按其整体性程度分成三种形式：整体法兰、活套式法兰和任意式法兰。法兰按其密封面形式又可分为平面法兰、凹凸面法兰及榫槽面法兰等。

四、密封元件

密封元件放在两法兰接触面之间或封头与筒体顶部的接触面之间，借助于螺栓等连接件压紧可达到密封的目的。按其所用材料的不同分为非金属密封元件（石棉垫、橡胶 O 形环等）、金属密封元件（紫铜垫、铝垫、软钢垫等）和组合式密封元件（铁包石棉垫、钢丝缠绕石棉垫等）。按其截面形状又可分为平垫片、三角形垫片、八角形垫片、透镜式垫片等。

不同的密封元件和不同的连接件相组配，构成了各种不同的密封结构。

1. 强制密封

通过紧固端盖与筒体法兰的连接螺栓等强制方式将密封面压

紧，从而达到密封的目的，如平垫密封、卡扎里密封等。

2. 自紧密封

利用容器内介质的压力使密封面产生压紧力来达到密封目的。密封力随着介质压力的增大而增大，因而在较高的压力下也能保持可靠的密封性能，如组合式密封、O 形环密封、C 形环密封、B 形环密封、楔形密封、八角垫和椭圆垫密封、平垫自紧密封、伍德密封、氮气式密封等。

3. 半自紧密封

既利用容器内介质的压力，又利用紧固件的连接使密封面产生压紧力来达到密封的目的，如双锥密封就属于此类。

五、接管与人孔

接管是为适应压力容器安全运行及生产工艺的需要而设置于筒体或封头（端盖）上，用于介质的进出以及安全附件的安装。

根据结构、介质等情况，压力容器需设置人孔或手孔等检查孔，用于容器的定期检验、检查或清除污物。人孔和手孔按其形状可分为圆形及椭圆形两种；按其封闭形式可分为外闭式（见图 2—12）及内闭式（见图 2—13）两种。

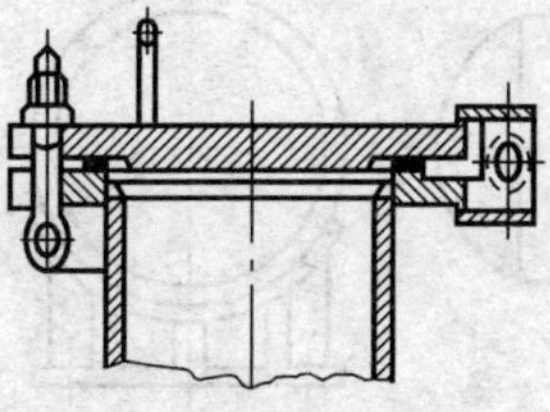

图 2—12　人孔（外闭式）

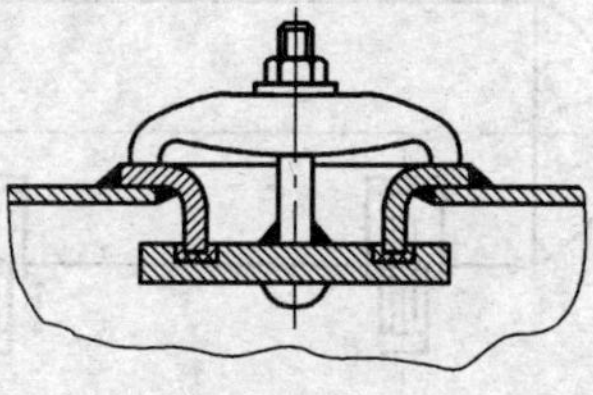

图 2—13　人孔（内闭式）

六、支座

支座是用于支承容器并将它固定在基础上的附加部件，其结构形式取决于容器的安装方式、容器质量及其他载荷，一般分为三大类：即立式容器支座（见图 2—14）、卧式容器支座（见图

2—15）及球形容器支座（见图 2—16）。立式支座中最常见的有悬挂式支座（耳式支座）、支承式支座及裙式支座，其中裙式支座主要用于高大的直立容器（塔类）。卧式容器支座主要有鞍式支座、支承式支座等。支承式支座只适用于小型容器；鞍式支座常用于大中型容器；圈座适用于薄壁容器及多于两个支承的长容器。球形容器支座中常见的有裙式支座和柱式支座，裙式支座一般用于小型的球形容器。

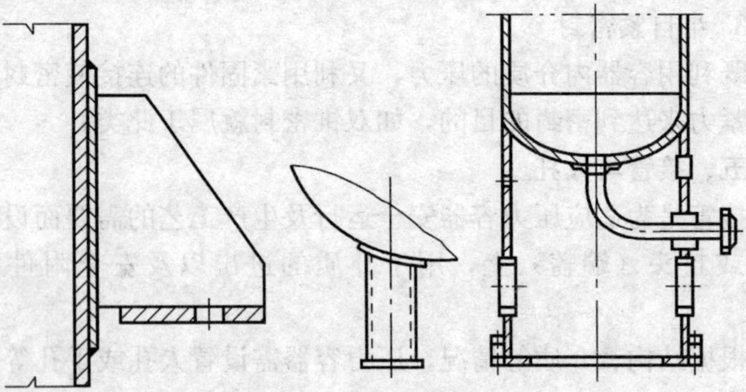

a）　　　b）　　　c）

图 2—14　立式容器支座

a）耳式支座　b）支承式支座　c）裙式支座

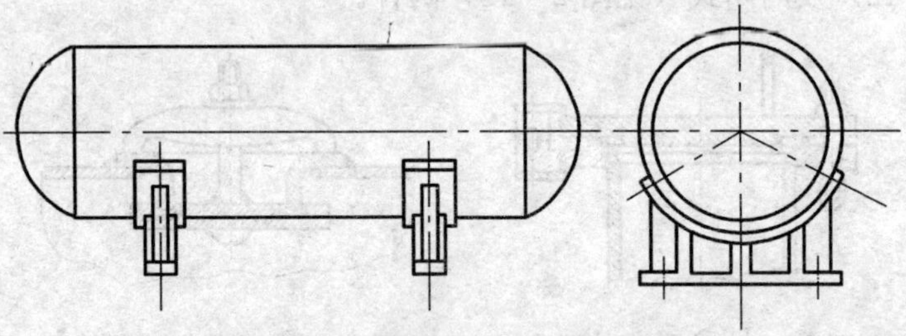

图 2—15　卧式容器支座（鞍式）

上述六大部分（壳体、封头、法兰、接管与人孔、密封元件、支座）组成压力容器的外壳。对于储存用的容器，这一外壳即为容器本身。而对于用于化学反应、传热、分离等过程的容器，外壳内还必须装入工艺所要求的内件，才能构成一台独立而

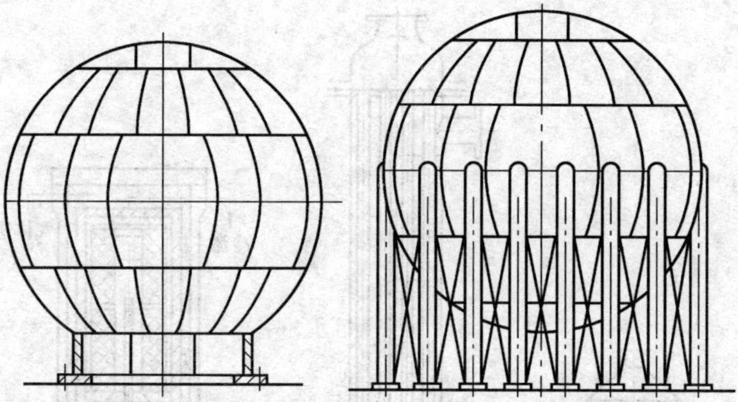

图 2—16　球形容器支座

a）裙式支座　b）柱式支座

完整的产品。

内件根据所需完成的工艺过程不同，其形式与结构千差万别。有的内件只用于完成单一的工艺过程，其结构比较简单，如图 2—17 所示的分离器，其内件只是木板做成的填料。又如图 2—18 所示的单程列管式换热器，其内件是由一组固定在上、下管板间的直管组成。有时要在一台容器内，完成多种工艺过程，因此，其内件结构就比较复杂。以氨合成塔为例，经过精制的氮氢混合气体，在高压、高温和触媒的催化作用下，于合成塔内直接合成氨。因此，氨合成塔本质上是一台反应器。此外，氨的合成反应是放热反应，为了回收反应热，使预热进塔的原料气达到合成反应温度，并维持触媒层的适宜温度（因触媒过热后将失效），合成塔内需设置换热装置。一般来说，氨合成塔的内件由下列三大部分组成：触媒筐为存放触媒并进行合成反应的装置；换热器为回收反应热并预热原料气的装置；电加热器为开工时将原料气加热到反应温度的装置。图 2—19 所示为氨合成塔内件的示意图。

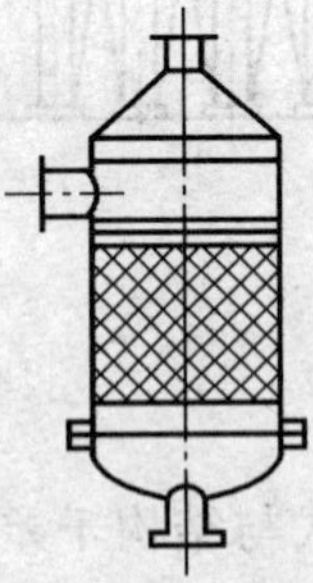

图 2—17 分离器

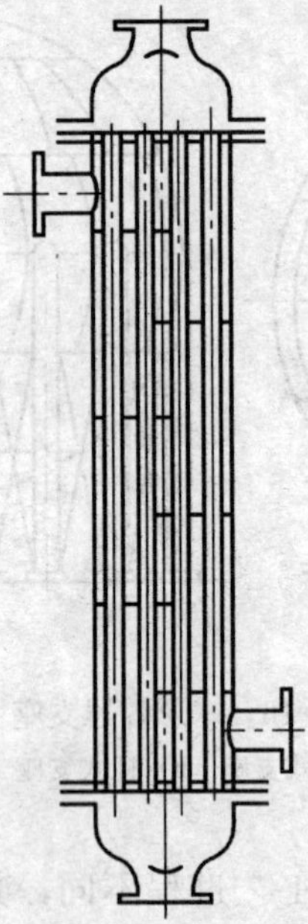

图 2—18 列管式换热器

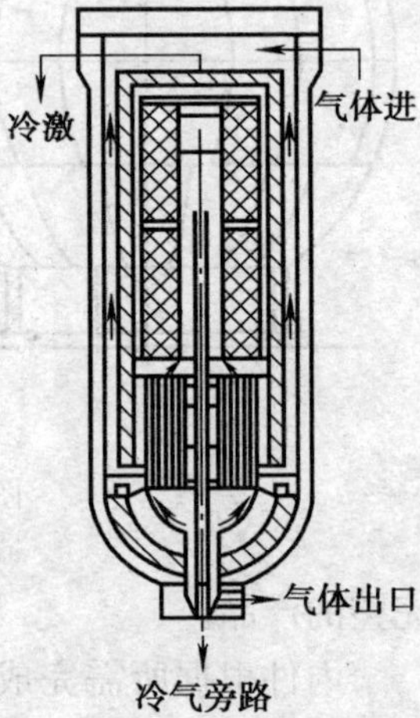

图 2—19 氨合成塔内件示意图

另外，还有夹套容器，它的筒体由两个大小不同的内、外圆筒组成。两圆筒用环形板焊接相连，中间形成一个夹层空间，用以通入加热或冷却的介质，如水蒸气等，使其与内筒中的介质进行热交换。这种夹套容器，外圆筒与一般承受内压的容器一样，而内圆筒一般情况下则是一个承受外压的壳体。所以说，在压力容器的压力界限范围内（以 0.1 MPa 的表压为压力下限），虽然没有单纯承受外压的压力容器，但压力容器中却有承受外压的部件，如受外压的圆筒体、受外压的封头等。

第三章

压力容器的安全附件

压力容器的安全附件是为了保障压力容器安全运行，装设在压力容器上或装设在有代表性的压力容器系统上的能显示、报警、自动调节或自动消除压力容器运行过程中可能出现的不安全因素的所有附属装置。

第一节　安全附件的分类及设置要求

一、安全附件的分类

按其使用性能或用途，可将压力容器的安全附件分为四大类。

1. 联锁装置

联锁装置指能依照设定的工艺参数自动调节，保证该工艺参数稳定在一定的范围内的控制机构，能起到防止人为操作失误的作用。联锁装置包括紧急切断装置、减压阀、调节阀、温控器、自动液面计、快开门式压力容器的安全联锁装置等。

2. 警报装置

警报装置指压力容器在运行过程中，温度、压力、液位、反应物或反应产物配比等出现异常时，能自动发出声响或其他明显报警信号的仪器，如压力报警器、温度监控报警器、液位报警器、化学成分自动分析报警仪。

3. 计量显示装置

计量显示装置指用以显示容器运行时内部介质的实际状况的装置，如压力表、温度计、液面计、自动分析仪等。

4. 安全泄压装置

安全泄压装置指当容器或系统内介质压力超过额定压力时，能自动地泄放部分或全部气体，以防止压力持续升高或威胁容器正常使用的装置。安全泄压装置按其结构类型可分为如下四种。

(1) 阀型　阀型安全泄压装置就是常用的安全阀，其作用是通过阀的开启来排出气体从而降低容器内的压力。

1) 优点

①仅排泄压力容器内高于额定部分的压力，当容器内压力降至正常操作压力时，即自动关闭。所以，它可以避免一旦出现超压就把容器内气体全部排出而造成浪费和生产中断的情况。

②本身可重复使用多次。

③安装调整比较容易。

2) 缺点

①密封性能差。即使是合格的安全阀，在正常的工作压力下也难免有轻微泄漏。

②由于弹簧的惯性作用，阀的开放有滞后现象，因此泄压反应较慢。

③安全阀用于不洁净的气体时，阀口有被堵塞或阀瓣有被黏住的可能。

根据以上特点，阀型安全泄压装置适用于介质为比较洁净的气体的情况，如介质为空气、水蒸气等的容器，不宜用于介质有剧毒或容器内有可能产生剧烈化学反应而使压力急剧升高的容器。

(2) 断裂型　断裂型安全泄压装置常见的有爆破片和爆破帽。前者用于中低压容器，后者多用于超高压容器。这类安全泄压装置通过爆破元件（爆破片）在较高的压力下发生断裂排放气体而使容器迅速卸压。

1）优点　密封性能较好，泄压反应较快，气体中的污染物对装置元件的动作影响较小；元件爆破前在正常工作状态下完全无泄漏。

2）缺点　元件因超压爆破泄压后，一泄到底，容器也因此而停止运行；元件爆破后不能重复使用；爆破元件长期在高压力作用下，易产生疲劳损坏，因此元件的寿命短；爆破元件的动作压力不易控制。

断裂型安全泄压装置适用于因化学反应升压速率高或介质具有剧毒性的容器，不宜用于液化气体储罐，否则会因元件爆破后泄压失控而造成液化气“爆沸”。另外对于压力波动较大、超压机会较多的容器也不宜采用。

（3）熔化型　熔化型安全泄压装置就是常用的易熔塞。它是利用装置内的低熔点合金在较高的温度下熔化，打开通道，使气体从原来填充有易熔合金的孔中排出而泄放压力的。

1）优点　结构简单，更换容易，由熔化温度而确定的动作压力较易控制。

2）缺点　完成降压作用后不能重复使用；泄压是一泄到底，容器因其动作泄压而停止运行；受易熔合金强度的限制，泄放面积不能太大；这类装置有时还可能由于合金受压或其他原因而脱落或熔化，致使发生意外事故。

熔化型安全泄压装置只能用于容器内气体压力完全取决于温度的小型压力容器，如气瓶。

（4）组合型　组合型安全泄压装置由两种安全泄压装置组合而成。通常是阀型和断裂型或阀型和熔化型组合，最常见的是弹簧式安全阀与爆破片串联组合。这种类型的安全泄压装置同时具有阀型和断裂型的优点，既可防止阀型安全装置的泄漏，又可以在排放过高的压力以后使容器继续运行。

组合装置的爆破片，可以根据不同的需要设置在安全阀的入口侧或出口侧。爆破片设置在安全阀入口侧，可以利用爆破片将安全阀与气体隔离，防止安全阀受腐蚀或被气体中的污物堵塞或黏结。当容器超压时，爆破片断裂，安全阀开放后再关闭，容器可以继续暂时运行，待容器检修时再装上爆破片。这种结构要求爆破片的断裂不妨碍后面安全阀的正常动作，而且要在安全阀与爆破片之间设置压力检测仪，以防止因阀、片之间有压力而影响爆破片的动作（爆破片会因两边存在压差而造成爆破压力超过设定的绝对压力，使容器超压）。爆破片设置在安全阀出口侧，可以使爆破片免受气体压力与温度的长期作用而产生疲劳，爆破片可用于防止安全阀泄漏。这种结构同样要求及时将安全阀与爆破片之间的气体排出，否则安全阀即失去作用。

以上四种安全泄压装置，在工业生产中最常用的是安全阀。组合型安全装置虽兼备两种以上安全泄压装置的优点（优缺点互补），但由于结构复杂，特别是在使用中必须保持两种泄压装置之间不能存在压力气体（这点很难做到），所以未能广泛使用，一般只是用于工作介质有剧毒或为稀有气体的容器。此外，安全阀作用滞后的缺点，使其不能用于容器内升压速度极高的反应容器。

二、安全附件的设置要求

为使安全附件能真正发挥确保压力容器安全运行的作用，必须对安全附件的设置提出一定的要求。

安全附件的设置原则：

(1) 凡在《特种设备安全监察条例》适用范围内的压力容器，均应装设安全泄放装置（安全阀或爆破片）。当压力源来自压力容器外部，压力容器在整个运行过程中不会产生压力源且外部的压力源系统已有可靠的压力控制（压力源装设安全泄压装置）时，安全泄放装置可以不直接装于压力容器上。常用的压力容器中，必须单独装设安全泄压装置的有以下几种。

1）液化气体储存容器（通用型液化气瓶除外）。

2）压缩机附属气体储罐。

3）容器内进行放热或分解等化学反应，能使压力升高的反应容器。

4）高分子聚合设备。

5）由载热物料加热，使容器内液体蒸发汽化的换热容器。

6）用减压阀降压后进气，且其许用压力小于压力源设备（如锅炉、气体压缩机储罐等）压力的容器。

（2）压力容器的安全阀不能可靠工作时，应装设爆破片装置，或采用爆破片装置与安全阀装置组合结构。采用组合结构应符合 GB 150—1998 附录 B 的有关规定。串联在组合结构中的爆破片在动作时不允许产生碎片。

（3）当压力容器最高工作压力低于压力源压力时，通向压力容器进口的管道上必须装设减压阀。如因介质条件减压阀无法保证可靠工作时，可用调节阀代替减压阀。在减压阀或调节阀的低压侧，必须装设安全阀和压力表。

（4）压力容器原则上均应装设能反映压力容器承压部位真实压力的压力表。若压力源来自容器内部，则压力表应装设在容器受压部位的顶部，若压力源来自容器外部时还应在压力源上装设力表。

（5）对有气、液两相介质，特别是液体介质占有较大空间或液体介质的标准沸点低于工作温度的压力容器，其安全附件必须包括液面计。

（6）压力容器所装设的安全附件，如安全阀、压力表，必须按国家有关部门的规程、规定和要求进行校验（安装前校验和使用后定期校验）和维护。安全附件的定期检验按照 TSG R7001—2004《压力容器定期检验规则》的规定进行。

（7）安全附件的装设位置，应便于观察、检验和维修。

三、安全附件的选用原则

1. 安全附件的设计、制造应符合《压力容器安全技术监察规程》和相应国家标准、行业标准的规定。使用单位必须选用有制造许可证单位生产的产品。

2. 安全阀、爆破片的排放能力必须大于等于压力容器的安全泄放量。

3. 对易燃和毒性程度为极度、高度或中度的介质的压力容器，应在安全阀或爆破片的排出口装设导管，排放介质至安全地点，并进行妥善处理，不得直接排入大气。

4. 压力容器设计时，如采用最大允许工作压力作为安全阀、爆破片的调整依据，应在设计图样上和压力容器铭牌上注明。

5. 压力容器的压力表、液面计等应根据压力容器的介质、最高工作压力和黏度正确选用。

6. 超高压容器安全附件的选用，应符合《超高压容器安全技术监察规程》的要求。医用氧舱安全附件的选用应符合《医用氧舱安全管理规定》中的有关要求。其他如液化气体、汽车罐车、铁路罐车等安全附件的选用必须符合相应监察管理规程有关要求。

第二节 安 全 阀

一、安全阀的工作原理及基本要求

1. 工作原理

安全阀的结构比较简单，它基本上由三个部分组成，即阀座、阀瓣和加载机构。阀座与阀体有的是一个整体，有的是组装在一起的，它与容器连通。阀瓣常连带有阀杆，它紧扣在阀座上。阀瓣上面是加载机构，载荷的大小是可以调节的。当容器内的压力处于规定的工作压力范围时，内压作用于阀瓣上的力小于加载机构施加在它上面的力，两者之差构成阀瓣与阀座之间的密封力，使阀瓣紧压着阀座，容器内气体无法排出。当容器内的压力超过规定的工作压力并达到安全阀的开启压力时，内压作用于阀瓣上的力大于加载机构施加在它上面的力，于是阀瓣离开阀座，安全阀开启，容器内的气体即通过阀座排出。如果安全阀的排量不小于容器的安全泄放量，则经过短时间的排放，容器内压力会很快降至正常工作压力。此时内压作用于阀瓣上的力又小于加载机构施加在它上面的力，阀瓣又紧压着阀座，气体停止排出，容器保持正常的工作压力继续运行。所以，安全阀是通过作用在阀瓣上的两个力来使它关闭或开启，防止压力容器超压。

2. 基本要求

为了使压力容器正常安全运行，安全阀应满足以下基本要求。

（1）安全阀必须是有质量保证的产品，即具有出厂随带的产品质量说明书，并且阀体外表面必须有装设牢固的金属铭牌。

1）安全阀的质量证明书应包括如下几项。

①铭牌上的内容。

②制造依据的标准。

③检验报告。

④其他的特性要求。

2）安全阀的金属铭牌应标明下列内容。

①制造单位名称、制造批准书编号。

②型号、形式、规格。

③产品编号。

④公称压力，单位为 MPa。

⑤阀门流道直径（阀座喉径）。

⑥排量系数。

⑦适用介质温度。

⑧检验合格标志、监检标志。

⑨出厂年月。

（2）安全阀应该动作灵敏可靠，当压力达到开启压力时，阀瓣能自动迅速地开启，顺利地排出气体。

（3）安全阀应该具有良好的密封性能，不但能在正常工作压力下保持密闭，而且在开启排气并降低压力后能及时关闭，关闭后继续保持密封良好。

（4）安全阀应结构紧凑，调节方便，且应确保动作准确可靠，即要求杠杆式安全阀应有防止重锤自由移动的装置和能限制杠杆越出的导架；弹簧式安全阀应有防止随便拧动调整螺钉的铅封装置；静重式安全阀应有防止重片飞脱的装置。

二、安全阀的分类及适用范围

1. 按整体结构及加载机构的形式分类

安全阀的种类按整体及加载机构的不同可分为重锤杠杆式安全阀、弹簧式安全阀和脉冲式安全阀三种。

（1）重锤杠杆式安全阀　重锤杠杆式安全阀利用重锤和杠杆来平衡施加在阀瓣上的力，其结构如图 3—1 所示。

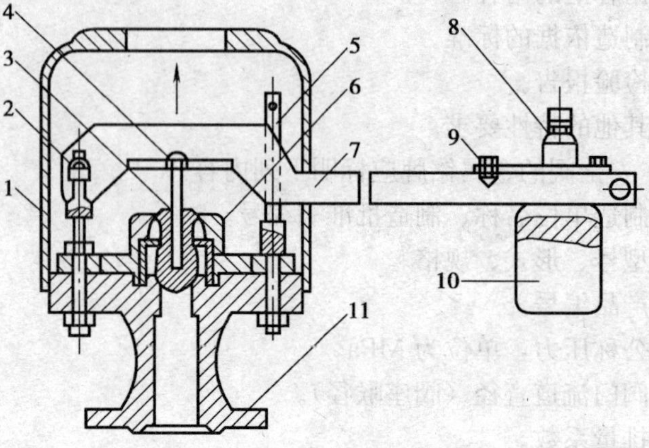

图 3—1　重锤杠杆式安全阀

1—阀罩　2—支点　3—阀杆　4—力点　5—导架
6—阀芯　7—杠杆　8—固定螺钉　9—调整螺钉　10—重锤　11—阀体

根据杠杆原理可知，加载机构（重锤和杠杆等）作用在阀瓣上的力与重锤重力之比等于重锤至支点的距离与阀杆中心至支点的距离之比。所以，利用质量较小的重锤通过杠杆的增大作用可以获得较大的作用力，并通过移动重锤的位置（或改变重锤的质量）来调整安全阀的开启压力。

重锤杠杆式安全阀结构简单，调整容易又比较准确；加载机构无弹性元件，在温度较高的情况下及阀瓣升高过程中，施加于阀瓣上的载荷不发生变化。但这种安全阀也存在不少缺点，它的结构比较笨重，重锤与阀体的尺寸很不相称；加载机构比较容易振动，并会因振动而影响密封性能；从杠杆与阀杆的接触来看，也存在一些问题，当杠杆升起之后，它上面的“刀口”就与阀座、阀杆不在一个中心线上了，这样就容易把阀瓣压偏，尤其在阀杆顶端的“刀口”被磨损时，这种情况更严重；另外，这类安全阀的回座压力一般比较低，有的甚至要降到工作压力的70%以下才能保持密封。

重锤杠杆式安全阀，适用于锅炉及压力较低且温度较高的固定式容器。

（2）弹簧式安全阀　弹簧式安全阀利用压缩弹簧的弹力来平衡作用在阀瓣上的力，其结构如图3—2所示。

螺旋圈形弹簧的压缩量可以通过转动它上面的调整螺母来调节，利用这种结构就可以根据需要校正安全阀的开启（整定）压力。弹簧式安全阀结构轻便紧凑，灵敏度也较高，安装位置不受严格限制，是压力容器最常选用的一种安全阀。另外，因对振动的敏感性差，亦可用于移动式压力容器。不同点是为了防止在运行中的碰撞及振动断裂，这时的安全阀要采用内置式。这种安全阀的缺点是施加于阀瓣上的载荷会随着阀的开启而发生变化。因为随着阀瓣的升高，弹簧的压缩量增大，作用在阀瓣上的力也随之增加。这对安全阀的迅速开启是不利的。此外，弹簧弹力会因长期高温的影响而减小。因此，在高温容器中使用的场合，需考虑弹簧的隔热或散热问题。

（3）脉冲式安全阀　脉冲式安全阀是一种非直接作用式安全阀，它由主阀和脉冲阀构成，如图3—3所示。脉冲阀为主阀提供驱动源，通过脉冲阀带动主阀动作。脉冲阀具有一套弹簧式的

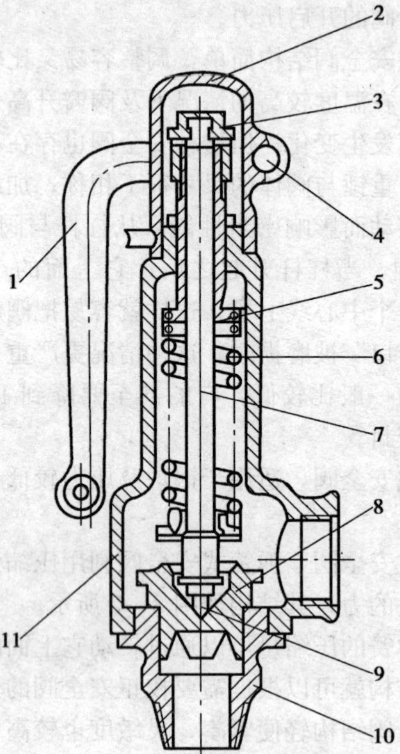

图 3—2　弹簧式安全阀

1—手柄　2—阀帽　3—调整螺钉　4—销子　5—弹簧压盖
6—弹簧　7—阀杆　8—阀盖　9—阀芯　10—阀座　11—阀体

加载机构，它通过管子与装接主阀的管路相通。当容器内的压力超过规定的工作压力时，脉冲阀就会像一般的弹簧式安全阀一样，开启阀瓣，气体由脉冲阀排出后通过一根旁通管进入主阀下面的空室，并推动活塞。由于主阀的活塞与阀瓣是用阀杆连接的，且活塞的横截面积比主阀阀瓣的面积大，所以，在相同的气体压力下，气体作用在活塞上的力大于作用在阀瓣上的力，于是活塞通过阀杆将主阀瓣顶开，大量气体从主阀排出。当容器内压力降至工作压力时，脉冲阀上加载机构施加于阀瓣上的力大于气体作用在它上面的力，阀瓣即下降，脉冲阀关闭，从而使主阀活塞下面空室内的气体压力降低，主阀跟着关闭，容器继续运行。

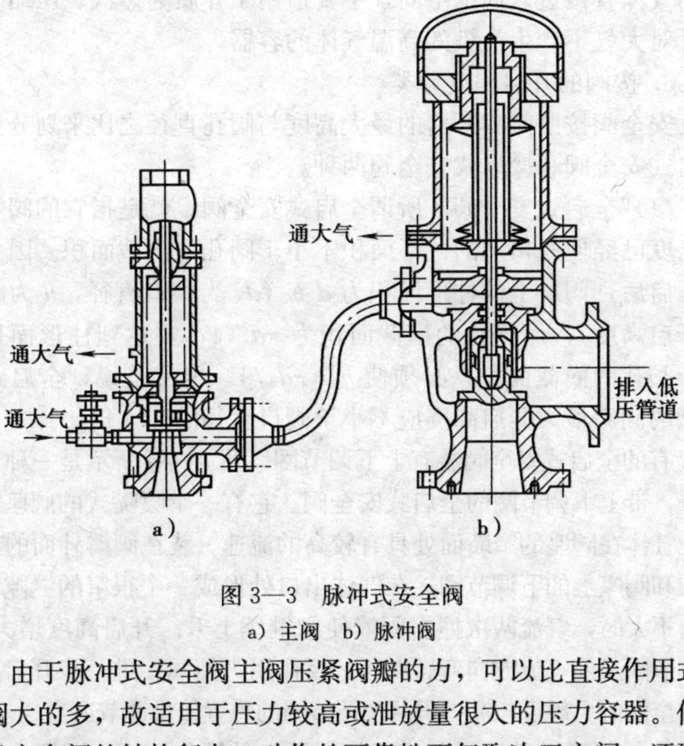

图 3—3　脉冲式安全阀

a) 主阀　b) 脉冲阀

由于脉冲式安全阀主阀压紧阀瓣的力，可以比直接作用式安全阀大的多，故适用于压力较高或泄放量很大的压力容器。但脉冲式安全阀的结构复杂，动作的可靠性不仅取决于主阀，还取决于脉冲阀和辅助控制系统。

2. 按照气体排放方式分类

安全阀的种类按照气体排放方式的不同，可分为全封闭式、半封闭式和开放式三种。

全封闭式安全阀排气时，气体全部通过排气管排放，介质不能向外泄漏，主要用于有毒、易燃介质的容器。

半封闭式安全阀所排出的气体大部分经排气管，还有一部分从阀盖与阀杆之间的间隙中漏出，多用于介质为不会污染环境的气体的容器。

开放式安全阀的阀盖是敞开的，使弹簧腔室与大气相通，排放的气体直接进入周围空间，主要适用于介质为蒸汽、压缩空气以及对大气不产生污染的高温气体的容器。

3. 按阀的开启程度分类

安全阀按照阀瓣开启的最大高度与阀孔直径之比来划分，有全启式安全阀和微启式安全阀两种。

（1）全启式安全阀　所谓全启式安全阀，就是指它的阀瓣开启高度已经使阀口上的柱形面积不小于阀孔的横截面积。因为阀瓣开启后，阀口上的柱形面积为 $d_o h$（d_o 为阀口直径，h 为阀瓣的开启高度），而阀孔的横截面积为 $\pi d_o^2/4$，要达到柱形面积不小于阀孔的横截面积，必须使 $h \geqslant \pi d_o/4$。也就是说，全启式安全阀的阀瓣最大开启高度应不小于阀口直径的 $\pi/4$ 倍。

有的全启式安全阀装有上下调节圈。图 3—4a 所示是一种性能较好，带上下调节圈的全启式安全阀。它有一个喷嘴式的阀座，以保证气体在阀座的窄断面处具有较高的流速。装在阀瓣外面的上调节圈和阀座上的下调节圈，在气体出口处形成一个很窄的缝隙。当开启不大时，气流两次撞击阀瓣使它继续上升。开启高度增大后，上调节圈又使气流方向弯转向下，反作用力使阀瓣进一步开启。这种安全阀的灵敏度较高，但两个调节圈的位置较难调节适当。

为了便于调整，近年来又发展了一种简化结构，即把上调节圈做成反冲盘的形式与阀瓣活动连接，只用一个下调节圈来调整反冲力的大小，其结构如图 3—4b 所示。这种简化结构的全启式安全阀虽然调整方便，但灵敏度稍低。

对于同样的排气量，全启式较微启式的体积小得多。但它结构复杂，调试、维修也复杂，回座压力也较低。目前使用较多的是全启式安全阀。

（2）微启式安全阀　这种安全阀开启高度较小，一般都达不

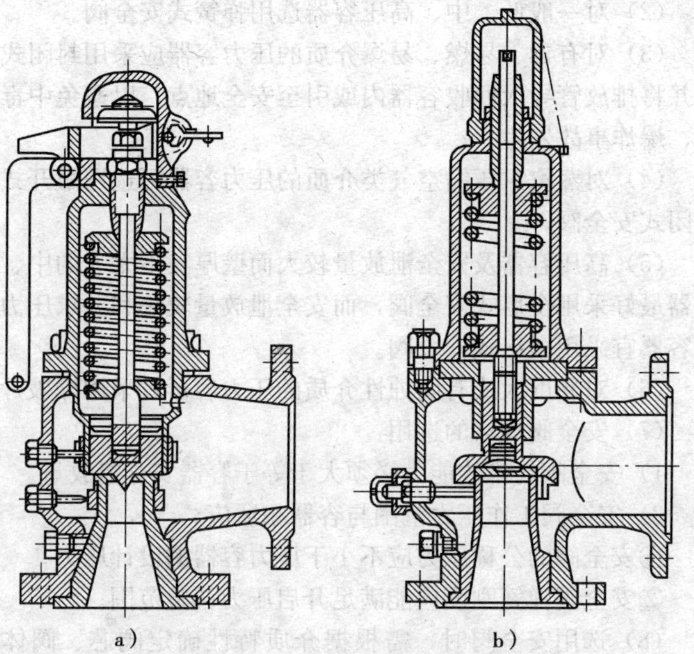

图 3—4　带调节圈的全启式安全阀

到孔径的 1/20。但它结构简单，制造、维修和调试都比较方便，适用于泄放量不大，压力不高的场合。公称直径在 50 mm 以上的微启式安全阀，为了增大阀瓣的开启高度，达到 $h \geqslant d_o/20$ 的要求，一般在阀座上装设一个简单的调节圈，通过它的上下移动，可以调整排出气流作用在阀瓣上的力。

三、安全阀的选用

1. 选用安全阀的依据

安全阀选用中，应综合考虑工作压力、工作温度、介质特性（如黏度、清洁程度、毒性、腐蚀性）以及容器有无振动等因素。

2. 具体选用安全阀时注意的事项

（1）压力较低、温度较高且无振动的容器可采用杠杆式安全阀。

（2）对一般低、中、高压容器选用弹簧式安全阀。

（3）对有毒、易燃、易爆介质的压力容器应采用封闭式安全阀并将排放管导入回收容器内或引至安全地点，以避免中毒、燃烧、爆炸事故发生。

（4）对蒸汽、压缩空气类介质的压力容器可选用敞开式或半封闭式安全阀。

（5）高压容器及安全泄放量较大而壁厚又不太大的中、低压容器最好采用全启式安全阀，而安全泄放量较小和要求压力平稳的容器宜采用微启式安全阀。

（6）对黏度大或有腐蚀性介质的压力容器宜采用爆破片。

（7）安全阀规格的选用：

1）安全阀的排放能力必须大于等于容器安全泄放量。

2）安全阀工作压力范围与容器相适应。

①安全阀的公称压力应不小于压力容器的设计压力。

②安全阀弹簧刚度应能满足开启压力调整范围。

（8）选用安全阀时，需根据介质特性确定阀芯、阀体的材料。

（9）对于开启压力大于 3 MPa 的蒸汽用安全阀或介质温度超过 235℃的气体用安全阀，宜选用带散热器安全阀，以防止泄放介质直接冲蚀弹簧。

（10）当安全阀有可能承受附加背压时，应选用带波纹管安全阀。

（11）医用氧舱舱体和配套的压力容器上必须装设安全阀，多人医用氧舱舱体上的安全阀，应选用带扳手的弹簧直接载荷式安全阀。

四、安全阀中的保险装置

1. 杠杆式安全阀应有防止重锤自由移动的装置和限制杠杆超出的导架。

2. 弹簧式安全阀应有防止随便拧动调整螺钉的铅封装置。

五、安全阀的安装要求

安全阀安装正确与否直接关系到能否保证其正常工作，以确保压力容器的安全使用，防止压力容器爆炸事故的发生。

安全阀的安装需符合以下几点要求：

1. 安全阀应铅直安装，并应装设在压力容器液面以上的气相空间部分，或装设在与压力容器气相空间相连的管道上。

2. 压力容器与安全阀之间的连接管和管件的通孔，其截面积不得小于安全阀的进口面积。应尽量减小容器与安全阀间的管路阻力。必须避免使用急弯管、截面局部收缩等增加管路阻力甚至会引起污物积聚而发生堵塞等的配管结构。

3. 压力容器与安全阀之间不宜装设中间截止阀门。对于盛装易燃以及毒性程度为极度、高度、中度危害或黏性介质的压力容器，为便于安全阀的更换、清洗，可在压力容器与安全阀之间装设截止阀。截止阀的结构和通径尺寸，应不妨碍安全阀的正常泄放。压力容器运行时，截止阀必须保持全开，并加铅封。

4. 压力容器一个连接口上装设数个安全阀时，该连接入口的面积应不小于数个安全阀的进口面积总和。

5. 安全阀装设位置，应便于日常检查、维护和检修。露天安装的安全阀，应有防止气温低于0℃时阀内水分冻结、影响安全排放的可靠措施。

6. 对易燃以及毒性程度为极度、高度、中度危害介质的压力容器，应在安全阀的排出口装设排放导管，并将排放介质引至安全地点，不得直接排入大气。排放导管应尽量避免曲折和急转弯，以减小阻力。导管的内径不得小于安全阀的公称直径，并有防止导管内积液的措施。两个以上安全阀共用一根排放导管时，导管的截面积应不小于所有安全阀出口截面积的总和。氧气和可燃气体以及其他能相互产生化学反应的两种气体不能共用一根排放导管。

7. 安装杠杆式安全阀时，必须使其阀杆严格保持在铅垂的位置。安全阀与它的连接管路上的连接螺栓必须均匀地上紧，以免阀体产生附加应力，妨碍安全阀的正常工作。

六、安全阀的调整、维护和检验

1. 安全阀的调整

为了保证安全阀在工作压力下不泄漏，在额定排放压力下及时排气泄压，新安全阀投用前需调试定压，使用中的安全阀也需定期调试。

（1）安全阀的开启压力　按《压力容器安全技术监察规程》规定，安全阀的开启压力，不得超过压力容器的设计压力。在调试定压时，应按该容器的工作压力（包括有权的检验单位检验后，所限定的允许使用的工作压力）进行调试。在一般情况下，安全阀的开启压力应调整为容器工作压力的 1.05～1.10 倍。

当采用系统的最高工作压力作为安全阀的开启压力时，则系统中每个容器的工作压力应与其相适应。当采用最大允许工作压力作为安全阀的调整依据时，在容器设计图样上和容器铭牌上应有注明。

（2）安全阀的调整校正　安全阀在安装前以及在容器定期检验时应进行水压试验和密封试验，合格后才能进行调整校正。校正是通过调节施加在阀瓣上的载荷来确定安全阀的开启压力。对于杠杆式安全阀就是调节重锤的位置；对于弹簧式安全阀就是调节弹簧的压缩量。这种校正工作最好在专用的气体检验台上进行。没有条件时也可用水作为试验介质进行初步校正，然后再在容器上校正。调整是通过调整安全阀调节圈与阀瓣的间隙，来精确地确定排放压力和回座压力。这种调整工作要在容器上进行。

安全阀进行校验和压力调整时，必须有使用单位主管压力容器安全的技术人员在场。调整及校验装置所使用压力表的精度应不低于 1 级。在线调校时，应有可靠的安全防护措施。

调整后的安全阀，应加铅封或加锁。安全阀的开启压力、回座压力、开启高度、调整日期等，应填入“安全阀校验记录”，存档备查。

2. 安全阀的维护

要使安全阀经常处于良好状态，保持灵敏可靠和密封性能良好，必须在压力容器的运行过程中加强对它的维护和检查。

（1）要经常保持安全阀清洁，防止阀体弹簧等沾上油垢、脏物或被锈蚀，防止安全阀排放管被油垢或其他异物堵塞。设置在室外露天的安全阀，还要注意防冻。

（2）经常检查安全阀的铅封是否完好。检查杠杆式安全阀的重锤是否有松动、被移动以及另挂重物的现象。

（3）发现安全阀有泄漏迹象时，应及时修理或更换。禁止用增加载荷的方法（如加大弹簧的压缩量或移动重锤和加挂重物等）减除阀的泄漏。

（4）对空气、水蒸气以及带有黏滞性物质而排气又不会造成危害的其他气体的安全阀，应定期进行手提排气试验。手提排气试验的间隔期限，可以根据气体的洁净程度来确定。

3. 安全阀的检验

安全阀必须实行定期检验，每年至少校验一次。定期校验工作包括清洗、研磨、试验、校正调整和铅封。

新安全阀在安装前应根据使用情况调试后才准安装使用。

七、安全阀常见故障的原因及排除

1. 安全阀泄漏

（1）密封面上有氧化皮、水垢、杂物等，可用手动排气去除或拆开清理。

（2）密封面机械损伤或腐蚀，用研磨或车削后研磨的方法修复，或更换。

（3）弹簧老化失效或因腐蚀弹性降低，应更换弹簧。

（4）阀杆弯曲变形或阀芯与阀座支承面偏斜，应查明原因重新装配或更换阀杆等部件。

（5）杠杆式安全阀的杠杆与支点发生偏斜，使阀芯与阀座受力不均，需校正杠杆中心线。

2. 安全阀不在规定的开启压力下动作

（1）安全阀调压不当，需要重新调定。

（2）阀芯与阀座被粘住或生锈，需吹洗安全阀，严重时则需研磨阀芯、阀座。

（3）阀杆与衬套间的间隙过小，受热时膨胀卡死，需适当增大阀杆与衬套的间隙。

（4）弹簧式安全阀的弹簧压得过紧或不够，杠杆式安全阀的重锤质量过大或过小，或重锤与支点的距离不当，需重新调整。

（5）阀门通道被盲板等障碍物堵住，则应清除障碍物。

（6）弹簧产生永久变形，应更换弹簧。

3. 安全阀达不到全开状态

（1）安全阀选用的公称压力过大或弹簧刚度太大，需重新选用安全阀。

（2）调节圈调整不当，需重新调整。

（3）阀芯在导向套中摩擦阻力太大，应清洗、修磨或更换部件。

（4）安全阀的排放管设置不当，气体流动阻力大，应重新设置排放管路。

4. 阀瓣振动

（1）调节圈与阀瓣间隙过大，需重新调整。

（2）安全阀的排放量比容器的安全泄放量大得太多，应重新选型，使之相匹配。

（3）安全阀进口面积太小或阻力大，使安全阀的排气量不够，需更换或调整安全阀的进口管路。

（4）排放管路阻力过大，应对管路进行调整以减小阻力。

5. 排气后阀瓣不能及时回座

（1）阀瓣在导向套中摩擦阻力大，阀杆、阀芯安装位置不正或被卡住，需进行清理、调整、修理或更换部件。

（2）阀瓣的开启和回座机构未调整好，应重新调整。对弹簧式安全阀，通过调节其调节圈位置来调整其回座压力。

第三节 爆 破 片

爆破片又称防爆片、防爆膜，它是爆破片装置承受压力的元件。爆破片装置由爆破片本身和相应的夹持器组成。通常所说的爆破片，包括夹持器等部件。爆破片是一种断裂型安全泄压装置，由于它只能使用一次，所以其应用不如安全阀广泛，只用在安全阀不宜使用的场合。

一、爆破片的形式与特点

按照爆破片的断裂特征，可以将爆破片分为剪切型、弯曲型、正拱普通拉伸型、正拱开缝型、反拱型等几种。它们的主要区别在于膜片预制形状和膜片材料性质的不同。

1. 剪切破坏型（切破式）爆破片

这是早期广泛使用的一种爆破片，目前用得较少，常用的有夹片式和凸台式，如图 3—5 所示。膜片中间部分较厚，目的是防止它在承压时产生较大的弯曲变形，导致它的周边受较大的剪

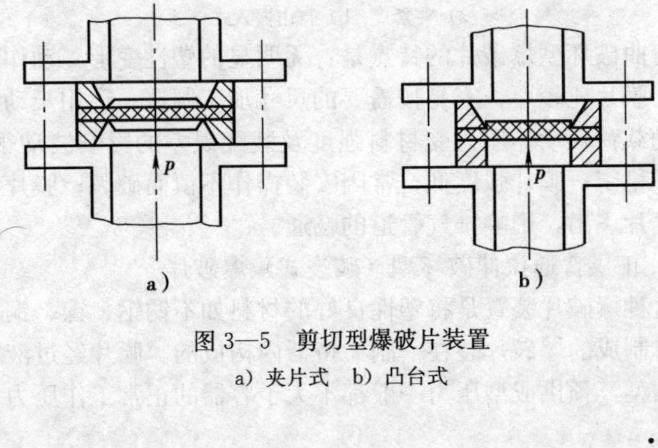

图 3—5 剪切型爆破片装置

a）夹片式 b）凸台式

切载荷而沿边缘切断。爆破片一般用不锈钢、铜、铝、镍等塑性好的材料制造。

剪切破坏型爆破片的特点是：全面积开放，阻力小，排量系数较大；在相同条件下，膜片较厚，易于加工制造；爆破片的实际动作压力受周边条件（如夹持器周边的锋利程度）的影响很大，因而不够稳定；膜片切破后常整体冲出，易堵塞排气管道。

2. 弯曲破坏型（碎裂式）爆破片

弯曲破坏型爆破片装置是利用膜片在较高的压力下，产生的弯曲应力达到材料的抗弯强度极限时即碎裂而排气的，所以膜片常用铸铁、硬塑料、石墨等脆性材料制造。常用的爆破片有夹紧式和自由嵌入式两种，如图 3—6 所示。

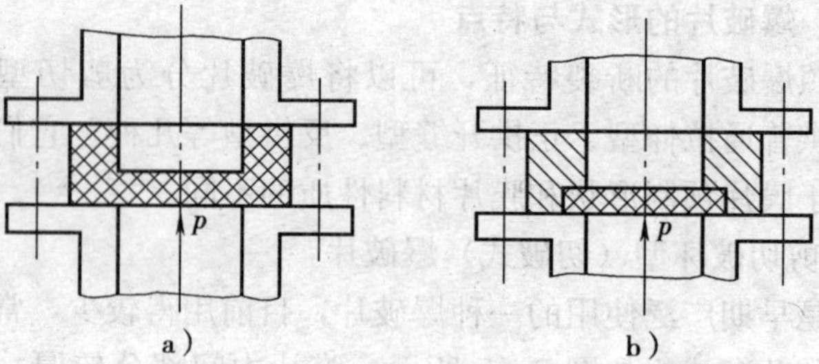

图 3—6　弯曲型爆破片装置

a）夹紧式　b）自由嵌入式

弯曲破坏型爆破片的特点是：无明显的塑性变形，动作反应最快；膜片比较厚，容易按需要的尺寸加工制造；适用于动载荷和脉动载荷；动作压力受材料强度及装配误差的影响波动很大，故最不稳定；膜片强度低，常因安装操作不慎而破裂；膜片破裂后成碎片飞出，影响排气管道的畅通。

3. 正拱普通拉伸破坏型（破裂式）爆破片

这种爆破片装置是将塑性良好的材料如不锈钢、镍、铜、铝等箔材制成的爆破片装在一副夹持器内构成的。膜片经过液压预拱成凸型，预拱成型压力一般都不大于容器的正常工作压力，因而膜片安装在容器上以后，其形状一般不会改变。图 3—7 所示为其结构示意图。

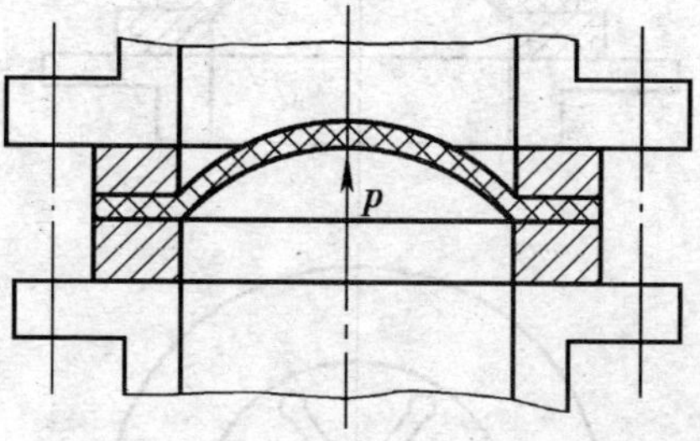

图 3—7　正拱普通拉伸型爆破片装置

正拱普通拉伸型爆破片的特点是：无碎片飞出，阻力也不大；膜片的动作压力较前两种稳定；膜片在高的拉伸应力长期作用下，尤其是承受脉动载荷时，寿命较短；由于受成型箔材厚度规格的限制，往往难以取得所需要的动作压力。

4. 正拱开缝型爆破片

这种爆破片是在普通拉伸型的基础上，为解决成型箔材的厚度规格不能适应各种需要的动作压力而发展起来的。它在预拱成凸型的膜片上开设一圈小孔，膜片承压后，小孔之间的孔带即产生较大的拉伸应力，并在压力达到规定值后断裂。由于小孔沿径向开槽，所以断裂后膜片沿此槽开裂，形似花瓣，使其能顺利排气。膜片凹侧贴有一层含氟塑料，以保持在正常工作压力下的密封和变形，其结构如图 3—8 所示。

正拱开缝型爆破片的特点是：膜片可以采用较大的厚度，以增加刚度；调整小孔的孔带宽度可以获得任意的动作压力；开裂的程度较大，有利于气体的排放；加工精度要求高，制造较困难；内衬的密封薄膜易破裂而使爆破片过早失效。

5. 反拱型（失稳型、压缩型）爆破片

反拱型爆破片凸面承受压力，当压力达到一定值时，凸型膜

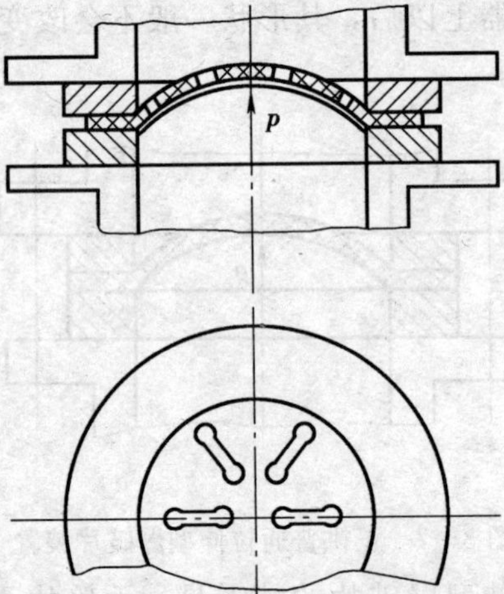

图 3—8　正拱开缝型爆破片装置

片会失稳而突然翻转，随即被装设在它上面的刀具切破，或膜片整体脱落弹出。制造膜片的材料与正拱型膜片的相同。反拱带刀架型和脱落型爆破片如图 3—9a、b 所示。

反拱型爆破片的特点是：在形状尺寸一定的情况下，失稳压力只与膜片材料的弹性模量有关，而材料的弹性模量一般是比较稳定的，所以膜片的动作压力较易控制。在压力与直径相同的条件下，膜片较厚，有利于加工制造；在工作压力下，膜片产生压缩应力一般小于材料的屈服强度，对疲劳、蠕变不敏感，因而膜片寿命较长；通过调整膜片的相对高度可以获得所需要的动作压力，因而膜片的厚度能按箔材的成品规格厚度选用；由于要装设切破工具等，排放面积受到影响，排量系数减小；加工组装精度要求高。

二、爆破片的选用

1. 类型的选择

压力容器应根据介质的性质、工艺条件及载荷特性等来选用爆破片。

(1) 在介质性质方面，首先要考虑介质在工作条件（压力、温

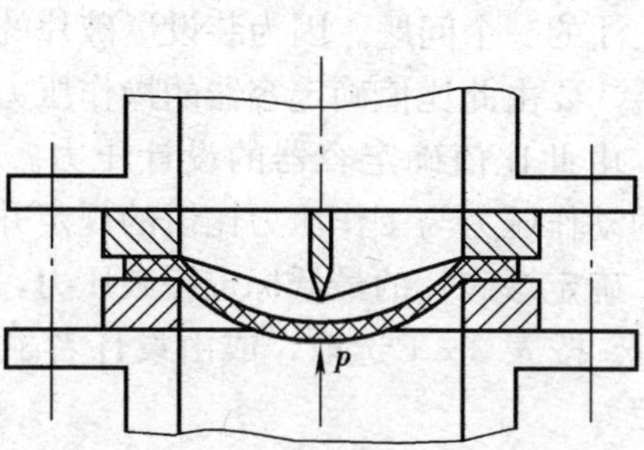

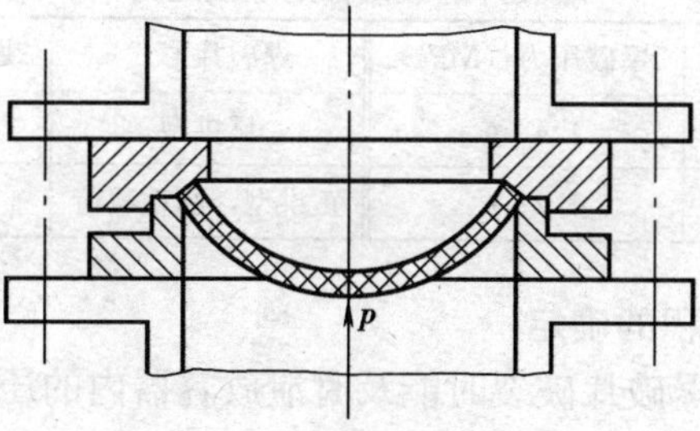

图 3—9　反拱型爆破片装置

a）反拱带刀架型　b）脱落型

度等）下对膜片有无腐蚀作用。对腐蚀性介质，宜采用开缝正拱型爆破片，或采用在与介质的接触面上有金属或非金属保护膜的正拱型爆破片。如果介质是可燃气体，则不宜选用铸铁或碳钢等材料制造的膜片，以免膜片破裂时产生火花，引起可燃气体的燃烧爆炸。

（2）脉动载荷或压力大幅度频繁波动的容器，最好选用反拱型或弯曲型爆破片。因为其他类型的爆破片在工作压力下膜片都处于高应力状态，较易疲劳失效。

（3）为了防止膜片金属在高温下产生蠕变，在低于设计爆破压力时爆破，要求膜片的最高使用温度必须高于介质的温度。

2. 爆破片动作压力的选定

为了确保压力容器不超压运行，爆破片的动作压力应不大于容器的设计压力。但动作压力与正常操作压力的比值究竟应保持多大，是人们关注的一个问题。因为装设爆破片的压力容器在设计压力确定以后，要由此比值确定容器的操作压力；或者在一定的操作条件下，由此比值确定容器的设计压力。各国有关规范中，对爆破片的动作压力与工作压力比值的规定并不相同。国内有关标准规定：确定爆破片的最低标定爆破压力，可根据容器的最大工作压力 p_w 按表 3—1 选取，或由设计者根据成熟的经验或可靠数据确定。

表 3—1　爆破片的最低标定爆破压力

爆破片形式	爆破压力（MPa）	爆破片形式	爆破压力（MPa）
正拱普通型	1.43 p_w	反拱型	1.1 p_w
正拱开缝型	1.25 p_w	正拱型，脉动载荷	1.7 p_w

3. 排放面积的确定

为了保证爆破片破裂时能及时泄放容器内的压力，防止容器继续升压爆炸，爆破片必须具有足够的排放面积。与安全阀的要求一样，爆破片的排放量不得小于容器的安全泄放量，由此求得爆破片的泄放面积。

三、爆破片的装设

爆破片的装设应符合以下要求：

1. 爆破片装置与容器的连接管线应为直管，通道面积不得小于膜片的泄放面积。

2. 对易燃以及毒性程度为极度、高度、中度危害介质的压力容器，应在爆破片的排出口装设导管，将排放介质引至安全地点，并进行妥善处理，不得直接排入大气。

3. 爆破片应与容器液面以上的气相空间相连，其中普通正拱型爆破片也可安装在正常液面以下。

四、爆破片的更换

爆破片应定期更换，更换期限由使用单位根据本单位的实际情况确定。对于超过爆破片标定爆破压力而未爆破的也应更换。

第四节　安全阀与爆破片的组合

一、组合方式

安全阀可与爆破片装置组合使用，成为一种组合型的安全泄放装置。组合方式有并联组合和串联组合两种形式。当并联组合时，对容器起到双重保护作用，能进一步提高安全性。当串联组合时，它兼有阀型和破裂型的优点，既可防止安全阀的泄漏，又可避免爆破片爆破后使容器不能再继续运行。爆破片装置的位置可以设置在安全阀之前，也可设置在安全阀之后，但必须满足以下要求：

1. 并联组合

安全阀与爆破片装置并联组合时，爆破片的标定爆破压力不得超过容器的设计压力。安全阀的开启压力应略低于爆破片的标定爆破压力。

2. 串联组合

（1）当安全阀进口和容器之间串联安装爆破片装置时应满足下列条件：

1）安全阀和爆破片装置组合的泄放能力，应满足 GB 150—1998 附录 B 中的要求。

2）爆破片破裂后的泄放面积应不小于安全阀进口面积，同时应保证爆破片破裂的碎片不影响安全阀的正常动作。

3）爆破片装置与安全阀之间应装设压力表、旋塞、排气孔或报警指示器，以检查爆破片是否破裂或渗漏。

（2）当安全阀出口侧串联安装爆破片装置时，应满足下列条件。

1）容器内的介质应是洁净的，不可为易沉淀的，不可含有胶着物质或阻塞物质，以防影响安全阀灵敏度。

2）安全阀的泄放能力，应满足 GB 150—1998 附录 B 中的要求。

3）当安全阀与爆破片之间存在背压时，阀仍能在开启压力下准确开启。

4）爆破片的泄放面积不得小于安全阀进口面积。

5）爆破片装置与安全阀之间应设置放空管或排污管，以防该空间的压力累积。

二、安全阀与爆破片装置组合使用的维护与检查

组合使用的安全阀与爆破片装置除应满足各自单独的维护、检查要求外，还应注意组合使用的要求：

1. 安全阀与爆破片装置串联使用

（1）爆破片装置在安全阀出口侧时（见图 3—10），应注意检查安全阀和爆破片装置之间所装的压力表和截止阀，保证二者之间不积存压力，能疏水或排气。

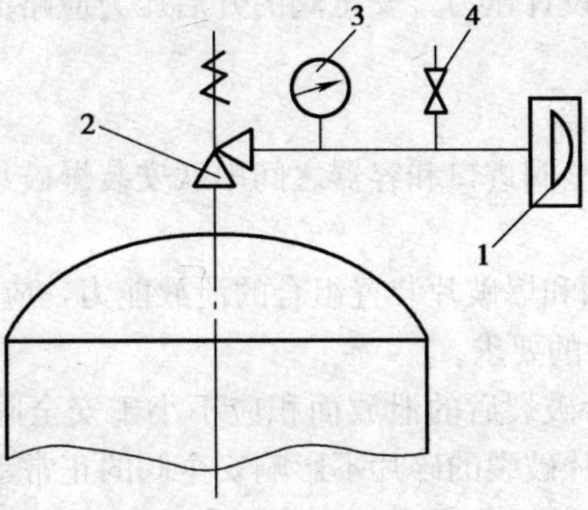

图 3—10　安全阀、爆破片装置串联使用（一）

1—爆破片　2—安全阀　3—压力表　4—截止阀

（2）爆破片装置装在安全阀进口侧时（见图 3—11），应注意检查安全阀和爆破片装置之间所装的压力表有无压力指示，截止阀打开后有无气体漏出，以判定爆破片的完好情况。

2. 安全阀和爆破片装置并联使用（见图 3—12）时，应参照爆破片装置单独作为泄压装置时的要求进行检查。

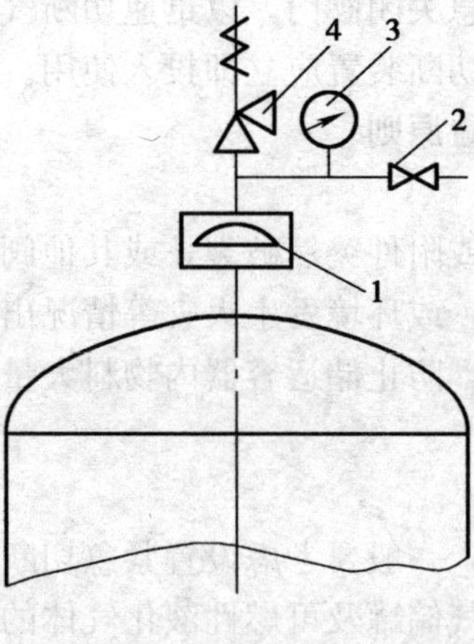

图 3—11　安全阀、爆破片装置串联使用（二）

1—爆破片　2—截止阀　3—压力表　4—安全阀

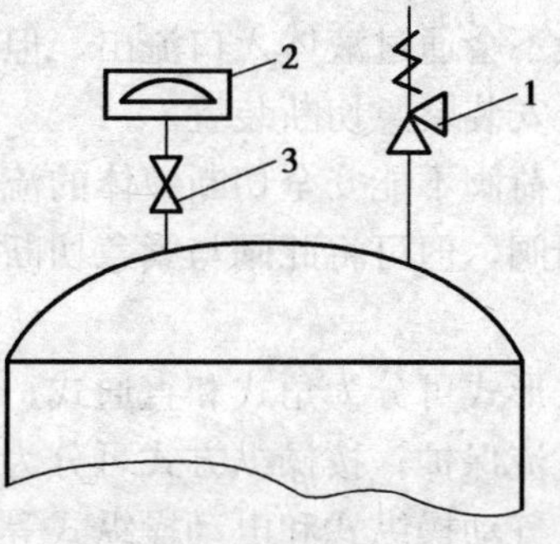

图 3—12　安全阀、爆破片装置并联使用

1—安全阀　2—爆破片　3—截止阀

第五节　紧急切断装置

紧急切断装置通常是装设在液化石油气储罐或液化气体汽车罐车、铁路罐车的气、液出口管道上的安全装置，当管道及其附件破裂、误操作或容器附近发生火灾事故时，为了防止事故蔓延

和扩大，须立即紧急关闭阀门，以迅速切断气源，杜绝事故的继续发生，此时紧急切断装置应立即投入使用。

一、作用与设置原则

1. 作用

当系统内管路或附件突然破裂，或其他阀门密封失效，或装卸物料时流速过快，或环境发生火灾等情况出现时，紧急切断装置能迅速切断通路，防止储运容器内物料大量外泄，避免事故或延缓事故的发展。

2. 设置原则

在下列情况下，一般要考虑设置紧急切断装置。

（1）液化石油气储罐及可燃性液化气体的低温储罐的液体入口及出口处，应设置紧急切断装置。

（2）液体入口开孔在球形储罐的气相部分。当事故发生时，储罐内的液体一般不会通过液体入口流出，但为防止万一，也可以在该液体入口处安装紧急切断装置。

（3）为防止负荷阀不能安全切断液体的流入和排出，它不能单独作为紧急切断阀，但可将此阀与紧急切断阀同时使用。

二、分类

紧急切断阀按形式可分为角式和直通式；从结构上又可分为有过流保护与无过流保护；按操纵方式可分为机械（手动）牵引式、油压操纵式、气动操纵式和电动操纵式等。

三、工作原理

目前，液化石油气罐车及储罐等设备都使用紧急切断装置，而且多为机械（手动）牵引式或油压操纵式。

1. 机械（手动）牵引式

如图 3—13 所示，机械（手动）牵引式紧急切断阀常用于液化石油气罐车上。该装置通常安装在罐体底部的液相和气相接管凸缘处，通过软钢索与近程和远程操纵机构连接。

开始装卸时，利用近程操纵机构使软钢索牵动紧急切断阀杠

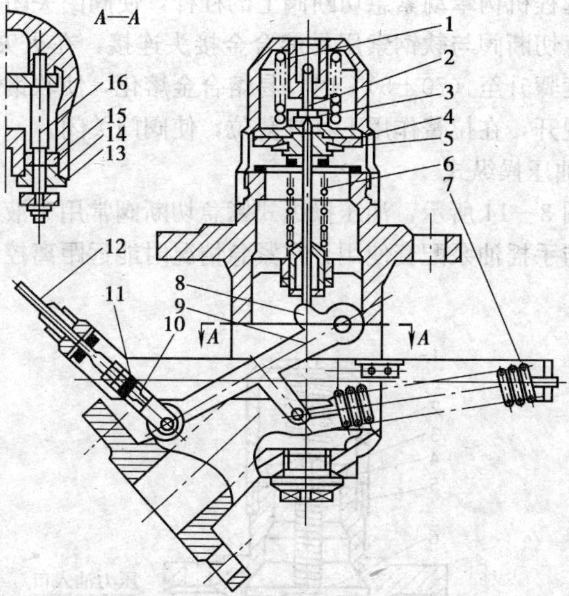

图 3—13　机械（手动）牵引式紧急切断阀

1—大弹簧　2—先导阀　3—小密封圈　4—过流阀　5—大密封圈　6——小弹簧　7—拉簧　8—凸轮　9—杠杆　10—易熔合金接头　11—易熔合金　12—软钢索　13—阀体　14—O 形圈　15—轴套　16—轴

杆，凸轮把阀杆向上顶起后，先导阀首先开启，此时通过先导阀作用于主阀（过流阀）上的大弹簧弹力消失，罐内介质穿过阀杆与主阀座之间的间隙，流入阀腔并逐渐汽化，充满主阀以下的低压腔和管路。当其压力升至接近主阀上部压力时，主阀下部的流体作用力加上弹簧压力向上推开主阀，紧急切断阀处于全启状态。这时即可缓缓打开其后的截止阀，进行装卸作业。

介质装卸完毕后，再利用近程操纵机构，使杠杆在拉簧作用下带动凸轮离开先导阀杆，由于大弹簧弹力大于小弹簧弹力，大弹簧将推动先导阀与主阀阀瓣回复到关闭状态，保持密封。

如因管道破裂，介质大量外泄而无法接近阀门进行操作时，可利用远程机构牵动紧急切断阀上的杠杆，使阀门关闭。

紧急切断阀与软钢索用易熔合金接头连接，在火灾事故中，如遇温度骤升至（70±5)℃时，易熔合金熔化，使软钢索与紧急切断阀脱开，在拉簧作用下杠杆复位，使阀门关闭。

2. 油压操纵式

如图 3—14 所示，油压操纵式紧急切断阀常用于液化石油气储罐，与手摇油泵配套使用，在紧急情况时能远距离控制该阀的启闭。

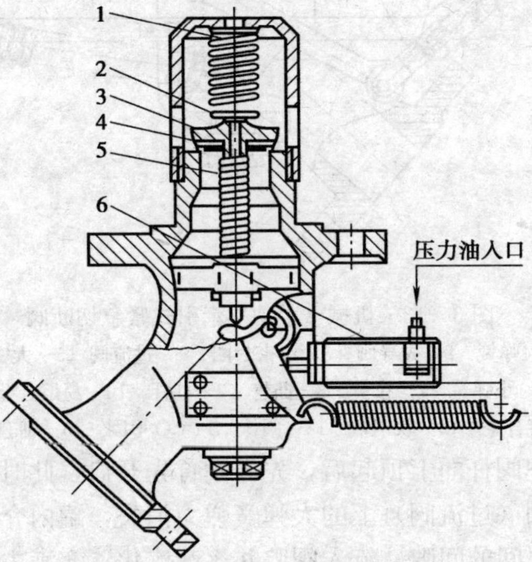

图 3—14 油压操纵式紧急切断阀

1，5—弹簧 2—先导阀瓣 3—主阀瓣 4—阀杆 6—油缸

油压操纵式紧急切断阀的工作原理与机械（手动）牵引式的工作原理相似，所不同的是开启时利用手摇油泵将油压入油缸，油推动活塞，活塞杆推动凸轮顶起阀杆。关闭时油缸内高压油泄压，靠拉簧使凸轮复位。

该油路系统中设有易熔塞，当火灾造成高温时，易熔塞熔化，油缸泄压，使紧急切断阀关闭。

四、对紧急切断装置的要求

1. 每个紧急切断阀在出厂前必须进行耐压、密封、动作时间及过流闭止等试验，并具有合格证书、试验或检验报告。

2. 紧急切断装置（包括紧急切断阀、远控系统以及易熔塞、自动切断装置等），要求动作灵活、性能可靠且便于维修。

3. 易熔塞的易熔合金熔融温度应为（70±5)℃。

4. 油压式或气压式紧急切断阀应保证在工作压力下全开，持续放置 48 h 不会引起自然闭止。

5. 紧急切断阀应在 10 s 内关闭。

6. 紧急切断装置不得兼作阀门使用。

7. 紧急切断装置在使用过程中应定期进行检验和试验，以保证灵敏可靠。

第六节　快开门式压力容器安全联锁装置

安全联锁装置已成为快开门（盖）式压力容器上一个不可缺少的安全装置。建材、化工、纺织、轻工、医药等行业都在使用着快开门（盖）式压力容器。多年来，由于快开门（盖）式压力容器缺少安全联锁装置，爆炸事故频频发生。仅据 1980 年至 1990 年压力容器事故统计，全国快开门（盖）压力容器爆炸事故约占压力容器总事故的 1/3，造成不同程度的设备损坏、经济损失和人员伤亡。

一、快开门（盖）式压力容器简介

快开门（盖）式压力容器指这样一些压力容器，它们的端盖锁紧件一次连续动作后，即能完成开启或闭合过程，不需要逐个上紧或松开螺栓。

二、对快开门（盖）式压力容器安全联锁装置功能的要求

按照规定，快开门（盖）式压力容器上必须装设有下列功能的安全联锁装置：

1. 只有当快开门（盖）达到关闭位置时方能开始升压运行的联锁控制功能。

2. 只有当容器的内部压力完全释放，安全联锁装置脱开时，方能打开快开门（盖）的联动功能。

3. 与上述动作同步的报警功能。

按照规定，安全联锁装置应经鉴定批准后，方可安装在快开门（盖）式压力容器上。

三、快开门式压力容器联锁装置分类

安全联锁装置按引起动作的动力来源，分为直接作用式、间接作用式和组合式三种。

1. 直接作用式

直接作用式安全联锁装置依靠容器内的压力实现联锁协同，具有整体灵活可靠、成本低、寿命长和可靠性好等优点，但较难实现第一节中所要求的联锁功能。

图 3—15 至图 3—17 所示，为三种适用于齿啮式快开装置的安全联锁装置。

(1) 如图 3—15 所示，这种装置的固定板焊接在可转动的齿圈上，齿圈焊接在容器筒外表面。进气管通过球阀和筒体接通，出气管的一端接球阀，另一端接三通，分别通过警告笛和排空管与大气相通。固定锁在衬套内，沿轴向可做往复运动，并可插入固定板上的孔内。

其工作原理是，在关闭快开门盖过程中，若齿圈没有旋转到位，固定锁被固定板挡住。球阀无法关闭，容器内无法升压。只有当齿圈完全啮合到位，固定销刚好插入固定板上的孔内，球阀才能关闭，容器内才能升压。同时，齿圈亦被固定销固定而无法转动，从而保证工作时端盖不被打开。要想打开端盖，只有先打开球阀，退出插销。此时容器内带压气体也经球阀由排空管排出，警告笛也随之响起。只有当容器内压力降至零时，警告笛才

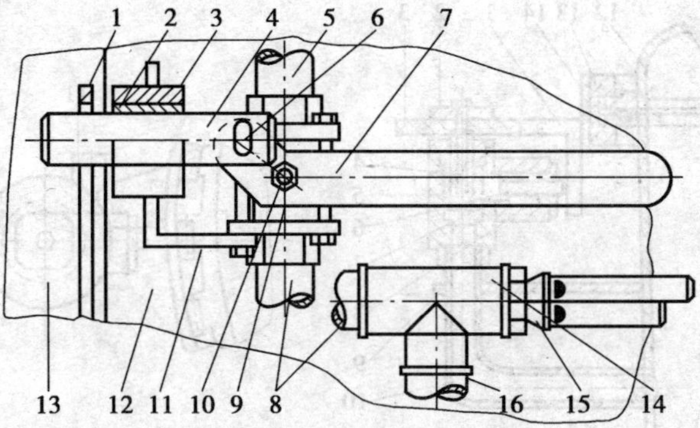

图 3—15　齿啮式快开装置的安全联锁装置（一）

1—固定板　2—导向套　3—衬套　4—固定锁　5—进气管
6—滑柱　7—手柄　8—出气管　9—球阀　10—阀芯旋转杆
11—基架　12—筒体　13—齿圈　14—三通　15—警告笛　16—排空管

息声，此时端盖才能打开。即用警告笛声提示操作人员正确操作，保证容器安全。

(2) 如图 3—16 所示的安全联锁装置，由角尺挡块、手动单向阀、圆形止推盘、进气管和排气管等组成。角尺挡块由水平端面和垂直端面两部分组成，并焊接在容器的旋转环上。角尺挡块水平端面与圆形止推盘相邻处有一圆弧段。手动单向阀由主阀和副阀组合而成，进气管的两端分别与筒体和主阀相连接，排气管的两端分别与筒体和主阀相连接，排气管和副阀相连通，副阀芯上装有橡胶密封圈。

其工作原理为，当逆时针转动旋转环，通过卡箍关闭快开门(盖）时，若旋转环没有放置到位，即快开门（盖）未关闭到完全啮合位置，圆形止推盘在角尺挡块水平端面之上被角尺挡块挡住，旋盖不能下旋推进主阀芯关闭阀口，如这时容器进气，则气体经进气管、主阀阀口、副阀阀口和排气管排出，因此容器无法升压。只有快开门盖关闭到完全啮合位置时，圆形止推盘与角尺挡块水平端面圆弧段相邻，两者间隙为 0.5～1 mm，转动旋盖

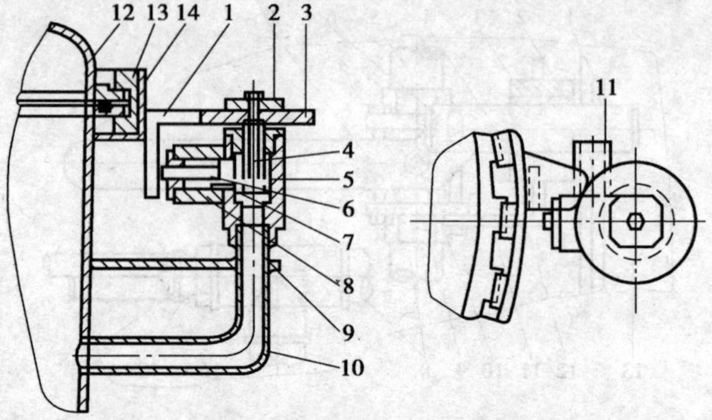

图 3—16 齿啮式快开装置的安全联锁装置（二）

1—角尺挡块 2—旋盖 3—圆形止推盘 4—主阀芯 5—主阀
6—副阀芯 7—橡胶密封圈 8—副阀 9—固定板 10—进气管
11—排气管 12—快开门（盖） 13—卡箍 14—旋转环

才能使圆形止推盘和主阀芯一起向下推进，直至主阀芯关闭阀口，这时容器内方能升压。由于圆形止推盘挡住角尺挡块，旋转环无法转动，快开门（盖）无法打开。当容器工作完毕时，可转动旋盖，带动圆形止推盘和主阀芯向上脱离阀口，容器内的带压气体经进气管、主阀阀口冲出，瞬间推动副阀芯伸出角尺挡块垂直端面之外，挡住角尺挡块，气体从排气管放出。由于副阀芯挡住角尺挡块，旋转盖便无法转动，即防止容器内压力未卸尽之前打开快开门盖。副阀芯伸出时，橡胶密封圈紧贴在副阀的阀盖上，起到密封作用，使容器内的带压气体只能从排气管放出。待容器内压力下降为零后，副阀芯才能用手推回，这时可顺时针转动旋转环，打开快开门（盖）。

上述两种安全联锁装置都很难对很低的残余压力做出反应，即有可能在容器内存在很低的残余压力时，就进行开门操作而酿成事故。例如，一台直径为 2 500 mm 的蒸压釜，即使只有 0.005 MPa 的残余压力，作用在快开门（盖）上的力也达到 240 531 N。

（3）如图 3—17 所示的安全联锁装置就可以解决上述问题。它利用压力大小和水位高度的对应关系（0.1 MPa 表压对应于约10 m 高的水位），将微弱的残余压力值转换为直观的水位高度。大水槽和小水槽在底部相通，浮筒上端面与法兰盖之间有一特殊的自紧式密封装置（未画出），当浮筒上升到极限高度时密封装置进入工作状态，大、小水槽成为密封容器，设备即能升压。浮筒上的导向杆与叉杆之间为刚性连接，叉杆随浮筒的上下浮动而同步进行上下移动。导向块焊在设备的端部，引导叉杆的上下移动并承受由叉杆传递来的制动力。止动板固定在门盖上，其上下两个卡槽之间的距离对应于门盖转动一个啮齿的距离，且上下槽分别对应于快开门（盖）的关闭和开启位置。当叉杆进入

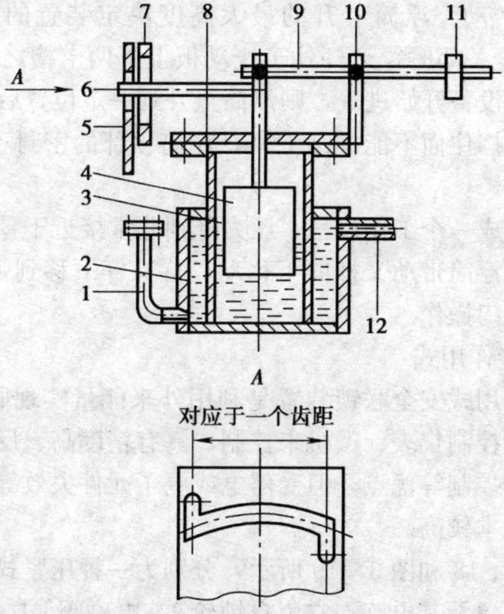

图 3—17　齿啮式快开装置的安全联锁装置（三）

1—进水管　2—大水槽　3—小水槽　4—浮筒　5—止动板　6—叉杆

7—导向块　8—法兰盖　9—杠杆　10—支撑杆　11—调节块　12—接管

槽内时，门（盖）不能开启或关闭，而只有当叉杆处于弧形槽上下缘之间时，门（盖）才能动。

这种安全联锁装置工作过程为在进入状态之前，经进水管向装置内注水至水位高度与进水管法兰密封面平齐，调整调节块在杠杆上的位置，使浮筒中间面与液面重合，叉杆处于动板上弧形槽中间，装置进入工作状态（只有在装置进入工作状态后，浮筒上端的密封装置才能起作用，设备也才能升压）。随着设备内压力的升高，大水槽内的水被压到小水槽中使其液位上升，浮筒和叉杆也随着上升。当浮筒上升到最大高度时，其上端面的密封结构进入工作状态，实现了大、小水槽与大气之间的密封。至此，设备即能正常进气升压。这时，叉杆完全卡入上卡槽中，确保门（盖）不能转动。浮筒上升的最大高度决定装置的精度。当门（盖）未完全关闭时，叉杆处于止动板上下两卡槽之间的弧形槽内，若此时设备开始进气，则浮筒上升到一定位置后，叉杆即被弧形槽上缘挡住而不能继续上升，浮筒顶部的密封不能起作用，不能升压。

设备完成一个工作过程，压力降到非常接近于零时，小槽内水位回落，浮筒带动叉杆向下移动，待叉杆下移到弧形槽内时，方可进行开门操作。

2. 间接作用式

间接作用式安全联锁装置是利用外来能量实现联锁动作的，常采用自动控制仪表、微机来控制，具有精度高、反应灵敏、易于实现自动控制等优点，但受停电或电子元件失效等的影响，寿命较短、成本较高。

如图 3—18 和图 3—19 所示，分别为一种压紧式快开装置的安全联锁装置及其电路。它由自锁轮 9、电磁阀 R1、电磁铁 R2、继电器 J1 和 J2、限位开关 K1、开关 K2、电接点压力表 P 以及指示灯 D1 和 D2 组成。自锁轮 9 固定在螺纹的内端面，电磁铁 R2 固定在撑挡盘内端面上，其芯销与自锁轮上的齿口相对应。

在容器外壳上对应其中一根撑挡杆的一端处安装限位开关K1。电磁阀R1串在容器的进气管中。电接点压力表P安装在容器外壳上，与容器内腔连通。电气控制盒内安装继电器J1、J2，面板上接开关K1和指示灯D1、D2。交流电源输入端串接限位开关K1后，分别连接继电器J1、J2线圈的并接点和电接点压力表P的固定接点。继电器J1、J2的并接点和电接点压力表P的固定接点之间并联电磁铁R2线圈、继电器J2的常闭触点J2—1、指示灯D2的串联支路和开关K2、电磁阀R1线圈、继电器J1的常闭触点J1—1、指示灯D1的串联支路。继电器J1、J2线圈的另一端分别连接电接点压力表P的额定压力值接点和压力零值接点。

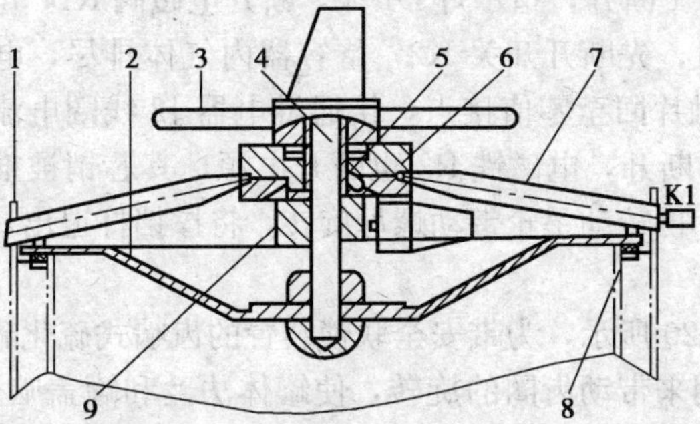

图3—18　压紧式快开装置的安全联锁装置

1—筒体　2—盖　3—手轮　4—丝杆

5—螺纹　6—撑挡盘　7—撑挡杆　8—密封圈　9—自锁轮

该装置的工作原理是，在使用时，先移动手轮带动螺母旋转，撑挡杆压紧盖并触动限位开关K1，电源接触，再打开开关K2，指示灯D1亮，同时接通电磁阀R1电源动作，容器内开始进气。当容器内气压大于零时，电接点压力表P活动触片离开零值接点，断开继电器J2线圈电源，其常闭触点J2—1闭合，指示灯D2亮，同时接通电磁铁R2线圈电源而推动其芯销插入

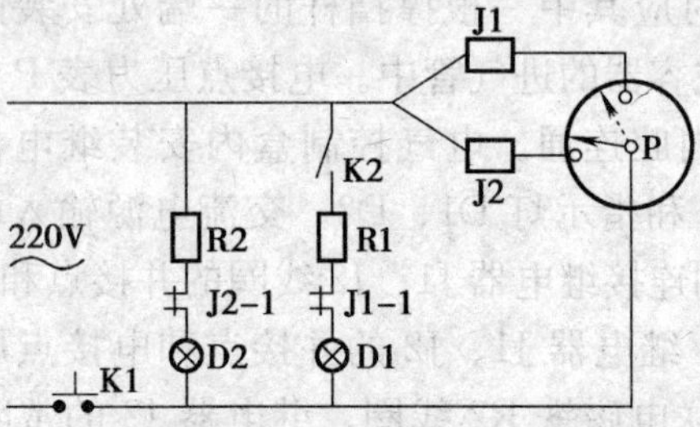

图 3—19　安全联锁装置的电路

自锁轮的齿口内，使螺母不能回转，而达到盖只能压紧，不能松开的自锁目的。当容器内气压达到额定值时，电接点压力表 P 活动触片接通额定压力值接点，继电器 J1 线圈接通电源，其常闭触点 J1—1 断开，指示灯 D1 灭，断开电磁阀 R1，电源停止进气。开门时，先断开开关 K2，待容器内气体排尽，电接点压力表 P 活动触片回至零值接点，接通继电器 J2 线圈电流，其常闭触点 J2—1 断开，电磁铁 R2 也断开电源，其芯销被推出自锁轮上的齿口，再转动手轮带动螺母旋转，将撑挡杆退出，盖方可打开。

图 3—20 所示，为带安全联锁装置的齿啮式硫化罐装置。气缸活塞Ⅰ用来带动齿圈的旋转，使罐体法兰和罐盖啮合和错开，气缸活塞Ⅱ用于带动罐盖的开启和关闭。三个气缸活塞有电气联锁装置，能确保在同一时间内只有一个活塞动作。蒸汽通过二位二通电磁阀进入罐内，该阀与气缸活塞用电气联锁，当气缸活塞使齿圈转动而夹紧罐体法兰和罐盖时，才能打开，即蒸汽才能进入罐内。在打开时，先由气缸活塞Ⅲ通过圆缺盘机构将与罐体连通的球阀打开，待罐内的压力降至零，气缸活塞才能带动齿圈松开罐体法兰和罐盖，再由气缸活塞Ⅱ推开罐盖。

3. 组合式

为克服直接作用式和间接作用式安全联锁装置的缺点，保留它们的优点，就出现了以机械控制为主、电气控制为辅的组合式

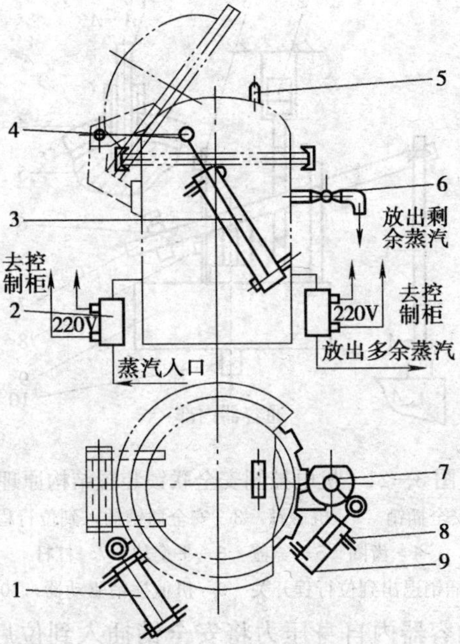

图 3—20 齿啮式硫化罐装置的安全联锁原理

1—气缸活塞Ⅰ 2—二位二通电磁阀 3—气缸活塞Ⅱ 4—球面铰链
5—把手 6—球阀 7—圆缺盘机构 8—气缸活塞Ⅲ 9—指示灯

安全联锁装置。

图 3—21 所示为一种典型的组合式安全联锁装置。它主要由机械插销驱动器、行程开关、电磁铁、接触器等零部件组成，由机械插销驱动器实现安全联锁动作，由电器插销驱动器来补偿机械控制的不足。

该装置的工作原理是，当快开式压力容器关锁到位，齿圈完全啮合时，按下电器插销驱动器启动按钮，安全插销插入到位。此时，碰到安全插销插入到行程开关，行程开关接通并发出进气指令后方能升压运行。待升压到 3 kPa 时，安全插销插入联锁，具有双保险功能。此时，即使停电或电子元件失效，机械插销驱

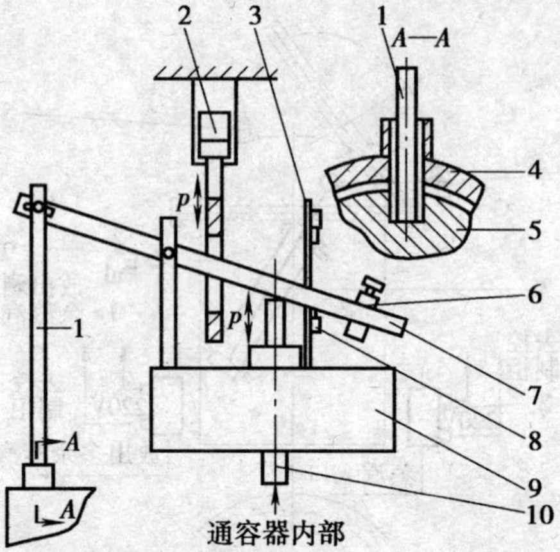

图 3—21　机电控制安全联锁装置结构原理

1—安全插销　2—电磁铁　3—安全插销插入到位行程开关

4—齿圈　5—釜盖　6—平衡块　7—杠杆

8—安全插销退出到位行程开关　9—机械插销驱动器　10—进气管

动器也可借助容器内自身压力将安全销插入到位后，才能升压。压力容器卸压过程中，当压力降至低于 200～800 Pa 时，机械插销驱动器将安全插销退出到位。此时，接通安全插销退出到位开关发出打开指令。当容器内余压超过 200～800 Pa 时，开锁具有双保险功能，即安全插销插入到位可防止开锁。安全插销处于插入状态时，开锁电机的行程开关锁住而不能开锁。因此，该装置即使在停电或电子元件失效的情况下，机械插销驱动器也能保证只有当容器内压力降至 200～800 Pa 时才能开锁。

第七节　压力表与液面计

压力容器的安全附件除前面所介绍的安全阀、爆破片作为压力容器安全运行保障的核心附件外，还有压力表和液面计。它们相当于观察压力容器运行的眼睛。设置它们可以避免压力容器盲目操作。

一、压力表的结构和工作原理

压力表的种类较多，有液柱式、弹簧元件式、活塞式和电量式四大类。压力容器上使用的压力表一般为弹簧元件式，且大多数又是单弹簧管式压力表。只有在少数压力容器中由于工作介质具有较大的腐蚀性，才采用波纹平膜式压力表。

因此，这里主要介绍单弹簧管式压力表的结构和工作原理。

1. 压力表的结构

单弹簧管式压力表按其位移转换机构的不同，可分为扇形齿轮式和杠杆式两种，其中常用的是扇形齿轮单弹簧管式压力表，其结构如图 3—22 所示。它主要由弹簧弯管、支承座、表盘、管接头、拉杆、扇形齿轮、指针、中心轴等组成。

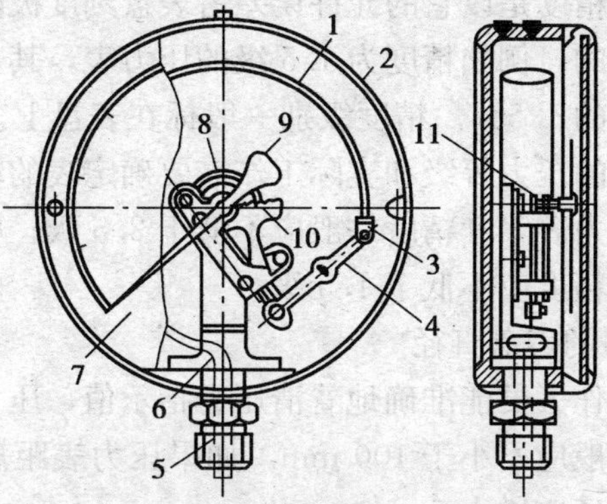

图 3—22 单弹簧管式压力表

1—弹簧弯管 2—表壳 3—带铰轴的塞子 4—拉杆 5—接头
6—支座 7—刻度盘 8—油丝 9—指针 10—扇形齿轮 11—小齿轮

2. 工作原理

单弹簧管式压力表，是利用弹簧弯管在容器内部压力作用下产生变形的原理制成的。弹簧弯管是一根横断面呈椭圆形或扁平形的中空长管，一端牢固地焊在支座上，一端通过压力表的接头与容器连接。当容器内有压力的气体进入这根弯管时，由于内压的作用，弯管向外伸展，发生变形而产生位移。这一位移通过拉杆带动扇形齿轮，通过扇形齿轮的传动，带动压力表指针的转动。进入弯管内的气体压力越高，弯管的位移就越大，指针转动的角度也越大。这样，容器内的气体压力即由指针在刻度盘上指示出来。

二、压力表的选用

选用压力表时应注意以下几点：

1. 压力表的量程

装在压力容器上的压力表，其最大量程应与容器的工作压力相适应。压力表的量程最好为容器工作压力的 2 倍，最小应不低于 1.5 倍，最大应不高于 3 倍。

2. 压力表的精度

压力表的精度是以它的允许误差占表盘刻度极限值的百分数按级别来表示的，例如精度为 1.5 级的压力表，其允许误差为表盘刻度极限值的 1.5％。精度级别一般标在表盘上。选用压力表时应根据容器的压力等级和实际工作需要确定表的精度等级，低压容器所用压力表，其精度一般应不低于 2.5 级；中、高压容器所用压力表，精度应不低于 1.5 级。

3. 压力表的表盘直径

为了使操作人员能准确地看清压力指示值，压力表表盘直径不能太小，一般应不小于 100 mm。如果压力表距离观察地点较远，表盘直径还应增大。

三、压力表的安装

压力表的安装应符合以下要求：

1. 装设位置应便于操作人员观察和清洗，且应避免受到辐射热、冻结或震动的不利影响。

2. 为了便于更换和检定压力表，压力表与容器之间应装设三通旋塞或针形阀。三通旋塞或针形阀上应有开启标记和锁紧装置。压力表和容器之间，不得连接其他用途的任何配件或接管。

3. 用于水蒸气介质的压力表，在压力表与容器之间应装有存水弯管，使蒸汽在这一段弯管内冷凝，以避免高温蒸汽直接进入压力表的弹簧管内，致使表内元件过热变形而影响压力表的精度。

4. 用于具有腐蚀性或高黏度介质的压力表，在压力表与容器之间应装设有隔离介质的缓冲装置。如果限于操作条件不能采用这种装置时，则应选用抗腐蚀的压力表，如波纹平膜式压力表等。

5. 应根据压力容器的最高许用压力，在压力表的刻度盘上划上警戒红线，但不得把警戒红线涂画在压力表的玻璃上，以免玻璃转动使操作人员产生错觉，造成事故。

四、压力表停止使用的情况

压力表有下列情况之一时，应停止使用：

1. 有限止钉的压力表，在无压力时，指针不能回到限止钉处；无限止钉的压力表，无压力时，指针距零位的数值超过压力表的允许误差。

2. 表盘封面玻璃破裂或表盘刻度模糊不清。

3. 没有铅封、铅封损坏或超过检定有效期限。

4. 表内弹簧管泄漏或压力表指针跳动。

5. 影响压力表准确指示的其他缺陷。

五、压力表的维护和检定

为使压力表保持灵敏准确，除了合理选用和正确安装以外，在容器运行过程中还应加强对压力表的维护，并定期检定。

1. 压力表应保持洁净，表盘上的玻璃要透明，使表盘内指针指示的压力值能清楚易见。

2. 压力表的连接管要定期吹洗，以免堵塞。特别是用于含有较多油污或黏性物料气体的压力表连接管，更应经常吹洗。

3. 经常注意检查压力表指针的转动与波动是否正常，检查连接管上的旋塞是否处于全开状态。

4. 压力表必须由国家法定的计量检定单位进行定期检定，并按计量部门规定的限期检定。压力表检定合格后应加铅封。

六、液面计

液面计是显示容器内液面位置变化情况的装置。盛装液化气体的储运容器，包括大型球形储罐、卧式储槽和罐车以及作为液体蒸发用的换热容器，都应装设液面计以防止容器内因满液而发生液体膨胀导致容器的超压事故。

七、液面计的结构及工作原理

液面计有玻璃管液面计、平板玻璃液面计、浮球液面计、防霜液面计、自动液面指示计等几种。固定式压力容器常用的液面计是玻璃管式和平板玻璃式两种。移动式压力容器常用的液面计有滑管式液面计、旋转管式液面计、浮筒磁力式液面计等三种（相关内容详见本书第六章）。

1. 液面计的结构

玻璃管式液面计（见图 3—23）主要由玻璃管、气（汽）旋塞、液（水）旋塞和放液（水）旋塞等部分组成。平板玻璃液面计（见图 3—24）主要由平板玻璃、框盒、气（汽）旋塞、液（水）旋塞等部分组成。

2. 工作原理

液面计是根据连通管的原理制成的。气（汽）旋塞、液（水）旋塞分别由气（汽）连管及液（水）连管和压力容器气（汽）、液（水）空间相连通，所以压力容器液面能够在玻璃管中显示出来。平板玻璃液面计是用经过热处理具有足够强度和稳定性的玻璃板，嵌在一个锻钢盒内以代替玻璃管。

八、液面计选用的原则

1. 根据容器的工作压力选择

承压低的容器，可选用玻璃管式液面计；承压高的容器，可选用平板玻璃液面计。

2. 根据液体的透光度选择

对于洁净或无色透明的液体可选用透光式玻璃板液面计；对非洁净或稍有色泽的液体可选用反射式玻璃板液面计。

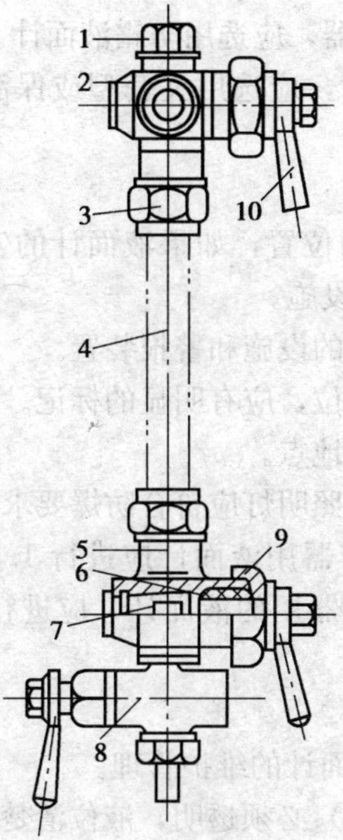

图 3—23　旋塞玻璃管液面计

1—玻璃管盖　2—上阀体　3—玻璃管螺母
4—玻璃管　5—下阀体　6—填料
7—塞子　8—放水阀　9—封口螺母　10—手柄

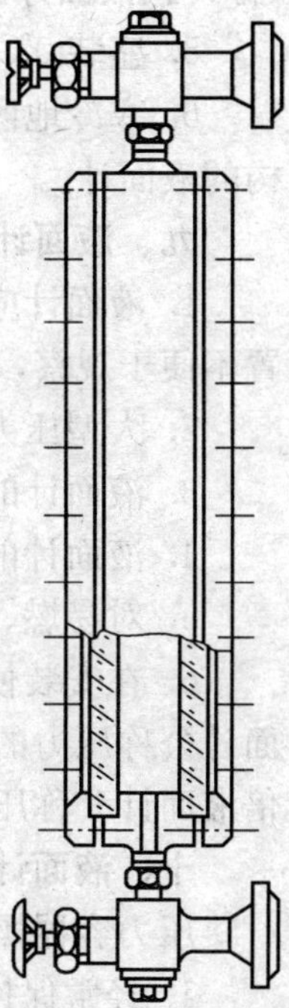

图 3—24　双面玻璃液面计

3. 根据介质特性选择

对盛装易燃易爆或毒性程度为极度、高度危害介质的液化气体的容器，应采用玻璃板式液面计或自动液面指示计，并应有防止液面计泄漏的保护装置；对大型储槽还应装设安全可靠的液面指示计。

4. 根据液面变化范围选择

液化气体槽车上可选用浮子（标）式液面计，不得采用玻璃管式或玻璃板式液面计。对要求液面指示平稳的，不应采用浮子

（标）式液面计。

5. 盛装 0℃以下介质的压力容器，应选用防霜液面计。

6. 寒冷地区室外使用的液面计，应选用夹套型或保温型结构的液面计。

九、液面计的安装

1. 液面计应安装在便于观察的位置，如果液面计的安装位置不便于观察，则应增加其他辅助设施。

2. 大型压力容器应有集中控制的设施和警报装置。

3. 液面计的最高和最低安全液位，应有明显的标记。

4. 液面计的排污管应接至安全地点。

5. 对易燃、有毒介质的容器，照明灯应符合防爆要求。

6. 在安装使用前，低、中压容器用液面计应进行 1.5 倍液面计公称压力的水压试验；高压容器用的液面计，应进行 1.25 倍液面计公称压力的水压试验。

十、液面计的维护

压力容器操作人员，应加强液面计的维护管理。

1. 经常保持清洁，玻璃板（管）必须透明，液位清楚可见。

2. 经常检查液面计的工作情况，如气、液连管旋塞是否处于开启状态，连管或旋塞是否堵塞，各连接处有无渗漏现象等，以保证液位正常显示。

3. 对液面计实行定期检修制度，使用单位可根据实际运行情况，在管理制度中予以具体规定。

十一、液面计停止使用的情况

液面计有下列情况之一时，应停止使用：

1. 超过检验周期。

2. 玻璃板（管）有裂纹、破碎。

3. 阀件不能正常活动。

4. 经常出现假液位。

5. 液面计指示模糊不清。

第八节 其他安全附件

压力容器的安全附件除了前面所介绍的外，还包括测温仪表（温度计）、减压阀等。

一、测温仪表

为控制压力容器壁温或因为生产工艺需要控制容器的工作（反应、蒸发）温度，必须装设测温仪表（温度计）。常用的容器测温仪表，有温度表、温度计、测温热电偶及其显示装置等。这些测温装置有的独立使用，有的组合使用。容器测温通常有两种，一种是测量容器内工作介质的温度，使工作介质温度控制在规定的范围内，以满足生产工艺的需要。另一种是对需要控制壁温的压力容器，装设温度计进行壁温测量，防止壁温超过金属材料的允许温度。

1. 分类与基本工作原理

（1）膨胀式温度计以物质受热膨胀原理为基础，利用测温敏感元件受热尺寸或体积发生的变化来直接显示温度的变化。膨胀式温度计有液体膨胀式（玻璃温度计）和固体膨胀式（双金属温度计）两种。

（2）压力式温度计以物质受热膨胀这一原理为基础，利用介质（一般为气体或液体）受热体积膨胀而引起封闭系统中压力变化，通过压力大小间接测量温度。压力式温度计有气体式、蒸汽式和液体式三种。

（3）电阻温度计依据的是热电效应，即导体和半导体的电阻与温度之间存在一定的函数关系。利用这一函数关系，可以将温度变化转换为相应的电阻变化。

（4）热电偶温度计利用两根不同材料的导体在两个连接处的温度不同产生热电势的现象制成。

（5）辐射式高温计利用物质的热辐射特性来测量温度。由于是测量热辐射，因而测温元件不需要与被测介质相接触，这种测量称做非接触式测量，测量仪表称为辐射式高温计。这种温度计因为是利用光的辐射特性，所以可以实现快速测量。

2. 选用

（1）膨胀式温度计测量范围为－200～700℃，常用于轴承、定子等处的温度指示。

（2）压力式温度计测量范围为0～300℃，常用于测量易燃、有振动处的温度，传送距离不是很远。

（3）电阻温度计测量范围为－200～500℃，常用于液体、气体、蒸汽的中、低温测量，能远距离传送。

（4）热电偶温度计测量范围为0～1 600℃，常用于液体、气体、蒸汽的中、高温测量，能远距离传送。

（5）辐射式温度计测量范围为600～2 000℃，常用于火焰、钢水等不能直接测量的高温场合。

3. 安装使用与维护保养

温度计在使用中应不断进行检查，防止损坏、失灵，并按计量部门的规定进行定期检定。

（1）介质温度的测量　测量介质温度主要是为满足工艺操作要求以便操作、控制容器的工作。温度测量装置对压力容器安全来说具有超前测量监控的作用，因为有些放热反应的过程存在着一定的热惯性，特别是容器内同时存在气、液介质的反应时，通过测量介质温度达到提早控制防止容器超温的目的。用于测量压力容器介质的测量仪主要有插入式温度表和插入式热电偶测量仪，也有的直接使用水银（酒精）温度计。这些温度仪测温的特点是温感探头直接或带套管（腐蚀性介质或高温介质时使用）插入容器内与介质接触测温。为防止插入口泄漏，一般在压力容器上留有标准规格温度计（表）接口。接口连接形式有法兰式和螺纹连接两种，并带有密封元件。温度计（表）直接在容器上显示，测温热电偶则可通过导线将信号送到操作室或监控位置的显示装置。带搅拌的反应釜、蒸馏釜等压力容器中常用的测温装置为介质测温仪。

（2）壁温的测量　有些高温压力容器，其工作温度甚至超过其材料的许用温度，容器内部在介质与容器壁之间设置刚玉砖（高铝砖）、黏土砖、保温砖等的绝热隔热层，使容器的器壁温度维持在许用温度范围内。隔热绝热材料会因安装质量欠佳、热胀冷缩等产生缝隙，使高温介质串至容器壁上，造成容器局部过热而强度减弱产生严重变形甚至破裂。此外，隔热、绝热材料减薄或损坏也会造成容器壁温过高。对这类压力容器，除测量介质温度外，还必须测量容器的壁温，以防止压力容器超温。此类测温装置的测温探头，要紧贴容器器壁。常用的有测温热电偶、接触式温度表、水银温度计等。合成氨生产系统的变换炉、裂化炉及氨氧化法生产硝酸的氧化炉等压力容器等均属必须控制测量壁温的压力容器。

（3）设置与使用　维护测温仪的表头或显示装置必须安装在便于观察和方便维修、更换、检测的地方。壁温测量装置的测温探头必须根据压力容器的内部结构和容器内介质反应和温度分布的情况，装贴在具有代表性的位置，并做好保温措施以消除外界引起的测量误差。压力容器的测温仪表必须根据其使用说明书的要求和实际使用情况，结合计量部门规定的限期设定检定周期进行定期检定。

二、减压阀

随着日用化工、食品化工、医药、添加剂等行业的发展，多个不同压力的生产系统共用单一压力源气体的工艺，正被中小型企业广泛地使用。共用蒸汽系统和压缩空气系统的情况尤为普遍。这种生产系统的最高工作压力要低于压力源压力，在通向压力容器的进口管道上必须装设减压阀。

1. 作用与原理

（1）作用　主要有两个作用，一是将较高的气（汽）压自动降低到所需的低压；二是当气（汽）压波动时，起自动调节作用，使低压侧的气（汽）压稳定。

（2）原理　减压阀主要是依靠膜片、弹簧等敏感元件来改变阀芯与阀座之间的间隙，使流体通过时产生节流，从而达到压力自动调节的目的。

2. 结构

常用的减压阀有弹簧薄膜式、活塞式、波纹管式等。

（1）弹簧薄膜式（见图 3—25）　主要由弹簧 5、薄膜 4、阀杆 3、阀芯 1、阀体 2、调节螺栓 6 等部分组成。当薄膜上侧的气（汽）体压力高于薄膜下侧的弹簧压力时，薄膜向下移动，压缩弹簧，阀杆带动阀芯向下移动。阀芯的开启度减小，于是由高压端进入的气（汽）流量随之减少，从而使出口压力降低到规定的范围内。当薄膜上侧的气（汽）压力小于下侧的弹簧压力时，弹簧伸长，顶着薄膜向上移动，阀杆带动阀芯向上移动，使阀芯的开启度增大，于是由高压端进入的气（汽）流量随之增大，从而使出口处的压力升高到规定的范围内。

（2）活塞式（见图 3—26）　主要由调节弹簧 1、金属薄膜 2、辅阀瓣 3、活塞 4、主阀瓣 5、主阀弹簧 6、调整螺栓 7 等部分组成。活塞式减压阀主要通过活塞来平衡压力。当调节弹簧在自由状态时，主阀瓣 5 和辅阀瓣 3 由于阀前压力的作用和下边的主阀弹簧 6 顶着，而处于关闭状态。拧动调整螺栓 7 顶开辅阀瓣，介质由进口通道 a 经辅阀通道 b 进入活塞 4 上方。由于活塞的面积比主阀瓣大，而受力后向下移动，使主阀瓣开启，介质流向出口；同时介质经过通道 b 进入薄膜 2 下部，逐渐使压力与调节弹簧压力平衡，使阀后压力保持在一定的误差范围内。如阀后压力过高，膜下压力大于调节弹簧压力，膜片即向上移动，辅阀关小使流入活塞上方介质减少，引起活塞及主阀上移，减小主阀瓣开启程度，出口压力随之下降，达到新的平衡。

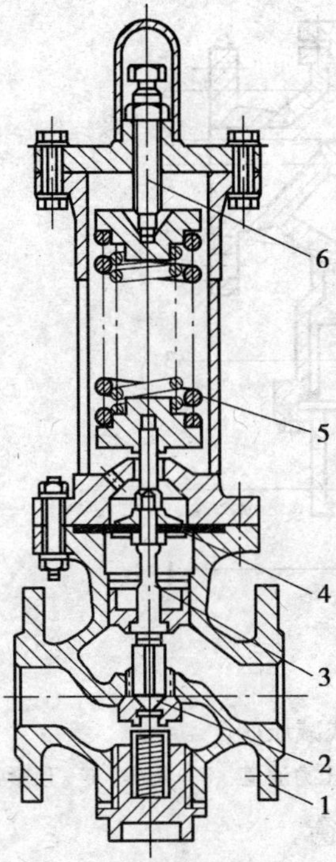

图 3—25　弹簧薄膜式减压阀
1—阀芯　2—阀体　3—阀杆
4—薄膜　5—弹簧　6—调节螺栓

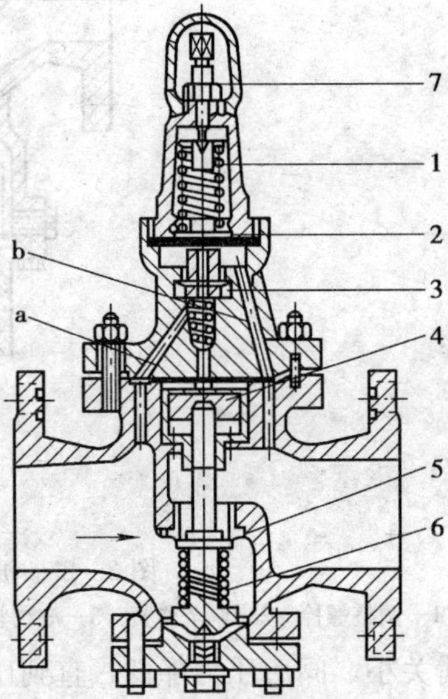

图 3—26　活塞式减压阀
1—调节弹簧　2—金属薄膜
3—辅阀瓣　4—活塞　5—主阀瓣
6—主阀弹簧　7—调整螺栓

（3）波纹管式（见图 3—27）　主要由调整螺栓 1、调节弹簧 2、波纹管 3、压力通道 4、阀瓣 5、顶紧弹簧 6 等部分组成。波纹管式减压阀主要通过波纹管来平衡压力，当调节弹簧 2 在自然状态时，阀瓣 5 在进口压力和顶紧弹簧 6 的作用下处于关闭状态，拧动调整螺栓 1 使调节弹簧 2 顶开阀瓣 5，介质流向出口，阀后压力逐渐上升至所需压力。阀后压力经通道 4 作用于波纹管 3 外侧，使波纹管向下的压力与调整弹簧向上的压力平衡，从而使阀后的压力变大，则波纹管向下压力大于调节弹簧压力，使阀

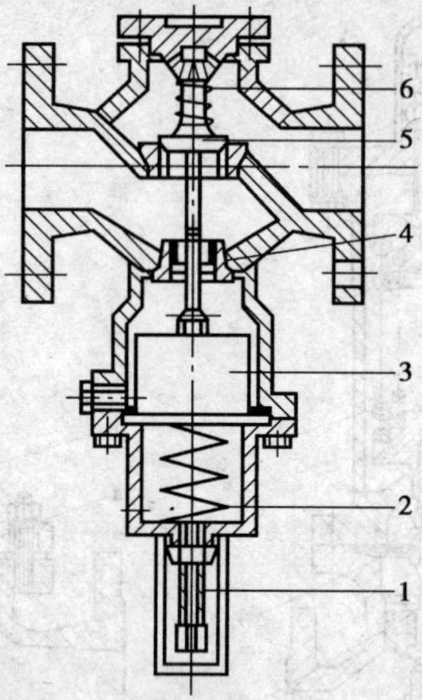

图 3—27　波纹管式减压阀

1—调整螺栓　2—调节弹簧　3—波纹管　4—压力通道　5—阀瓣　6—顶紧弹簧

瓣关小，阀后压力降低，直到压力平衡。

3. 选用

（1）弹簧薄膜式减压阀的灵敏度较高，而且调节比较方便，只需旋手轮来调节弹簧的松紧度即可。但是，薄膜行程大时，橡胶薄膜容易损坏，同时承受的温度和压力不能太高。因此，弹簧薄膜式减压阀普遍使用在温度和压力不太高的蒸汽和空气介质管道上。

（2）活塞式减压阀的活塞在气缸中的摩擦较大，灵敏度比弹簧薄膜式减压阀差，制造工艺要求严格，所以它适用于温度、压力较高的蒸汽和空气介质管道和设备上。

（3）波纹管式减压阀，适用于介质参数不高的蒸汽和空气管路上。

4. 维护保养与安装使用

（1）减压阀的安装必须按使用说明书的要求进行，安装前应确认实际使用工况与铭牌及说明书的规定相符。

（2）减压阀的低压侧必须装设安全阀和压力表。图 3—28 所示为减压阀的配管安装示意图。图中的安装形式使检修不影响正常使用，同时比较安全可靠。

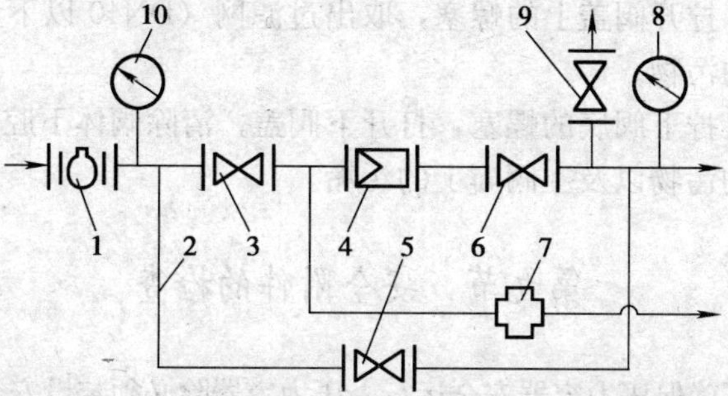

图 3—28 减压阀安装示意

1—过滤器 2—旁通（副线）管 3，5，6—截止阀 4—减压阀 7—疏水阀或截止阀（用于可能产生冷凝水的管道） 8—压力表 9—安全阀 10—压力表

（3）减压阀安装时还应注意使阀的底部留有足够的空间，以便定期维护时清除阀体内污物。

（4）减压阀不能当截止阀使用，当减压阀用汽设备停止用汽后，应将本阀前截止阀关闭。

（5）减压阀安装前必须清除管道内阀的内腔和内腔零件的焊渣、铁屑等杂物。

（6）减压阀必须在产品限定的工作压力、工作温度范围内工作，减压阀的进出口必须有一定的压力差（可查阅使用说明书）。

（7）检查阀上各连接螺钉，保证均匀拧紧。

（8）将可能产生的冷凝水排除掉，以消除水击现象。

（9）减压阀调节时，应卸去安全罩，扳动调节螺钉进行调节时应谨慎，勿用力过度以免顶坏膜片。

5. 定期检修

（1）检查主阀、导阀的磨损情况。

（2）检查各部分弹簧是否疲劳。

（3）检查膜片是否疲劳。

（4）检查气缸是否磨损及腐蚀。

（5）检查活塞环是否失去胀力。

（6）拧开阀盖上的螺塞，取出过滤网（DN40 以下者）以清除内腔的污物。

（7）拧下阀底的螺塞，打开下阀盖，清除阀体下腔和弹簧内所积存的污物以及主阀瓣上的污垢。

第九节 安全附件的检查

为了确保压力容器安全运行，压力容器除必须装设安全附件外，还必须对安全附件进行定期检查，以保证安全附件灵敏可靠。

一、安全附件检查的分类

1. 运行检查

指设备在运行状态下对安全附件进行的检查。

2. 停机检查

指设备在停止运行状态下对安全附件进行的检查。

运行检查可与压力容器外部检查同时进行；停机检查可与压力容器内外部检查同时进行，也可单独进行。

二、安全附件的运行检查

1. 压力表

在对压力表检查时，遇到下列情况，应立即更换。

（1）同一系统上的压力表读数不一致，压力表指示失灵的。

（2）表盘刻度模糊不清或表盘封面玻璃破裂的。

（3）泄压后，指针不回零位的。

（4）铅封有损坏等情况。

2. 安全阀

（1）检查安全阀的锈蚀情况，铅封有无损坏，是否在合格的校验期内。

(2) 安全阀与排放口之间装设截止阀的，运行期间必须处于全开位置并加铅封。

(3) 发现安全阀失灵或有故障时，应立即处理或停止运行。

3. 爆破片

(1) 检查爆破片的安装方向是否正确，并核实铭牌上的爆破压力和温度是否符合运行要求。

(2) 爆破片单独作为泄压装置的（见图 3—29），检查爆破片和容器间的截止阀是否处于全开状态，并加铅封。另外，还应检查爆破片有无泄漏及其他异常现象。

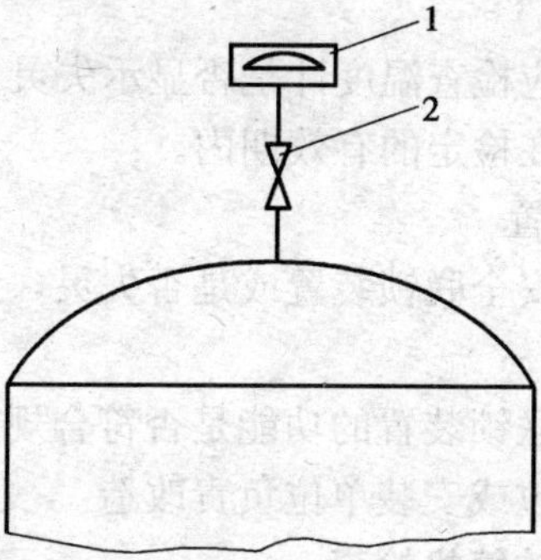

图 3—29 爆破片单独使用

1—爆破片 2—截止阀

(3) 爆破片和安全阀串联使用时应检查以下方面是否存在问题。

1) 当爆破片装在安全阀出口侧时，应注意检查爆破片和安全阀之间所装的压力表和截止阀，二者之间应不积存压力，能疏水或排气。

2) 当爆破片装在安全阀进口侧时，应注意检查爆破片和安全阀之间所装的压力表有无压力指示，截止阀打开后有无气体漏出，以判断爆破片的完好情况。

3）爆破片和安全阀并联使用时，应参照爆破片单独作为泄压装置的要求进行检查。

4. 液面计

(1) 检查液面计有无明显的最高和最低安全液位标记，能否正确指示出介质实际液面，防止出现假液位。

(2) 寒冷地区室外使用的或介质温度低于0℃的压力容器以及罐车，应检查液面计的选型是否符合有关规范和标准要求，并检查使用状况是否正常。

(3) 超过检验期限，玻璃板（管）损坏、阀件固死或出现假液位，应停止使用。

5. 温度计

(1) 在使用中应检查温度计是否显示失灵。

(2) 检查是否在检定的有效期内。

6. 安全联锁装置

(1) 检查有无安全联锁装置或是否失灵，无联锁装置或失灵应停止设备运行。

(2) 检查安全联锁装置的功能是否符合规定要求，不符合要求的应由原制造单位或安装单位负责改造。

三、安全附件的停机检查

1. 安全阀

(1) 对拆换下来的安全阀，应解体检查、修理和调整，进行耐压试验和密封试验，然后校验开启压力。经检查后的安全阀应符合有关规程、标准的要求。

(2) 对于新安全阀应检查是否经过调试。若未经调试，则不准安装使用。

(3) 检查安全阀校验后是否打上铅封，是否有合格证。

2. 压力表

(1) 检查压力表的精度等级、表盘直径、刻度范围、安装位置等是否符合有关规程、标准的要求。

（2）检查压力表是否由有资格的计量单位进行检定，检定合格后是否重新铅封和是否有合格证。

3. 爆破片

检查爆破片是否按有关规定定期更换。

4. 紧急切断装置

对拆下来的紧急切断装置，应解体检验、修理和调整，进行耐压、密封、紧急切断、振动等性能试验，检验合格后，应重新铅封并出具合格证。

5. 快开门式联锁装置

凡属快开门式的压力容器均必须安装安全联锁装置，否则不准该设备运行。对已安装安全联锁装置，但其功能不符合规定要求或已损坏的，应及时修复、更换或进行改造。

6. 温度计

检查温度计是否损坏、失灵，是否定期检定。

四、属下列情况之一的安全附件不得使用

1. 无产品合格证和铭牌的。

2. 性能不符合要求的。

3. 逾期不检查、校验、检定的。

4. 爆破片已超过使用期限的。

第四章

压力容器常用介质及其特性

压力容器常用介质有很多种，有些介质的危险特性为易燃、易爆、有毒、腐蚀以及可能发生的分解、氧化、聚合倾向等性质。如果不了解它的特性，管理不好，极易发生事故。只有了解它，才能避免或减少事故发生。

第一节　压力容器常用介质基础知识

1. 状态与相

纯粹物质的聚集状态通常有气态、液态和固态三种，被称为物质的三态。例如，水就有水蒸气、水、冰这三态。气体没有固定的形状，在不受膨胀限制的情况下，具有无限膨胀的性质。液体的体积大致是一定的，但没有固定的形状，分子间的相对排列不断地变化着。液体还有一个重要特征，是在重力场中能够形成一个垂直于重力场的自由液面。固体在无外力影响时，有固定的形态体积，分子间的相互关系基本上保持一定。

在某种条件下，物质可有两种以上的状态共存。这时，各状态间能在较长时间内保持清晰的界面，界面以内自成均匀体系。这种以物理上的清晰界面跟其他部分相区别的均匀体系称为“相”。在多数情况下，物质的三态分别只以单相存在。有时把气体、液体、固体简称为气相、液相、固相。

2. 状态的变化与相图

物质的三态中的任何一种聚集状态，都只能在一定的条件下（温度、压力等）存在。条件发生变化，物质分子间的相互位置就会发生相应的变化，即表现为相变。

在相变过程中有着不同的物理变化过程。

（1）汽化　液体变为气体的过程。汽化一般有两种方式：

1）蒸发　在液体表面发生的汽化现象。这是由于同一时间内从液面逸出的分子数，多于由液面外进入液体的分子数。蒸发在任何温度下都能进行。蒸发时，液体从其周围吸收热量，温度越高，蒸发越快。此外，液体的表面积越大，液面上的气体排除越迅速，液面上的气体压力变小，也能使其蒸发速度加快。但在相同条件下，各种液体蒸发的速度不同。

2）沸腾　在液体表面和内部同时汽化的现象。沸腾是剧烈的汽化过程，液体沸腾时的温度叫沸点。沸点随外界压力变化而改变。

（2）液化　气体变为液体的过程。

（3）凝固（固化）　液体变为固体的过程。开始凝固时的温度叫凝固点。

（4）熔化　固体变为液体的过程。开始熔化时的温度叫熔点。

（5）升华　固体（结晶）不经过液态而直接转变为气体的现象。

例如，在常压下，水的温度上升到 100℃时便沸腾。这时气液两相转化的分子数恰好均衡，两相间达到平衡。反之，温度下降到 0℃时就开始结冰，因为温度到了凝固点。固体冰的温度如果上升到 0℃，冰就开始熔化，因为 0℃是冰的熔点。这些相（或称为状态）之间的转变情况如图 4—1 所示。

甲烷在常温下是气体，提高温度只能使其不断膨胀，相不发生变化。若温度下降则变为液体，进而变为固体。气—液—固变

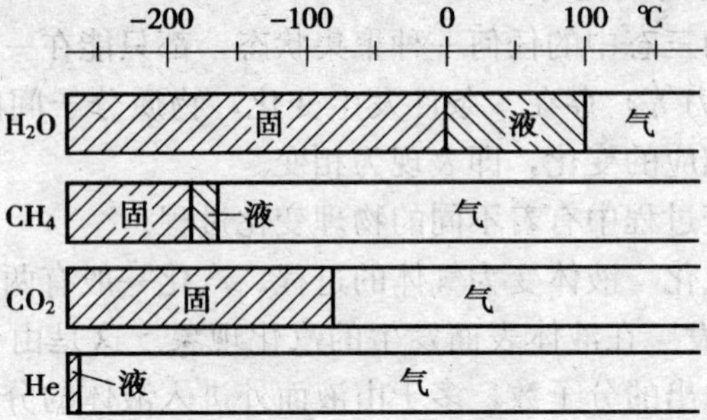

图 4—1　几种物质相图（压力为 101.325 kPa）

化与水相同。

气态二氧化碳的温度降到－78.5℃时，就固化成为干冰，在气体与固体之间不存在液体状态。但在超过 0.6 MPa 的压力下，二氧化碳也会液化。

在密闭的气瓶内，情况就不一样了。由于逸出液面的气体分子无法离开气瓶，只能聚留在液面上方的气相空间里，这些气体分子在其自由运动中碰撞到液面时，会发生凝结，其结果是返回液体里去。其返回的分子数随液面上方气相空间蒸气密度的增大而增多，而蒸气密度的逐渐加大，又会促使液体的蒸发速度减缓。当逸出液面的分子数与返回液体的分子数相等时，就达到了动态平衡。也就是说，气、液二相处于相对稳定的平衡共存状态，我们称之为饱和状态。在饱和状态下的液体叫饱和液体，其密度叫饱和液体密度，饱和液体液面上的蒸气叫饱和蒸气，其密度叫饱和蒸气密度，其压力叫饱和蒸气压。对充装液化气体的气瓶而言，不论气瓶的体积大小，只要瓶内存在气和液两相，瓶内的压力就是液化气体所处温度下的饱和蒸气压。温度越高，液面上的饱和蒸气密度或压力也就越大，这就说明了饱和蒸气压随温度升高而增大的实验事实。表 4—1 列举了二氧化碳的饱和蒸气压随温度上升时的变化情况。

表 4—1　二氧化碳的饱和蒸气压、饱和液体密度与温度的关系

温度（℃）	0	5	10	15	20	25	30	T_c=31
饱和蒸气压（MPa）	3.49	3.97	4.50	5.09	5.73	6.43	7.21	p_c=7.39
饱和液体密度（kg/L）	0.925	0.893	0.858	0.818	0.771	0.706	0.596	d_c=0.464
饱和蒸气密度（kg/L）	0.096 3	0.113	0.133	0.158	0.190	0.240	0.334	d_c=0.464

3. 临界温度与临界压力

当温度不超过某一数值时，对气体加压，可以使之液化。而当温度超过该数值时，无论加多大的压力都不能使之液化。这个温度就叫该气体的临界温度。在临界温度下，使气体液化所必需的压力叫做临界压力。

4. 燃烧速度

燃烧速度也叫做火焰传播速度，用来表示燃气燃烧的快慢。它是指火焰从垂直于燃烧焰面向未燃气体方向传播的速度。气体燃料的燃烧比液体和固体燃料容易发生，燃烧速度也更快。因为液体和固体燃料燃烧时要先经过熔化、蒸发等准备过程，气体燃料就不需要经过这些过程。各种燃气的燃烧过程和燃烧速度都不同，分子结构简单的燃气，如氢气在燃烧时，只经过受热、氧化等过程；而较复杂的燃气，如天然气（主要为甲烷）、焦炉气（主要为氢气、甲烷和一氧化碳等）和液化石油气就要经过受热、分解、氧化等过程才能开始燃烧。因此简单燃气比复杂燃气的燃烧速度快。经测试燃气的最大燃烧速度分别为氢气 2.80 m/s，甲烷 0.38 m/s，液化石油气 0.38～0.5 m/s。但综合起来看，燃气的燃烧速度都很快，一旦发生漏气吹到有明火处引起燃烧，即使距离上百米，也能在极短时间内迅速燃烧到发生漏气的地方，而引起火灾。

5. 闪点和燃点

在一定温度条件下，石油的轻质馏分产品会发生蒸发。其蒸气和空气混合就形成可燃的混合气体。当用火焰与这种混合气体接触而闪出火花时，在这一瞬间发生燃烧的过程就叫做闪燃，发生闪燃的最低温度就叫闪点。但在此温度下只能引起闪火而不会引起连续的燃烧。这是因为在闪火试验时，在闪点温度下产生的轻馏分蒸发量较少，闪火后就把产生的蒸气烧完。闪点可用来区别各种轻质油品引起火灾的危险程度。液化石油气主要成分的闪点都很低，如丙烷为－104℃，丁烷为－82℃，丙烯为－67℃，丁烯类为－80℃，其中的残液戊烷的闪点也为－40℃。因此，液化石油气比车用汽油和煤油等轻质油品引起火灾的危险性更大些。

当轻质油品温度超过闪点所产生的蒸气与空气混合后，与明火接触能发生连续燃烧的最低温度就称为燃点，又称为着火温度。在连续燃烧的最初阶段，火焰温度达到燃点，以后就不断上升，火势不断扩大而逐步形成连续性燃烧。在常压下液化石油气主要成分的燃点介于475～510℃，如丙烷为510℃，丁烷为490℃，丙烯为475℃，丁烯类为400～490℃，戊烷为475℃。

第二节　压力容器常用气体的分类及其特性

一、气体的分类

压力容器中气体的分类方法很多。如按其燃烧性，可分为易燃气体（甲烷等）、助燃气体（氧气等）和不可燃气体（氩气等）；如按其毒性，可分为剧毒气体（光气等）、有毒气体（一氧化碳等）和无毒气体（空气等）；如按其临界温度又可分为压缩气体（氮气等）、高压液化气体（二氧化碳等）和低压液化气体（丙烷等）。

我国规定，临界温度 $T_c < -10$℃ 的气体为永久气体；-10℃$\leqslant T_c \leqslant 70$℃的气体为高压液化气体；$T_c > 70$℃，并且在

60℃时的饱和蒸气压大于0.1 MPa的气体为低压液化气体（见表4—2）。永久气体的临界温度低，因此在充装、运输、使用过程中均为气态，其压力高低取决于气体的压缩程度。液化气体则根据临界压力和环境温度的变化，可以有两种情况。一种是临界温度高于环境温度的气体，如丙烷等。这些气体装入容器后始终保持气、液两相平衡状态，其压力即为所充装气体在相应温度下的饱和蒸气压。这些临界温度比较高的液化气体，因为其饱和蒸气压都较低（在60℃时的饱和蒸气压一般不大于50 MPa），所以又称为“低压液化气体”。另一种是临界温度处于环境温度变化范围之内的气体，如二氧化碳等。这些气体装入容器后，会随环境温度的变化而发生相变，可以是气、液两相共存，也可以是单一的气相，其压力取决于充装量和温度。这些临界温度较低的液化气体，因为其饱和蒸气压都较高，所以又被称为“高压液化气体”。此外还有溶解气体。

表4—2　　气体划分

名称	临界温度	典型气体举例
永久气体	$T_c < -10℃$	空气、氧、氮、氢、氦、甲烷等
高压液化气体	$-10℃ \leqslant T_c \leqslant 70℃$	乙烷、乙烯、一氧化二氮等
低压液化气体	$T_c > 70℃$，且在60℃时的饱和蒸汽压>0.1 MPa	氯、氨、二氧化硫、丙烷、丙烯等

二、常用气体的特性

1. 永久气体

永久气体种类较多，这里只介绍几种常用的永久气体。

（1）氧气（O_2）　无色无味，在标准状态下密度为1.429 kg/m^3，对空气的相对密度为1.105，在−182.98℃时变为天蓝色透明液体，在−218.4℃时变为蓝色固体结晶。临界温度为−118.37℃，临界压力约为5.08 MPa。氧微溶于水。

氧的化学性质活泼，易和其他物质生成氧化物，即发生氧化反应释放热量。氧气助燃，若与可燃气体 H_2、C_2H_2、CH_4、CO 等按一定比例混合，即成为可爆性的混合气体，一旦有火源或引爆条件就能引起爆炸。各种油脂与压缩氧气接触也可自燃。

(2) 氢气（H_2） 氢是无色、无臭和无毒的可燃窒息性气体，可使肺缺氧。当空气中各种窒息性气体的体积分数达 50%时，生物就会出现明显的症状，体积分数达到 75%时，即可使人死亡。氢的相对分子质量为 2.015 8，是最轻的气体。它黏度最小，导热系数最高，化学性质极活泼，是一种强的还原剂，可与许多物质进行不同程度的化学反应，生成各种类型的氢化物。其渗透性和扩散性强（扩散系数为 0.63 cm^2/s，约为甲烷的 3 倍）。当钢暴露在一定温度和压力的氢气中时，其晶格中的原子氢在微观孔隙中与碳反应生成甲烷，随着甲烷生成量的增加，钢的微观孔隙就扩展成裂纹，使钢发生氢脆损坏。同时，在氢气的生产、储送和使用过程中都易造成泄漏。氢在空气、氧气中的爆炸极限很宽，在空气中为 4.0%～75%，在氧气中为 4.7%～94%。氢的燃烧性能好，氢氧焰可达 3 400 K 的高温。纯净氢气的火焰无色，氢气燃烧只生成水，不污染环境，所以被称为“清洁的氢能”。氢气的着火温度：在空气中为 585℃；在氧气中为 560℃。它的着火能级仅为 0.019 毫焦（mJ），比烷烃要低一个数量级以上，甚至化纤织物摩擦产生的静电也比氢的着火能级大几倍，所以氢很易着火。因此，在氢的生产中应采取措施，尽量减少和消除静电的积聚以及产生火源的条件。在－252.6℃时成为无色、透明的低温液体，密度为 0.070 97 kg/L，是水的1/14。1 m^3 的液氢全部汽化可得到 788 m^3 的气态氢。

(3) 氮气（N_2） 氮气在自然界中分布很广，在空气中占 78%，是一种窒息性气体。常温下氮气是无色无臭的气体，标准状况下密度为 1.251 kg/m^3，对空气的相对密度为 0.967，在

−165.30℃时为无色液体，在−210.1℃时凝结为雪状固体。常温下化学性质不活泼。在工业上，常用氮气作为安全防火防爆置换或气密性试验气体。

（4）惰性气体　元素周期表中的氦（He）、氖（Ne）、氩（Ar）、氪（Kr）、氙（Xe）、氡（Rn）统称为惰性气体。其化学性质极不活泼，很难和其他元素发生反应，在空气中总含量约1%。

（5）一氧化碳（CO）　一氧化碳是含碳物质在燃烧不完全时的产物，无色无臭，比空气略轻。它是工业生产中一种广泛存在的无色剧毒可燃气体。在标准状态下密度为1.25 kg/m^3，一氧化碳的毒性作用在于对血红蛋白有很强的结合能力，使人因缺氧中毒。在工业生产中，常以急性中毒方式出现，吸入高浓度一氧化碳时，抢救不及时则有生命危险。

一氧化碳的爆炸极限：在空气中为12.5%～75%；在氧气中为15.5%～93.9%。在日光作用下，一氧化碳与氯气能化合成光气。

一氧化碳的毒性作用在于对血红蛋白有很强的结合能力，比氧与血红蛋白的结合能力大200～300倍。所以若一氧化碳经肺泡进入血液，便很快与血红蛋白结合生成碳氧血红蛋白，使血液失去荷氧作用，使人因缺氧中毒，在工业生产中，常以急性中毒方式出现。重度中毒者迅速进入昏迷状态，出现阵发性抽搐，血压下降，体温升高，并引发肺炎、脑水肿及心肌损害，抢救不及时有生命危险。车间空气中一氧化碳的最高容许含量为30 mg/m^3。

（6）甲烷（CH_4）　甲烷是碳氢化合物的一种。呈气态，无色无臭，密度为0.716 7 kg/m^3，对空气的相对密度为0.55，熔点为−182.5℃，沸点为−161.5℃，在空气中的爆炸极限为5.3%～14%，在氧气中的爆炸极限为5.1%～61%。

2. 液化气体

(1) 二氧化碳（CO_2） 又称碳酸气或碳酸酐，是一种无色无臭，有酸味的无毒性的窒息性气体。在标准状况下，其密度为 1.977 kg/m^3，对空气的相对密度为 1.529，溶于水则生成碳酸。CO_2 能压缩液化成液体，液态时密度为 1.101 kg/L（－37℃），沸点为－78.5℃。液态 CO_2 凝成固体称为干冰，其密度为 1.56 kg/L，熔点－56.6℃（约 0.53 MPa）。CO_2 是合成氨工业的副产品，又是合成尿素的原料。大气中 CO_2 的正常含量约为 0.04%。人体呼出气中 CO_2 含量约为 4.2%。燃料燃烧时可产生大量 CO_2 气体。由于它比空气重，故 CO_2 气体常存在于空气不流动的地方，且多沉积于底层，如不通风的储藏蔬菜的地窖、矿井等。低浓度的 CO_2 无毒，但高浓度的 CO_2 对有机体有毒性，有刺激和麻醉作用。空气中 CO_2 含量超过 6%时，对人有致命的危险。浓度更高时，人若吸入可于数秒至数分钟内迅速倒下，若不及时抢救就会死亡。

(2) 氯（Cl_2） 氯是一种草绿色带有刺激性气味的剧毒气体。在标准状态下，其密度为 3.214 kg/m^3。对空气的相对密度为 2.49，沸点－34.6℃，熔点－102℃。常温下（20～25℃），在 0.61～0.81 MPa 或在－40～－35℃时的常压下可液化为黄绿色透明的液体（常温下对水的相对密度是 1.4），液氯密度和温度变化有关。在一定温度下，容器内同时存在液态和气态，氯蒸气压随温度变化而变化。在 0℃时，1 L 液氯可汽化成 450 L 以上气态氯并吸收大量热，因此在储液罐中常因液氯汽化而降温，储罐表面出现结霜现象。

氯是活泼的化学元素，容易和其他化学元素结合，如遇水生成盐酸及次氯酸。盐酸对钢制容器有很强的腐蚀性，直接影响容器的使用寿命。

氯的用途十分广泛，如自来水、游泳池用水的消毒；用于造纸工业及纺织业（如棉织物的漂白）；制造无机氯化物，如漂白粉、氯化亚锡（还原剂）、氯化银（照相用）、合成盐酸等；制造有机物，如聚氯乙烯塑料、农药（如六六六及 DDT 等）、溶剂（如橡胶、四氯化碳等）、冷冻剂（氯甲烷、氯乙烷、二氯甲烷等）。

氯的用途很广，但毒性很大。它对人的呼吸道和皮肤以及人体其他器官伤害很大（见表 4—3）。氯气被吸入后与呼吸道黏膜接触，部分与水作用最终形成盐酸和新生态氧。盐酸对黏膜有刺激和烧灼作用，引起炎性水肿、充血与坏死；新生态氧对组织有强烈的氧化作用，在氧化过程中可能生成臭氧，对组织细胞原浆产生毒害作用。呼吸黏膜末梢感受器受刺激，还可造成平滑肌痉挛，加剧呼吸障碍，导致缺氧。当吸入高浓度氯气时，会引起迷走神经反射性心跳停止而出现“电击样”死亡。车间空气中氯气的最高容许浓度为 1 mg/m^3。

表 4—3　　不同浓度的氯对人的毒害

液氯（mg/L）	氯气（mg/m^3）	症状
2.5	900	可立即致人死亡
0.1～0.15	35～50	半小时至 1 小时内死亡或一定时间内死亡
0.04～0.06	14～21	半小时至 1 小时内有生命危险
0.01	3.5	可忍耐半小时至 1 小时
0.001	0.35	可长期停留其中，但能引起中毒
0.003～0.006	0.1～0.2	可忍耐 6 小时而无显著症状

（3）氨（NH_3）　氨是一种无色有刺激性气味的气体，在标准状态下，密度为 0.77 kg/m^3，对空气的相对密度为 0.597 1，沸点为－33.4℃，熔点为－77.7℃。氨在空气中的爆炸极限为 15％～28％，在氧气中的爆炸极限为 13.5％～79％。氨和氯接触能发生低温自燃，并生成不稳定极易爆炸的氯化氮（NCl_3），这就是氨和氯接触引起爆炸的原因。

氨广泛用于合成氨、尿素、硝胺和染料工业。使用氨水、冷藏库的冷冻剂等都有接触氨的机会。氨极易溶于水，呈碱性，1%水溶液的 pH 值为 11.7 左右。氨属有毒类介质，对人的危害主要是上呼吸道的刺激和腐蚀作用。直接接触高浓度氨时，接触部位可引起碱性化学灼伤，组织呈溶解性坏死。氨还可引起呼吸道深部及肺泡的损伤，发生化学性支气管炎、肺炎和肺水肿。吸入高浓度氨后，可使中枢神经系统兴奋增强，引起痉挛，并可通过三叉神经末梢的反射作用导致心脏停搏和呼吸停止。眼内溅入浓氨可使眼结膜充血水肿、角膜溃疡、晶体混浊，甚至角膜穿孔。车间空气中氨的最高容许浓度为 30 mg/m^3。

(4) 氟利昂（氟氯烷—烯类） 氟利昂在大气压力下的沸点为 50～80℃（与其种类有关），相对分子质量大，绝热指数低，压缩终点温度和凝固点低，故用做制冷剂。氟利昂与水接触即分解，本身无毒、无臭，不易着火，与空气混合不爆炸，对金属无腐蚀，能溶于水，与油脂可互相溶解。

(5) 氟化氢（HF） 氟化氢常为二分子状态（H_2F_2）存在，无色气体或液体。气体相对密度为 1.27；液体相对密度为 0.987，沸点 19.4℃，熔点－83.7℃。呈弱酸性，在空气中发出烟雾，其蒸气具有十分强烈的腐蚀性和毒性。氟化氢溶于水，其水溶液在－30℃时也不冻结，能腐蚀玻璃，须用铅制、蜡制或塑料制容器存放，无水物质储存于冷却的银器中。常用于蚀刻玻璃，是制氟化物、氟硼酸和氟硅酸等化合物的原料，也用做有机合成的催化剂和氟化剂。

(6) 氯甲烷（CH_3Cl、CH_2Cl_2、$CHCl_3$、CCl_4） 在此只介绍四氯甲烷（CCl_4）。这是一种无色液体，在 4～20℃时相对密度为 1.595，熔点－22.8℃，沸点 76.8℃。有毒，微溶于水。四氯甲烷与乙醇、乙醚以任何比例混合也不燃烧，常用做溶剂、有机物的氯化剂、香料的浸出剂、纤维以及制氧工业的脱脂剂、灭火剂、分析试剂等，并用于制氯仿和药物等。

(7) 氮的氧化物 常见的有 NO、NO_2、N_2O_4、N_2O_5 等。

氮的氧化物是在硝胺和硝化纤维的制造中产生的。其中以 NO_2 比较稳定，其他遇光、湿或热时易变成 NO 和 NO_2，而 NO 很快又变为 NO_2。所以在生产中接触的氮的氧化物主要是 NO_2。NO_2 的毒性约为 NO 的 4～5 倍。

在常温下，氮的氧化物混合气体呈棕黄色，温度越高，颜色越深，可呈红棕色甚至深棕色，人们俗称之为“黄龙”或“红烟”。若被人吸入，肺泡与水反应将形成硝酸与亚硝酸，对肺组织产生刺激和腐蚀作用，引起肺水肿，还可使血红蛋白变为高铁血红蛋白，使组织缺氧而中毒。因此，规定车间空气中二氧化氮的最高容许质量浓度为 5 mg/m^3。

（8）硫化氢（H_2S） 硫化氢是一种具有恶臭气味的有害气体。大气中含有硫化氢的体积分数为 10×10^{-6} 时即可察觉。硫化氢气体主要产生于天然气净化、炼焦、人造纤维、石油精炼、煤气制造和造纸等生产过程中。空气中硫化氢含量不小于 1 mg/L 时，可使人立即中毒，继而痉挛、失去知觉而迅速死亡。急性中毒的后遗症是头痛、智力降低；慢性中毒症状是眼球酸痛、有灼烧感、肿胀畏光等，并引起气管炎和头痛。此外，硫化氢进入大气后，有可能与空气中氧作用生成二氧化硫，增大了大气中二氧化硫的浓度。车间空气中硫化氢气体的最高容许质量浓度为 10 mg/m^3。

（9）氯化氢（HCl） 一种无色且有剧烈刺激性气味的气体。在空气中呈白色烟雾，易溶于水成为盐酸。HCl 是石油化工生产的原料之一。聚氯乙烯就是乙炔（C_2H_2）与 HCl 反应而生成的。

HCl 对眼和呼吸道黏膜有强烈的刺激作用，被人吸入后能引起呼吸道炎性水肿、充血和坏死，并对皮肤有刺激作用，可出现丘疹、水泡和烧伤。长期接触高浓度 HCl 烟雾，可造成慢性气管炎、胃肠道功能障碍以及牙齿损坏。当空气中 HCl 的质量浓度在 7.5～15 mg/m^3 时，会使人感到不快。车间空气中 HCl

的最高容许质量浓度为15 mg/m^3。

(10) 二氧化硫 (SO_2) 又称硫酸酐，是无色有刺激性气味的气体，密度2.927 kg/m^3，在常温下加压到约0.4 MPa即能液化成无色液体，液体相对密度为1.434 (0℃时)，熔点−76.1℃，沸点−10℃，溶于水，且部分变成亚硫酸，也溶于乙醇和乙醚。气态SO_2是制造三氧化硫、硫酸和保险粉等的原料；液态SO_2是良好的有机溶剂，用于精制各种润滑油和用做冷冻剂等。SO_2属有毒介质，高浓度SO_2可作用于呼吸道深部而引起肺水肿，严重时可突然发生反射性声门痉挛而窒息。车间空气中SO_2的最高容许质量浓度是15 mg/m^3。

(11) 液化石油气 液化石油气是多种烃类气体，如丙烷、丁烷、丙烯、丁烯等组成的混合物，具有以下性质：

1) 挥发性。液化石油气如果以液体状态流出时，易挥发成气体，其体积会骤然膨胀约250倍而急剧扩散漫延。

2) 易燃性。液化石油气和空气混合后，一旦遇到火种，甚至是石头与金属撞击的火花或摩擦静电火花，都能迅速引起燃烧。

3) 易爆性。液化石油气和空气混合并达到爆炸极限比例，如丙烯气与空气混合的比例达到2.1%～9.5%时，一旦遇到火源即发生爆炸。因此，存放钢瓶的仓库要保持良好的通风，防止液化石油气渗漏后起火爆炸。

4) 微毒性。液化石油气没有使人体血液中毒的危险，因此，在空气中的体积分数低于1%时，对人体健康没有危害。但是，如果长期接触浓度较高的液化石油气，对于神经系统也是有影响的，尤其是高碳烃气体，当其在空气中的体积分数超过10%时，会使人窒息。

5) 腐蚀性。液化石油气一般无腐蚀性，只有在残液中含有较多的硫化物时，才会对钢瓶产生一定的腐蚀作用。液化石油气会使橡胶软化，也会使石油产品熔化。因此，输气软管要用耐油胶管，同时在软管上不得涂抹润滑油和白漆等。

6）相对密度大。液化石油气在气态时比空气重，其对空气的相对密度为1.5～2。在生产和使用过程中，渗漏出来的液化石油气会流向并积存在通风不好、不易扩散的低洼处。达到一定浓度且遇明火时即爆炸。所以，钢瓶库严禁设在地下室，钢瓶的残液严禁倒入下水道。

7）热值高。液化石油气燃烧时的发热量很高。1 m^3 气态液化石油气的低发热量不小于 8.37×10^7 J，相当于每立方米发热量为 1.68×10^7 J 的炉煤气（CO）的5倍；1 kg 液化石油气低发热量为 4.61×10^7 J，相当于每千克发热量为 2.51×10^7 J 烟煤的2倍。液化石油气不但热值高且燃烧完全，所发出的热量能被充分利用。烧煤的民用炉的热效率（全部热量中被有效利用的部分）一般只有10％～15％；而液化石油气民用灶的热效率通常达到55％以上。液化石油气使用既经济方便，又不污染环境，是理想的民用燃料。

8）蒸发潜热高。液化石油气由液相变为气相，需要吸收很多热量，这种热量称为“蒸发潜热（又称汽化潜热）”。如丙烷的蒸发潜热为 4.22×10^5 J/kg，丁烷的蒸发潜热为 3.85×10^5 J/kg。液化石油气在燃烧时，钢瓶内的液化石油气要不断蒸发补充，必须通过钢瓶的四壁向周围大气吸收所需的蒸发潜热。如果汽化量过大，而所需的潜热补给跟不上，液体本身的温度就会下降，同时造成蒸气压下降，气体的流出量就相应减小，从而影响正常燃烧。这种情况多数发生在冬季，致使炉灶出现供不上气的现象；严重时，钢瓶外壁会结露或结冰。所以，冬季要注意对钢瓶保温。此外，还应特别防止液化石油气与人体皮肤接触，否则会由于液化石油气向人体吸收大量蒸发潜热而引起严重的冻伤。

3. 溶解气体

我国目前常用的溶解气体只有乙炔一种。在工业上，主要是通过电石和水作用并用氧气使碳氢化合物部分燃烧的方法供给其热量，制取乙炔的。乙炔是一种无色的易燃易爆气体，微轻于空气，纯乙炔气体无臭。工业上用电石制成的乙炔气体有一种难闻的气味。有的国家通过天然气（甲烷）、石脑油和原油等分解来制造乙炔。

（1）乙炔的主要物理性质　分子式为 C_2H_2。分子结构式为 $HC \equiv CH$。相对分子质量为 26.04，相对密度在 0℃、常压下为 0.910 7。液态乙炔的沸点为 −75℃，乙炔在低温时变为固体（固体乙炔在大气压中于 −83.4℃时升华，当压力提高至大气压以上时就出现液化），在 0.173 MPa 绝对压力下，熔点为 −820℃，临界压力约为 6.24 MPa，临界温度为 35.7℃。爆炸极限在空气中为 2.5%～82%（7%～13%爆炸能力极强），在纯氧中为 2.3%～93%（30%时爆炸能力最强）。易溶于水和其他溶剂（与水的溶解比在 15℃时约为 1∶1.1，与丙酮的溶解比在 15℃时约为 1∶25）。

（2）乙炔是具有三键结合的易反应的不饱和的碳氢化合物，其主要化学性质如下：

1）与氢接触还原成乙烯和乙烷。

2）易与氯反应生成氯化物。

3）在增压低温条件下生成水合物（$C_2H_2 \cdot 6H_2O$）。

4）与铜、银及其盐类反应生成爆炸性的乙炔化合物。

5）乙炔可在各种条件下聚合。

6）乙炔的分解反应是发热的，因而引起分解爆炸。另外，与空气混合成爆炸性气体，爆炸危险大。

（3）对人体的有害性　纯净的乙炔气体本身是无毒的，类似氢、氮对人体的影响，即较长时间吸入因吸入氧气量不足有引起窒息的危险。

第三节 压力容器常用气体的危险特性及其预防措施

工业气体的危险特性是指易燃烧性、毒性、腐蚀性和爆炸性及可能发生分解、氧化、聚合的倾向等性质。

一、介质的燃烧特性和防火技术

压力容器中的工作介质中很多具有易燃、易爆的特性，且多以气体和液体状态存在，极易泄漏和挥发，一旦出现管理不善、设计不当、操作不慎或设备故障等情况，就可能导致发生火灾爆炸事故。为了预防事故发生，了解燃烧、爆炸的机理，掌握防火防爆安全技术的基本原理，就十分重要。

1. 燃烧条件及种类

(1) 燃烧是物质相互作用，同时有热和光发生的化学反应过程，在反应过程中，物质会改变原有的性质变成新的物质。放热、发光、生成新物质，是燃烧的三个特征。

从化学本质上看，一切燃烧反应均是氧化还原反应，参加反应的物质必须包含有氧化剂和还原剂，也就是通常所说的助燃物和可燃物。氧、氟、氯、氧化氮等可作为助燃物，有机化合物几乎都是可燃物。要使可燃物和助燃物发生燃烧反应，还必须有引火能源。

可燃物、助燃物和引火能源是燃烧的三个必要条件，也就是通常所说的燃烧三要素。只有当这三个条件同时存在并且相互发生作用时，燃烧才有可能发生，缺少其中任一个条件，燃烧都不会发生。引火源种类见表 4—4。但是，有时即使上述三个条件都具备，燃烧也并不一定发生，这是因为燃烧对可燃物和助燃物有一定的浓度和数量要求，如空气中氧含量小于 14%时，木材便不会燃烧。由此可见，具备一定数量和浓度的可燃物和助燃物，以及具备一定能量的引火能源，同时存在并且发生相互作用，才是引起燃烧的必要条件。所以，所有的防火措施都在于防止这三个条件同时存在，所有的灭火措施都在于消除其中的任一条件。表 4—5 列出了几种液化气体的燃烧性能。

表 4—4　　引火源的种类

外界能量形式	引火源种类
机械能	撞击、摩擦、绝热压缩、冲击波
热能	加热表面、火焰、高温气体、辐射热
电能	电火花、电源、电量、静电
光能	紫外线、红外线
化学能	触媒*、本身发热（分解、氧化、聚合）

* 又称接触媒或接触作用的催化剂，指在化学反应中能够加快反应速度，而本身的组成和质量在反应后保持不变的物质。

表 4—5　　几种液化气体的燃烧性能

燃烧性 / 燃烧物	燃速为 2 m/s 时的火焰传播速度（m/s）	燃烧速度*（mm/min）	火焰表面辐射强度［$MJ/(m^2 \cdot h)$］	无风时距火源 15 m 处的辐射热［$MJ/(m^2 \cdot h)$］
甲烷	2.2	10.4	14.78	0.31
乙烯	3.9	12.9	23.89	0.55
正丁烷	3.9	9.3	18.23	0.41
汽油	2.0	4.8	11.94	0.24

* 此燃烧速度指在 2.65 m^2 的敞口容器中，燃烧物体在单位时间内燃烧时，其液面的下降量。

（2）燃烧的种类　燃烧现象按形成的条件和瞬间发生的特点，分为闪燃、着火、自燃、爆燃四种。

闪燃是在一定的温度下，易燃、可燃液体表面上的蒸气和空气的混合气与火焰接触时，闪出火花但随即熄灭的瞬间燃烧过程。液体能发生闪燃的最低温度叫闪点，液体的闪点越低，它的火灾危险性越大。

着火是可燃物受外界引火源直接作用而开始的持续燃烧现象。着火是日常生产、生活中最常见的燃烧现象。很多火灾是从着火开始逐步发展而成的。可燃物开始着火所需要的最低温度，叫燃点。可燃物质的燃点越低，越容易着火。

自燃是可燃物质没有外界引火源的直接作用，因受热或自身发热使温度上升，当达到一定温度时发生的自行燃烧现象。可燃物质不需引火源的直接作用就能发生自行燃烧的最低温度叫做自燃点，也称自燃温度。

爆燃是可燃物质和空气或氧气的混合物由引火源点燃，火焰立即从引火源处以不断扩大的同心球形式自动扩展到混合物的全部空间的燃烧现象。爆燃发生时，除产生热量外，燃烧空间的气体由于高温膨胀，还能产生很大的压力，使未燃烧区压缩升温，增加了单位空间的能量储藏密度，使燃烧速度加快，这种现象在密闭容器中尤为显著，极易造成爆炸事故。

2. 预防易燃介质燃烧的措施

生产过程中，促成火灾爆炸的因素很多，涉及的面也很广。预防火灾爆炸事故是一项复杂细致的工作，不能放过生产过程中的每一个环节的任何一个危险因素。采取防火防爆措施的着眼点，是防止可燃物、助燃物形成燃烧爆炸系统，清除和严格控制一切足以导致着火爆炸的引火源。

(1) 控制或消除燃烧爆炸条件的形成　设计要符合规范。要充分考虑火灾爆炸的危险性，要符合防火防爆的安全技术要求，采用先进的工艺技术和可靠的防火防爆措施，以减少促成燃烧爆炸的因素，实现本质安全。

正确操作，严格控制和执行工艺指标。生产过程中的各个工艺过程、工艺指标，都是安全生产中客观规律的反应。因此，严格控制和执行工艺指标，认真执行安全技术操作规程，及时分析和正确处理生产中出现的异常情况，不失时机地排除各种可能导致着火爆炸的危险因素，对于实现安全生产至关重要。在生产工艺控制上，应重点把好以下几个环节：控制温度，严防超温；控制压力，严防超压；控制原料的纯度；控制好加料速度、加料比例和加料顺序；严禁超量储存，超量充装。

加强设备维护，确保设备完好。火灾爆炸事故能否发生，其中一条重要的因素是设备状况的好坏。设备状况好，运转周期长，不发生跑冒滴漏，就能避免或减少事故的发生。

加强通风排气，防止可燃气体积聚。有爆炸危险的生产岗位，要充分利用自然通风，采用局部或全面的机械通风装置，及时将泄漏出来的可燃气体排出，防止积聚引起爆炸。

采用自动控制和安全防护装置。火灾爆炸危险性大的生产现场，应设置可燃气体、有毒有害气体浓度自动报警器，以便及时发现和消除险情。

使用惰性气体保护。向易燃易爆设备中加入惰性气体，可稀释可燃气体，使设备中的氧含量降到安全值，破坏其燃烧爆炸条件。

（2）阻止火灾蔓延措施　采用阻止火灾蔓延到盛装可燃气体的设备或生产系统中的各种措施，对于减少事故损失是非常重要的。常用的阻火设施主要有切断阀、止逆阀、安全水封、阻火器等。此外，在建筑上还有防火门、防火墙、防火堤以及防火安全距离等，都是防止火灾蔓延扩大的措施。

（3）加强引火源的控制和管理　使用单位可能遇到的引火源，除生产过程中本身具有的加热炉火、反应热、电火花等，还有维修用火、机械摩擦热、撞击火星等。这些引火源经常成为引起易燃易爆物着火爆炸的原因。控制这些引火源的使用范围，严格用火管理，对于防火防爆十分重要。

二、介质的毒性及其对人体的毒害

压力容器使用中，常常接触到许多有毒物质。这些毒物的种类繁多，来源广泛，如原料、辅助材料、成品、半成品、副产品、废气、废水、废渣等。在生产过程中，当毒物达到一定浓度时便危害人体健康。因此，在工业生产中预防中毒是极为重要的。

1. 工业毒物与中毒

毒物是指这样一些物质：它们的较小剂量在一定的条件下，作用于机体与细胞成分产生生物化学作用或生物物理变化，扰乱或破坏机体的正常功能，引起功能性或器质性改变，导致暂时性或持久性病理损害，甚至危及生命。工业生产过程中所使用或产生的毒物叫工业毒物。劳动过程中，工业毒物引起的中毒叫职业中毒。

在实际生产过程中，生产性毒物常以气体、蒸气、雾、烟尘或粉尘的形式污染生产环境，从而对人体产生毒害。

（1）气体　指在常温常压下呈气态的物质，逸散于生产场所的空气中，如氯、一氧化碳、二氧化硫、烯烃等。

（2）蒸气　由液体蒸发或固体升华而形成。前者如苯蒸气、汞蒸气，后者如碘蒸气等。

（3）雾　是指悬浮在空气中的液体微滴，多为蒸气冷凝或液体喷散所形成。如喷漆时所形成的含苯漆雾、酸洗作业时所形成的硫酸雾等。

（4）烟尘　又称烟雾或烟气，是指悬浮在空气中的烟状固体微粒，其直径往往小于 0.1 μm，金属熔化时产生的蒸气在空气中氧化冷凝时可形成烟，如铅块加热熔解时在空气中形成的氧化铅烟，有机物加热或燃烧时也可以产生烟，如煤和石油的燃烧、塑料热加工时产生的烟等。

（5）粉尘　粉尘是能较长时间飘浮于空气中的固体微粒，直径大于 0.1 mm，大都是固体物质经机械加工而形成的，如塑料粉尘等。

2. 工业毒物的分类

工业毒物的分类方法很多，一般有以下三种：

（1）按毒物的化学结构，分为有机类和无机类。

（2）按毒物的形态分为气体类（如硫化氢、二氧化硫等）、液体类（如苯类、硫酸等）、固体类（如砂尘等）、雾状类（如硫酸酸雾等）。

(3) 按毒物的作用性质，分为刺激性（如氯气、氟化氢）、窒息性（如氮气）、麻醉性（如乙醚）、致热源性（如氧化锌）、腐蚀性（如硫酸二甲酯）、致敏性（如苯二胺）。

(4) 按损害的器官或系统，分为神经毒性、血液毒性、肝脏毒性、肾脏毒性、全身性毒性等。

3. 工业毒物的毒性和分级

毒性是指某种毒物引起机体损伤的能力，用来表示毒物剂量与反应之间的关系。毒性大小所用的单位一般以化学物质引起实验动物某种毒性反应所需要的剂量表示。气态毒物，以空气中该物质的浓度表示。所需剂量（浓度）越小，表示毒性越大。最通用的毒性反应是动物的死亡数。常用的评价指标有以下几种。

(1) 绝对致死剂量或浓度（LD_{100}或LC_{100}），即染毒动物全部死亡的最小剂量或浓度。

(2) 半致死剂量或浓度（LD_{50}或LC_{50}），即染毒动物半数死亡的剂量或浓度。

(3) 最大耐受量或浓度（LD_0或LC_0），即染毒动物全部存活的最大剂量或浓度。

(4) 最小致死剂量或浓度（MLD或MLC），即染毒动物中个别动物死亡的剂量或浓度。

实验动物染毒剂量采用mg/kg、mg/m^3表示。

毒物急性毒性常按LD_{50}（吸入2 h的结果）进行分级，可将毒物分为剧毒、高毒、中等毒、低毒和微毒五级（见表4—6）。

毒物的最高容许浓度是指在目前医学水平上，认为对人体不会发生危害作用的限量浓度。最高容许浓度是以每立方米的空气中含毒物的毫克数来表示的，单位是mg/m^3。

4. 毒物侵入人体的途径

毒物可通过呼吸道、皮肤和消化道侵入人体。

(1) 经呼吸道进入　是生产性毒物进入人体最主要的途径，

表 4—6　　　　化学物质毒性分级

毒性分级	大鼠一次经口 LD_{50} (mg/kg)	6只大鼠吸入4 h死2～4只的浓度（mL/m^3）	兔涂皮时 LD_{50}（mg/kg）	对人可能致死量	
				(g/kg)	总量（体重60 kg）(g)
剧毒	<1	<10	<5	<0.05	0.1
高毒	1～	10～	5～	0.03～	3
中等毒	50～	100～	44～	0.5～	30
低毒	500～	1 000～	380～	5～	250
微毒	>5 000	>10 000	>1 180	>15	>1 000

大多数职业中毒均由此而引起。这一途径有毒物质能很快地进入血液循环系统，从而分布到全身，且这一途径是不经过肝脏解毒的，因而具有较大的危险性。如人体吸进了大量的一氧化碳或苯等，在数分钟内就可以中毒昏倒。职业中毒大多数是经呼吸道吸入发生的。

（2）经皮肤进入　是职业中毒较为常见的途径。毒物进入人体的这一途径也不经肝脏转化，直接进入血液系统而散布全身，危险性也较大。

（3）经消化道进入　毒物由消化道进入人体的机会很少，多是由不良卫生习惯造成的误食。毒物进入消化道后，大多随粪便排出，一部分经肝脏解毒转化后排出，只有一小部分进入血液循环系统。

5. 急性中毒的现场抢救

急性中毒是指在短时间内接触高浓度的毒物，引起机体功能或器质性改变，如果不及时抢救，容易造成死亡或留有后遗症。慢性中毒是指在长时间内经常接触某种较低浓度的毒物所引起的中毒，如果得不到及时诊断和治疗，将会发展成为严重慢性中毒。

急性中毒多在现场突然发生异常时，由于设备损坏或泄漏致使大量毒物外逸造成。若能及时、正确地抢救，对于挽救中毒者生命，减轻中毒程度，防止合并症具有重要意义。

抢救急性中毒患者，应迅速、沉着地做好下面几项工作：

（1）救护者应做好个人防护。救护者在进入毒区之前，首先要做好个人呼吸系统和皮肤的防护，佩戴好呼吸器，否则非但中毒者不能获救，救护者也会中毒，使中毒事故扩大。

（2）切断毒物来源。对中毒者抢救的同时，应采取果断措施切断毒源（如关闭阀门、停止加送物料等），防止毒物继续外逸。如果是在厂房内中毒，应启动通、排风机。

（3）防止毒物继续侵入人体。将中毒者迅速移至新鲜空气处，并保持呼吸畅通。清除毒物，防止沾染皮肤和黏膜。

（4）促进生命器官功能恢复。中毒者若停止呼吸，则要立即进行人工呼吸，强制输氧。心跳停止应进行人工复苏胸外挤压。

（5）尽早使用解毒剂。采用各种解毒措施，降低或消除毒物对机体的危害作用。

三、介质的腐蚀性及其防护

由于压力容器内的介质的多样化，如水、空气、酸、碱、盐、溶剂等有一定的腐蚀性，长期与容器接触不仅会造成因穿孔而引起的油、气、水跑漏损失以及由于维修所带来的材料和人力的浪费，而且还可能因腐蚀穿孔而引起火灾。特别是，压力容器还可能因腐蚀而引起泄漏甚至爆炸，造成巨大的经济损失，污染环境，威胁人身安全。对于介质的腐蚀性不可轻视，它也是酿成压力容器事故的重要原因之一。

1. 腐蚀的分类

腐蚀的分类方法很多，一般可按腐蚀的机理和腐蚀的部位来分类。按腐蚀机理，可分为化学腐蚀和电化学腐蚀；按腐蚀部位，可以分为全面腐蚀和局部腐蚀。局部腐蚀包括孔蚀、缝隙腐蚀、脱层腐蚀、晶间腐蚀、磨损腐蚀、空泡腐蚀、氢腐蚀、应力腐蚀。

2. 腐蚀的危险特性

当一种物质与另一物质接触时，会使其发生化学变化或电化学变化而受到破坏。这种性质就叫腐蚀性。这是腐蚀性介质的主要危险特性。其特点如下：

(1) 对人体的伤害　腐蚀性介质的形态有液体和气体两种，当人们直接触及这些物品后，会引起灼伤或发生破坏性创伤以至溃疡等；当人们吸入这些挥发出来的蒸气或飞扬到空气中的粉尘时，呼吸道黏膜便会受到腐蚀，引起咳嗽、呕吐、头痛等症状；特别是接触氢氟酸时，能发生剧痛，使组织坏死，如不及时治疗，会导致严重后果；人体被腐蚀性物品灼伤后，伤口往往不容易愈合。故在储存、运输以及生产过程中，应特别注意防护。

(2) 对金属的腐蚀　详见本书第九章压力容器事故与应急预案第一节的内容。

(3) 腐蚀性介质的火灾危险性　在腐蚀性介质中，约有83%具有火灾危险性，有的还是相当易燃的液体和固体，其火灾危险性主要有以下几点。

1) 氧化性　无机腐蚀品大都本身不发热，但都具有较强氧化性，有的还是氧化性很强的氧化剂，与可燃物接触或遇高温时，都有着火或爆炸的危险，如硫酸、浓硫酸、发烟硫酸、三氧化硫、硝酸、发烟硝酸、氯酸（质量分数为40%左右）等无机酸性腐蚀品，氧化性都很强，与可燃物如甘油、乙醇等接触，都能氧化自燃而起火。

2) 易燃性　有机腐蚀品大都可燃，且有的非常易燃，如有机酸性腐蚀品中的溴乙酰的闪点为1℃，硫代乙酰闪点小于1℃。甲酸、冰醋酸、甲基丙烯酸、苯甲酰氯、乙酰氯等遇火易燃，蒸气可形成爆炸性混合物；有机碱性腐蚀介质甲基肼在空气中可自燃，1，2—丙二胺遇热可分解出有毒的氧化氮气体；其他有机腐蚀品如苯酚、甲酚、甲醛、松焦油、焦油酸、苯硫酚、蒽等，不仅本身可燃，且都能挥发出有刺激性或毒性的气体。

3）遇水分解易燃性　有些腐蚀介质，特别是五氯化磷、五氯化锑、五溴化磷、四氯化硅、三溴化硼等多卤化合物，遇水分解、放热、冒烟，放出具有腐蚀性的气体，这些气体遇空气中的水蒸气还可形成酸雾；氯磺酸遇水猛烈分解，可产生大量的热和浓烟，甚至爆炸；无水溴化铝、氧化钙等腐蚀品遇水能产生高热，接触可燃物时会引起着火；更加危险的是烷基醇钠类，本身可燃，遇水可引起燃烧；异戊醇钠本身可燃，遇水分解；无水的硫化钠本身有可燃性，且遇高热、撞击还有爆炸危险。

3. 腐蚀介质的防护措施

（1）正确的选材　防止或减缓腐蚀的根本途径是正确地选择材料。要根据生产过程中介质的性质、浓度、反应温度、压力、流速等工艺条件和材料的耐腐蚀性能，考虑经济技术指标，综合选择材料。非金属材料一般具有优良的耐蚀性及很好的机械性能，广泛用于防腐设备的代材，常用的有聚氯乙烯、聚乙烯、聚丙烯、橡胶、陶瓷、不透性石墨、玻璃等。

（2）合理设计、合理施工　为了避免腐蚀性介质对设备的腐蚀，在结构上及连接形式上，注意避免出现缝隙，开孔位置的选择要合理。在设备制造、维修时，要注意消除应力。可以选择耐蚀材料，在器壁上涂防腐层或加内衬里，表面涂层可以是金属的，如电镀、电喷层等；也可以是非金属的，如油漆、搪瓷等；也可以采用复合钢板，防腐涂层使金属制品与腐蚀介质隔离开来，以阻止金属表面层微电池的作用，达到防腐目的。

（3）注意设备维护　生产过程中，要严格遵守操作规程和工艺条件，注意不要因操作疏忽而使本不应产生的腐蚀破坏发生，例如在停车时注意清除残液，不要用氯离子含量较高的水对不锈钢容器进行水压试验。

对有腐蚀可能性的设备要经常检查，检查防护层是否完好，衬里是否有凸起、开裂等。对腐蚀裂纹等缺陷要进行监测，防止孔蚀。对金属材料组织恶化（如脱碳、脱皮、晶间腐蚀）的容器，应进行金相检验、化学成分分析和表面硬度测定。发现腐蚀，应根据情况按规定及时处理。

（4）钝化法　利用化学药剂使金属表面形成钝化膜，对金属起保护作用。常用的成膜剂有铬酸盐、磷酸盐、碱、硝酸盐和亚硝酸盐的混合物。钝化膜在不太强的腐蚀环境（例如化工厂循环水系统）中，以及大型设备上都有应用。

（5）加入缓蚀剂法　缓蚀剂是一种在低浓度下能阻止或减缓金属在环境介质中腐蚀的物质。在流体介质中加入少量的缓蚀剂，能大大降低金属的腐蚀速度。

缓蚀剂按化学成分可分为有机缓蚀剂和无机缓蚀剂两大类。有机缓蚀剂有苯胺、硫酸铵、乌洛托品等。无机缓蚀剂有铬酸盐、硝酸盐、磷酸盐、硅酸盐等。

按所形成保护膜的特征，缓蚀剂可分为：

1）氧化膜型缓蚀剂。通过使金属表面形成致密的、附着力强的氧化膜而阻滞金属腐蚀的物质，例如铬酸盐、重铬酸盐、亚硝酸钠等。由于它们具有钝化作用，故又称为钝化剂。

2）沉淀膜型缓蚀剂。由于与介质中的有关离子反应并在金属表面生成有一定保护作用的沉淀膜，从而阻滞金属腐蚀的物质，例如在中性介质中的硫酸锌、聚磷酸钠、碳酸氢钙等。

3）吸附膜型缓蚀剂。能吸附在金属表面形成吸附膜从而阻滞金属腐蚀的物质，例如酸性介质中的许多有机化合物。

（6）电化学保护法

1）阳极保护法　在腐蚀介质中，将被腐蚀金属通以阳极电流，在其表面形成有很强耐腐蚀性的钝化膜，借以保护金属，称为阳极保护。阳极材料选择的要求，包括有足够低的电势，在长期放电过程中很少极化，腐蚀产物不黏附于阳极表面，不形成高电阻的硬壳；消耗单位质量所产生的电流要大；自腐蚀小，电流效率高；有较好的机械强度，价格便宜，来源方便。

2）牺牲阳极法　在金属腐蚀中，也可以进行阴极保护。阴极保护法有两种，一种是牺牲阳极法；另一种是外加电流法。将较活泼的金属或合金连接在被保护的金属上，形成原电池，较活泼金属作为腐蚀电池的阳极被腐蚀，被保护的金属作为阴极免遭腐蚀。一般选铝、锌及其合金作为阳极材料。

3）外加电流法　将被保护的金属与另一附加电极作为电解电池的两个极，被保护金属为阴极，在外加电流的作用下得到保护。阴极保护法广泛应用于海水设施、地下管道及埋在土壤中的金属设备。

（7）防腐蚀涂料

1）防腐蚀涂料的作用

①屏蔽作用。漆膜阻止腐蚀介质和材料表面接触；隔断腐蚀电池的通路，增大了电阻。

②缓蚀作用。某些颜料，或其与成膜物或水分的反应产物，对底材金属可起缓蚀作用（包括钝化）。

③阴极保护作用。漆膜的电极电位较底材金属低，在腐蚀电池中它作为阳极而“牺牲”，从而使底材金属（阴极）得到保护。

2）防腐蚀涂料的主要类型　主要有油脂涂料、生漆、树脂涂料、聚氨酯涂料、橡胶类涂料、沥青涂料、重防腐蚀涂料等。

四、介质的爆炸性及预防爆炸的措施

物质从一种状态迅速转变成另一种状态，并在瞬间放出大量能量，同时产生巨大声响的现象，称为爆炸。爆炸也可视为气体或蒸气在瞬间剧烈膨胀的现象。爆炸可分为物理性爆炸和化学性爆炸。气体的危险特性主要是指化学性爆炸，即由于气体发生极迅速的化学反应而产生高温、高压所引起的爆炸。

1. 爆炸分类

爆炸可分为物理性爆炸和化学性爆炸两种。

（1）物理性爆炸　这种爆炸是由物理因素引起的。物质因状态或压力发生突变而强力崩裂的爆炸称为物理爆炸。例如容器内液体过热汽化引起的爆炸，锅炉爆炸，压缩气体、液化气体超压引起的爆炸等，都属于物理性爆炸。物理性爆炸前后物质的性质及化学成分均不改变。

（2）化学性爆炸　由于物质发生极迅速的化学反应，产生高温高压而引起的爆炸称为化学性爆炸。化学性爆炸前后物质的性质和成分发生了根本的变化。化学性爆炸按所发生的化学变化，可分为三类。

1）简单分解爆炸　引起简单分解爆炸的爆炸物在爆炸时并不一定发生燃烧反应，爆炸所需的热量，是由爆炸物质本身分解产生的。属于这一类的爆炸物质有乙炔银、氯化氨等。这类物质是非常危险的，受轻微震动即会引起爆炸。

2）复分解爆炸　这类爆炸物质的危险性较简单，分解爆炸物质的危险性低，爆炸时伴有燃烧现象。燃烧所需的氧由分解时供给。

3）爆炸性混合物爆炸　所有可燃气体、蒸气或粉尘与空气混合所形成的混合物的爆炸均属此类。这类物质爆炸需要一定条件，如爆炸性物质的含量、氧气含量及激发能源等。因此其危险性虽较前二类低，但极普遍，此外造成危害也较大。爆炸还可按引起爆炸反应的相分为气相爆炸、液相爆炸和固相爆炸三种。

液化石油气的爆炸一般属于气体混合物爆炸。液化石油气气体与空气混合，达到一定浓度时，遇引火源即能发生爆炸燃烧。多次事故的分析报告告诉人们，其爆炸为两种类型，即敞露式混合爆炸和密闭容器内混合爆炸。前者多发生在室内，当液化石油气泄漏以后，经过较长时间的扩散挥发，与空气形成爆炸性混合物（进入爆炸极限范围），遇到导爆因素（如明火等），立即爆炸。室内突发火团，伴有巨响，门窗破裂，物品受强震破坏，甚至可掀翻屋顶。这都是使用不当或疏于检查而导致的事故。爆炸能掀翻容器，摧毁设备，折弯管道，还会导致火灾。密闭容器内的爆炸，非常危险。爆炸时，容器可能裂成碎片四处飞射，伴有声光，有很强的破坏力，如同炸弹。这类事故往往是因为容器内存有液化石油气，空气进入，充分扩散混合而形成爆炸条件。容器置换违章，管道阀门不严，未经动火分析而进行焊接作业，经常导致这种恶性事故。

2. 爆炸极限

(1) 爆炸极限的概念　可燃性气体或蒸气与空气组成的混合物，并不是在任何比例下都可以燃烧或爆炸的，而是具有严格的数量比例，且因条件的变化而改变。由实验得知，当混合物中可燃气体含量接近于化学计量时（即理论上完全燃烧时该物质的量），燃烧最快最剧烈。若含量减少或增加，火焰燃烧速度降低。当浓度低于或高于某一限度值时，却不再燃烧和爆炸。可燃气体或蒸气与空气的混合物遇引火源能够发生爆炸燃烧的浓度范围称爆炸浓度极限，爆炸燃烧的最低浓度称爆炸浓度下限，最高浓度称爆炸浓度上限。爆炸极限一般用可燃气体或蒸气在混合物中的体积分数来表示，有时也用单位体积气体中可燃物的含量来表示（g/m^3 或 mg/L)。部分可燃气体或蒸气的爆炸浓度极限见表 4—7。

表 4—7　　部分可燃气体和蒸气的爆炸极限

分类	可燃气体或蒸气	分子式	相对分子质量	爆炸极限			
				%		mg/L	
				下限 L_1	上限 L_2	下限 Y_1	上限 Y_2
无机物	氢	H_2	2.0	4.0	75.6	3.3	63
	二硫化碳	CS_2	76.1	1.25	44	40	1 400
	硫化氢	H_2S	34.1	4.3	45	61	640
	氰化氢	HCN	27.1	6.0	41	68	460
	氨	NH_3	17.0	15.0	28	106	200
	一氧化碳	CO	28.0	12.5	74	146	860
	硫氧化碳	COS	60.1	12.0	29	300	725

续表

分类		可燃气体或蒸气	分子式	相对分子质量	爆炸极限			
					%		mg/L	
					下限 L_1	上限 L_2	下限 Y_1	上限 Y_2
碳氢化合物	不饱和烃	乙炔	C_2H_2	26.0	2.5	81	27	880
		乙烯	C_2H_4	28.0	3.1	32	36	370
		丙烯	C_3H_6	42	2.4	10.3	42	180
	饱和烃	甲烷	CH_4	16.0	5.3	14	35	93
		乙烷	C_2H_6	30.1	3.0	12.5	38	156
		丙烷	C_3H_8	44.1	2.2	9.5	40	174
		丁烷	C_4H_{10}	58.1	1.9	8.5	46	206
		戊烷	C_5H_{12}	72.1	1.5	7.8	45	234
		己烷	C_6H_{14}	86.1	1.2	7.5	43	270
		庚烷	C_7H_{16}	100.1	1.2	6.7	50	280
		辛烷	C_8H_{18}	114.1	1.0	—	48	—
	环状烃	苯	C_6H_6	78.1	1.4	7.1	46	230
		甲苯	C_7H_8	92.1	1.4	7.1	46	230
其他有机化合物	含氧衍生物	环氧乙烷	C_2H_4O	44.1	3.0	80	55	1 467
		乙醚	$(C_2H_5)_2O$	74.1	1.9	48	59	1 480
		乙醛	CH_3CHO	44.1	4.1	55	75	1 000
		丙酮	$(CH_3)_2CO$	58.1	3.0	11	72	270
		乙醇	C_2H_5OH	46.1	4.3	19	82	360
		甲醇	CH_3OH	32.0	5.5	36	97	480
		醋酸戊酯	$C_7H_{14}O_2$	130	1.1	—	60	—
		醋酸乙酯	$C_4H_8O_2$	88.1	2.5	9	92	330

可燃物质在空气中的体积分数低于爆炸浓度下限时，由于可燃物质量不足，空气过剩，不发生爆炸燃烧。当可燃物质在空气中的体积分数高于爆炸上限，可燃物质过剩，空气不足，也不发

生爆炸燃烧。但是，若可燃物质的体积分数高于爆炸上限，无论以什么方式或原因补充空气，则又进入爆炸范围，隐藏有爆炸燃烧的潜在危险。故上限以上的混合气不能认为是安全的。

3. 影响爆炸极限的因素

爆炸极限不是一个固定值，它随着一些因素而变化。影响爆炸极限的主要因素有以下几点。

（1）原始温度爆炸性混合物的原始温度越高，则爆炸极限范围越宽，即爆炸下限降低而爆炸上限增高。因为系统温度升高，其分子内能增加，使原来不燃的混合物成为可燃、可爆系统，所以温度升高使爆炸危险性增大。

（2）原始压力混合物的原始压力对爆炸极限有很大的影响，在压力增加的情况下，其爆炸极限的变化就很复杂。一般压力增大，爆炸极限扩大，压力降低，则爆炸极限范围缩小。这是因为系统压力增高，其分子间距更为接近，碰撞几率增高，因此使燃烧的最初反应和反应进行更为容易。

（3）若混合物中所含惰性气体的体积分数增大，爆炸极限的范围缩小，安全性提高。惰性气体的体积分数提高到某一数值，可使混合物不爆炸。

（4）充装容器的材质、尺寸等，对物质爆炸极限均有影响。实验证明，容器或管道直径越小，爆炸极限范围越小，这可能是材质的不明催化原因所引起的。

除上述因素外，火花的能量、热量交换表面的面积、引火源和混合物的接触时间等，对爆炸极限均有影响。

4. 爆炸极限的实用意义

（1）评定气体或液体火灾危险性大小　可燃气体或液体蒸气的爆炸下限越低，爆炸范围越大。则火灾的危险性越大。如乙炔的爆炸极限为 2.5%～82%，液化石油气的爆炸极限为 1.5%～9.5%，氨气的爆炸极限为 15%～27%，火灾危险性顺序为乙炔大于液化石油气，液化石油气大于氨气。

（2）划分可燃气体等级的依据　爆炸下限低于10％的可燃气体属于一级可燃气体。爆炸下限高于10％的可燃气体属二级可燃气体。如乙炔、液化石油气属一级可燃气体，氨气属二级可燃气体。

5．预防易燃介质燃烧爆炸的措施

（1）防爆泄压措施　工艺装置均须设置防爆泄压设施，常用的泄压设施有安全阀、爆破片、防爆门、放空管等。有爆炸危险的厂房，还必须有足够的泄压面积。

（2）加强易燃易爆物质的管理　要了解生产中所使用的原料、中间产品和成品的物理化学性质及其火灾爆炸危险程度，了解生产中所用的物料的量，采用的反应温度、操作压力等情况，从而有针对性地采取相应的防范措施。

第五章

压力容器带压密封

在我国，压力容器带压密封是20世纪70年代发展起来的先进的设备维修技术。它不要求停车、无需动火就能消除泄漏，操作简便、安全、迅速、可靠，可广泛应用于石油、化工、冶金、电力、航运等行业，特别是对涉及易燃易爆、有毒有害及有腐蚀性物质的石油化工生产有着重要意义。

第一节 泄漏与密封

一、概述

随着社会文明程度的进步，科学技术的不断发展，石油、冶炼、发电、化工等工业生产装置逐步趋于大型联合化，具有生产设备规模大、生产工艺流程复杂、控制难度大等特点。高耸的塔架，形态各异的釜、罐等压力容器和密如蛛网的管道，已成为现代化工业文明的标志。然而，这些生产装置规模巨大、生产工艺流程日趋复杂，而且只有在高温、高压下完成，才能够提高生产效率，减小能量损耗。例如，炼油厂炼油装置塔底换热器导热油的温度高达300℃以上；乙烯需在13～30 MPa和300℃条件下才能聚合成高压聚乙烯；火力发电厂用锅炉炉顶汽包温度高达550℃，压力在11 MPa以上。而传输的各种介质种类繁杂，其中不乏有毒有害、易燃易爆和各种腐蚀性很强的物料。正是这些因素使得生产设备在高温、高压作用下，高流速介质的腐蚀冲刷下，工业泄漏的几率增加。泄漏给正常生产带来了极大的危害，往往是引发重大事故的直接祸根。尤其在石油化工中，原料成品及半成品绝大部分是易燃易爆的危险品，在生产高度集中的现场，一旦引发火灾、爆炸，必定会产生连锁反应，后果不堪设想。所以及时有效地治理泄漏，保证生产装置安全、稳定、长周期运行，创造无泄漏企业是现代化企业共同追求的目标。

带压密封技术起源于19世纪20年代初。美国人凯勒·富尔曼受橡胶工业中"热注塑成型"原理的启发，将带压密封技术应用于解决工业化生产中的动态密封，并在海军舰船蒸汽动力系统中封堵成功。这种崭新的动态密封技术打破了人们印象中出现泄漏时，只有在停车停产后才能进行检修处理的传统观念。它具有许多停车检修所不能比拟的优点。尤其在连续化大型生产装置中，不停车堵漏治漏占有相当重要的位置，可以说不停车带压动态密封的出现，是密封行业的一场革命。

压力容器带压密封技术在我国虽起步较晚，但发展比较迅速。从20世纪70年代我国专业技术人员借鉴国外堵漏技术进行研发至今，该技术已经发展成为一门比较成熟的动态密封技术，并相继成立了几十家密封堵漏公司。他们将该技术应用于石油、化工、发电、冶金等行业，为企业治理泄漏，发挥了重要的作用。

二、泄漏

凡是存在压力差的隔离物体上都有发生泄漏的可能。广义的泄漏包括内漏和外漏。内漏是系统内部介质在隔离物体发生的传质现象，一般是不可见的。例如，管路系统阀门关闭后存在的泄漏和换热器管程壳程间发生的介质传递就属内漏。外漏是系统内部介质与系统外部介质在隔离物体发生的传质现象。本章所说的泄漏均指后者，并严格局限在流体范围内。泄漏可定义为：隔离的物体上或部位上出现的介质传递现象。对流体来说，泄漏又分为正压泄漏和负压泄漏。正压泄漏是指介质由隔离物体的内部向外部传质的现象，生产领域内发生的泄漏绝大多数属于正压泄漏；负压泄漏是指外部空间介质通过隔离物体向受压体内部传递的现象，又称真空泄漏。

1. 泄漏的形式

发生泄漏的部位是相当广泛的，几乎涉及流体输送与储存的所有物体。泄漏的形式及种类也是多种多样的，而按照人们的习惯说法多是漏气、漏汽、漏风、漏水、漏油、漏酸、漏碱、漏盐以及法兰漏、阀门漏、油箱漏、水箱漏、管道漏、弯头漏、三通漏、四通漏、变径漏、填料漏、螺纹漏、焊缝漏、丝头漏、轴封漏、反应器漏、塔器漏、换热器漏、暖气漏、船漏、车漏、管漏、坝漏、屋漏等。

被密封的流体通常以下列三种形式泄漏：

(1) 穿漏　通常将流体通过密封面间隙的泄漏称为穿漏。此时被密封的流体在内外压力差 Δp 的作用下通过宏观或微观的缝隙泄漏。我们在现场遇到的泄漏大部分属于此类。

(2) 渗漏　在压力差的作用下，被密封的流体通过密封材料毛细管的泄漏称为渗漏。发生渗漏的主体是密封材料本身。

(3) 扩散　在浓度差的作用下，被密封的流体通过密封间隙或密封材料的毛细管发生的物质传递称为扩散。

2. 泄漏的原因

影响泄漏的原因是多种多样的，有的是单一的原因，有的则是几种原因的组合。由于泄漏的原因与泄漏治理是密不可分的，因而在这里要阐述一下发生在一般管线、设备上泄漏的主要原因，以便能对症下药，从根本上解决泄漏问题。

(1) 设计选型不合理　这在造成泄漏的原因中占有很大比例。最常见的故障如密封垫片选型不合适发生渗漏或泄漏；实际工况与设计工况有较大偏离，导致管道伸长拉裂焊缝，连接法兰产生位移造成垫片泄漏等；未对腐蚀、振动、磨损等异常工艺条件采取必要的防范措施，导致密封处因腐蚀、振动、磨损而泄漏。

由于设计选型问题造成的泄漏一般要通过检修或技术改造来根治。一般来说应考虑的是：密封件的结构、密封件的材料；管线的工艺布置，包括管线的抗腐蚀、抗磨损、抗振动措施，对热力管线还应考虑热膨胀问题；管线的施工工艺（焊接工艺、热处理工艺）等。

（2）制造、安装、维修不正确　在设备或管线的施工制造过程中常因达不到设计要求的质量标准而产生泄漏。这其中常见的有焊缝接头出现未焊透、未熔合、夹渣、气孔、裂纹等；密封部位密封面加工粗糙，粗糙度不符合要求，配合尺寸不合适；密封件的紧固过松或过紧，间隙不均匀；密封件未按要求选择。

由制造、施工、安装、维修不正确而导致的泄漏应通过加强质量管理意识和提高职工技术水平来解决。

（3）操作不当　由于操作人员技术不熟练，操作方案、操作程序有缺陷而导致的泄漏事故也是时有发生的。常见的如因润滑不及时而造成磨损，继而发生泄漏；操作不平稳，温度、压力变化过大而导致泄漏；介质汽化、介质带水、摩擦过热汽化、液位控制不好造成抽空，流体外泄；液击、共振等原因造成焊口开裂；有些措施未及时投用而造成泄漏。

操作不当引起的泄漏是容易避免的，只要操作人员严格按照正确的操作规程来执行，这方面的问题就可以迎刃而解。

3. 泄漏检查的方法

泄漏检查一般是在正常生产情况下进行的，由于介质泄漏是千变万化的，其压力、温度、泄漏量都不尽相同，因此采用的检查方法也就不同。常用的检查泄漏方法有以下四种：

（1）直观检漏法　这是最常用、最直接的方法，它凭借人的眼、耳、鼻等器官直接发现漏点。采用此法要特别注意在有毒和腐蚀性极强的介质泄漏检测时，要格外注意自身的安全。

（2）涂皂液检漏法　这是一种比较常用的测漏方法，主要用于气体介质泄漏的检查。将调配好的肥皂水涂在怀疑泄漏的位置上，如出现连续鼓泡就是泄漏。此法使用中须注意去除自身的皂泡，以免混淆，另外在高温部位因皂液的挥发而不宜采用此法。

(3) 辅助工具检漏法　用橡胶膜、塑料膜或纸片封住检查部位看其是否鼓起，此法称为薄膜法；用薄纸条放在检查部位，看其是否能吹动，此法叫做吹纸法；另外还有观察压力变化的看表法、观察试纸变化的试纸法等。

(4) 仪器检漏法　利用介质或介质中某些物质的物理或化学特性，将其转化为信号或数值以显示泄漏部位和泄漏量，此仪器称为检漏仪。检漏仪包括半导体检漏仪、卤素检漏仪、热传导检漏仪、超声波检漏仪、气体检漏仪、地下管道检漏仪等。

三、密封

能防止或切断介质间传递过程的有效方法统称为密封。它是采用某种特制的机构，以彻底切断介质泄漏通道、堵塞或隔离介质泄漏通道、增大介质泄漏通道中流体流动阻力的方法建立一个有效的封闭体系，达到无泄漏的目的。

密封可分为静态密封和动态密封两大类。静态密封是指工业领域经常使用的密封材料、密封元件与相应的密封结构形式相结合，在生产系统处于安装、检修、停产状态下（即工艺介质在常温、常压条件下）建立起来的封闭体系。也就是说，密封是在静态的条件下实现的，这个封闭体系形成之后才经受被密封介质温度、压力、振动、腐蚀等因素的作用。常见的密封结构多是这种形式。动态密封则是指原有的密封结构（包括静态密封技术建立起来的所有密封结构）一旦失效或设备、管道出现孔洞，流体介质正处于外泄的情况下，采用特殊手段所实现的一种密封技术。在采取动态密封技术实现密封的过程中，生产装置及输送管道中介质的工艺参数（如温度、压力、流量等）均不降低，整个密封结构建立过程中始终受到介质温度、压力、振动、腐蚀、冲刷的影响，即是在动态条件下实现的，最终阻止泄漏，达到重新密封的目的。

1. 密封原理

密封装置必须具备下列功能：利用合适的密封件，彻底切断介质泄漏的通道；堵塞或者隔离介质泄漏通道；增加介质泄漏通道中流体流动阻力，以便形成一个封闭的空间，达到阻止流体外泄的目的。

（1）彻底切断的方法　该方法是将无需经常拆卸部位彻底焊死或粘死等。

（2）堵塞隔离的方法　这是最为常见的一种方法，像普通法兰用的密封垫片就属于这一类，带压堵漏的方法也属于这一类，另外还有设备上的机械密封、油封环等。

（3）增加介质泄漏流动阻力的方法　实际上就是一种减压的过程，一般是作为其他密封手段的辅助手段，在某些允许微量泄漏的部位则利用这一密封手段作为主密封。

上述原理是指导我们防止、处理泄漏的理论基础，在没发生泄漏时是依据这三条来设置密封装置，泄漏后则仍是依据这三条在泄漏部位重建一个新的密封装置。

2. 影响密封的因素

（1）螺栓预紧力　螺栓预紧力是影响密封的一个重要因素。预紧力必须将密封垫压紧以实现预密封。提高螺栓预紧力可以增加密封垫的密封能力，因为加大预紧力可使密封垫在正常工况下保留较大的接触面比压，这一点对强制型密封尤为重要。但预紧力也不宜过大，否则会使密封垫整体屈服从而丧失了回弹能力，甚至将密封垫压坏或挤出。

为了形成良好的密封，预紧力应尽可能均匀地作用到密封垫上。因此，当密封所需要的预紧力一定时，采取减小螺栓直径增多螺栓个数的措施，对密封是有利的。但螺栓直径也不宜过小，否则在上紧时容易使螺栓屈服，反而会过多地削弱法兰的刚度。

为了较准确地控制螺栓预紧力，可采用液压上紧装置或电加热上紧装置拧紧螺栓。

（2）密封垫的特征　密封垫是密封结构中的重要元件，其变形和回弹能力是形成密封的必要条件。密封垫的变形包括其表面材料的塑性变形和内部材料的弹性变形两部分，其中弹性变形部分决定了密封垫的回弹能力。

密封垫接触面的宽窄和表面粗糙度，都直接影响螺栓预紧力的大小。由于同样的压紧力在较窄的接触面上可以产生较大的密封比压，因而适当地减小密封垫接触面的宽度，可以起到减小螺栓预紧力的效果，但接触面也不宜太窄，否则在预紧螺栓时容易把密封垫压坏。提高接触面的光洁程度，能减小接触面间的间隙，同样可以达到减小螺栓预紧力的效果。为此，人们常在密封垫或法兰压紧面表面电镀或喷涂上一层软金属如铜、铝、银等的薄膜，在不用提高接触面加工精度和光洁程度的情况下，用软金属薄膜来填满机加工留下的刀痕，也可以达到良好的密封效果。

（3）压紧面的影响　压紧面又称密封面，它直接与密封垫接触。为了达到预期的密封效果，压紧面的形状和表面粗糙度应与密封垫相配合。一般与金属密封垫相配合的压紧面，尺寸精度要求高；而与软质密封垫相配合的压紧面，可相应降低加工要求。压紧面上不允许有径向划痕。此外，实践证明压紧面的平直度、压紧面与法兰中心轴线的垂直同心度，对保证密封是十分重要的。

（4）法兰的刚度　由于法兰的刚度不足，产生过大的翘曲变形，往往是导致密封失效的原因之一。刚度大的法兰不仅变形小，还可将螺栓预紧力均匀地传递给密封垫，故可提高密封性能。

增加法兰盘的外径、厚度，缩小螺栓孔中心圆的尺寸即减小螺栓预紧力作用的力臂，都是提高法兰抗弯刚度的有效途径。

（5）使用工况的影响　使用工况包括压力、温度、压力和温度的变化情况、内部介质的状态及其物理化学特性等。其中温度与其他诸因素的综合作用，将对密封的可靠性产生极大的影响。例如，高温液体介质的黏度变小，渗透能力增加，介质对密封垫和法兰的腐蚀作用也加剧。此外，在高温作用下，法兰、螺栓及密封垫的材质可能发生蠕变和应力松弛，造成接触面上的密封比压下降。所有这些都可能导致密封失效。又如由于法兰、螺栓及密封垫之间存在温差，将引起各部分热胀冷缩变形量的不均，也可能影响密封效果。当内部介质的温度急剧变化时，由于螺栓的温度变化往往滞后于法兰，也可能会引起密封失效。由于使用工况是无法改变的，为了补偿使用工况对密封性能的影响，只能从密封结构和选材上加以解决。

3. 密封结构的选择

一种完善而优良的密封结构，一般需要满足以下五项要求：

（1）在正常操作和压力、温度波动的情况下都能保证密封的可靠性。

（2）结构简单，尽量减小密封构件所占用的压力空间，装拆和检修方便。

（3）加工制造方便，不要求过高的尺寸精度和表面质量。

（4）密封元件材质的选择要考虑抗腐蚀问题，并尽可能满足多次重复使用的要求。

（5）螺栓等紧固件应简单轻巧，尽量减小锻件的吨位和尺寸。

上述各项要求是设计选用的依据，也是评定密封结构优劣的根据。但实际上没有一种密封结构能同时满足上述全部要求。因此，设计选用时应根据具体工况条件，注意满足主要要求。在此需说明，在任何工况条件下都能保证绝对密封的结构是不存在的，因此应针对不同的使用条件和要求（如介质的毒性、放射性和贵重程度等）提出不同的合理泄漏量要求，作为密封结构设计的依据。盲目追求密封的可靠性，将导致结构复杂，加工安装和维修困难。此外，密封结构是否能满足使用要求，除和结构的合理性、加工制造的质量等因素有关外，还在很大程度上取决于安装的质量。以往曾多次发生过因安装质量不良，合理的密封结构在实际应用中失效的实例，这是压力容器的安装、使用单位必须注意的。

4. 密封结构

(1) 密封结构的分类　按密封机理的不同，密封结构可分为以下三类：

1) 强制密封　强制密封完全是靠螺栓等连接件的预紧力来保证接触面上的比压以实现密封的。因此，强制密封要求有较大的预紧力，以便在工作状态下使接触面间剩余的比压仍大于所要求的密封比压，如平垫密封、卡扎里密封。

2) 自紧密封　自紧密封是依靠各自的结构特点，使内压升高后，接触面间的比压不仅不会降低，反而会随着内压的上升而增加。因此，螺栓预紧力仅保证预密封比压就足够了，这样可减小顶盖、螺栓等连接件的规格和重质量，使整个结构比强制性密封轻巧，如组合式密封、O 形环密封、C 形环密封、B 形环密封、楔形密封、八角垫和椭圆垫密封、平垫自紧密封等。

3) 半自紧密封　半自紧密封的自紧作用介于上述二者之间，如双锥密封等。

(2) 常用的密封结构　在压力容器的密封结构中，最常用的有平垫密封、卡扎里密封、双锥密封、伍德密封、O 形环密封五种形式。

1) 平垫密封　平垫密封分强制式和自紧式两种。强制式平垫密封（下称平垫密封）的结构与一般法兰连接密封相同。由于工作压力较高，密封面一般都采用凹凸型或榫槽型，也有的在密封面上加工几道同心圆密封沟槽（见图 5—1）。

平垫密封结构简单，使用时间较长，技术比较成熟，垫片及密封面加工容易，多用于温度不高、直径较小、压力较低的容

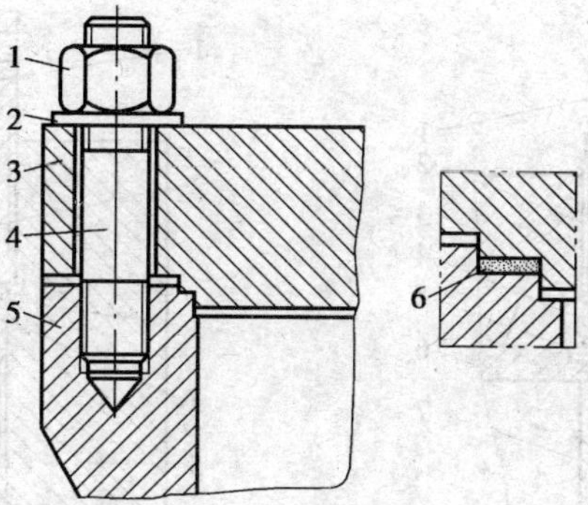

图 5—1　平垫密封结构

1—主螺母　2—垫圈　3—端盖　4—主螺栓　5—筒体端部　6—平垫

器。当压力容器的压力升高、直径变大时，端盖和筒体法兰均需相应的增厚加大，而变得笨重，连接螺栓的规格亦需加大，数量增多，造成加工和装配都不方便。所以，在大直径的高压容器上不宜采用平垫密封。此外，在温度较高（200℃以上）和压力、温度波动较大的工况条件下，平垫密封也不可靠。其推荐使用范围可查阅《钢制压力容器》；平垫密封所使用的垫片可选用退火铝、退火紫铜和 10 钢制作。

平垫密封虽然结构简单，但需要有较大的紧固力，所以端盖和连接螺栓的尺寸都较大，为了减轻端盖与筒体端部连接螺栓的载荷，有些高压容器采用了带压紧环的平垫密封结构（见图 5—2）。这种密封结构是在平垫圈的上面装有一个压紧环和若干个压紧螺栓，垫圈下面装有托板。容器的密封是通过拧紧压紧螺栓加力于压紧环以压紧平垫片来实现的，具有端盖与筒体端部的连接螺栓可不承受垫圈的压紧力及垫圈易于预紧等优点。

自紧式平垫密封是依靠容器介质的压力作用在顶盖上压紧平垫片来实现的，其结构如图 5—3 所示。它减少了笨重而复杂的法兰螺栓连接结构，顶盖与筒体端部以螺纹连接，密封可靠。由于顶盖可以在一定范围内移动，所以在温度、压力波动时仍能保

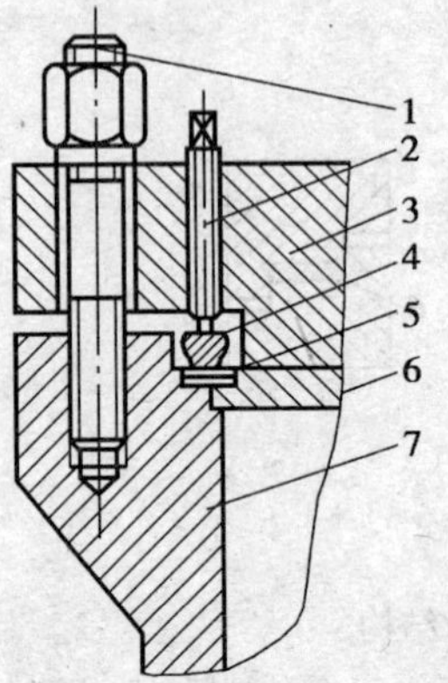

图 5—2　带压紧环的平垫密封结构

1—连接螺栓　2—压紧螺栓　3—端盖
4—压紧环　5—平垫　6—托板
7—筒体端部

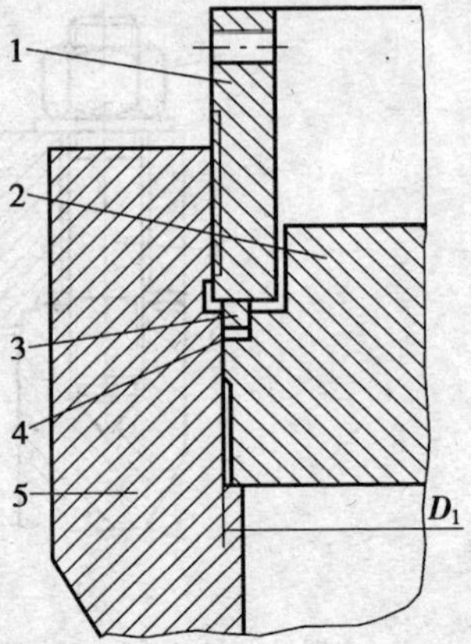

图 5—3　自紧式平垫密封

1—螺纹套筒　2—顶盖　3—压环
4—平垫片　5—筒体端部

持良好的密封性能。这种结构的缺点是拆卸困难，对大直径容器拧紧其螺纹套筒也有困难，所以不宜用于大直径的高压容器。

2）卡扎里密封　这是一种强制式密封，有外螺纹卡扎里密封、内螺纹卡扎里密封和改良卡扎里密封三种形式。其中外螺纹卡扎里密封（见图 5—4）用得最多，它的垫片是一个横断面呈三角形的软金属垫，由铜或铝制成。容器的筒体法兰与端盖用螺纹套筒连接，通过拧紧压紧螺栓加力于压紧环而压紧垫片来实现密封。这种结构的优点是省去了筒体端部与端盖的连接螺栓，拆卸方便，属于快拆结构；垫片的面积较小，因而所需压紧力及压紧螺栓的直径也较小；密封可靠，适宜用于温度波动较大的容器。缺点是结构复杂，密封零件多，且精度要求高，加工困难。这种密封结构常用于大直径、高压、需经常装拆和要求快开的压力容器。

内螺纹卡扎里密封（见图 5—5）的作用原理与外螺纹的基本相同，只是将带螺纹的端盖直接旋入带有内螺纹的筒体端部内。密封垫片置于端盖与筒体端部连接交界处，其上有压紧环.

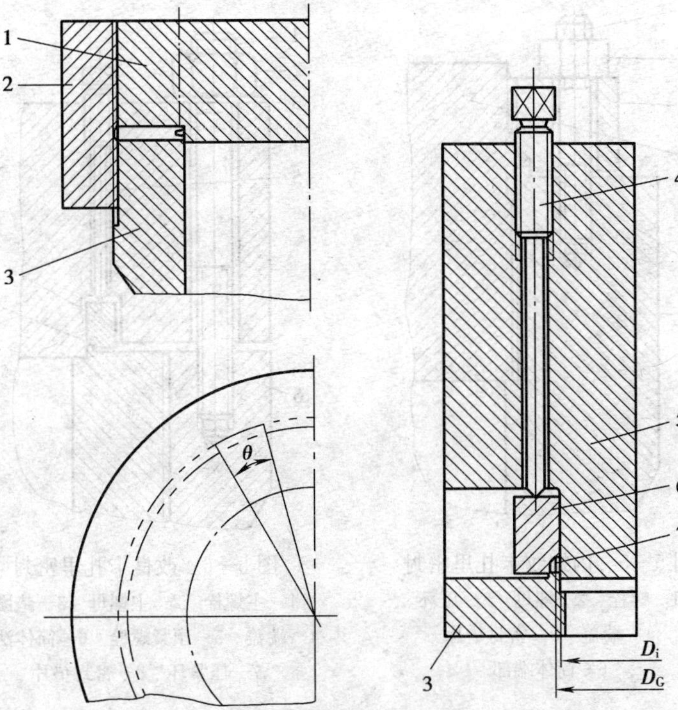

图 5—4　外螺纹卡扎里密封

1，5—平盖　2—螺纹套筒　3—筒体端部　4—顶紧螺栓

6—压环　7—密封垫

通过压紧螺栓使密封垫片的内侧面和底面分别与端盖侧面和筒体端部面紧密贴合实现密封。它比外螺纹卡扎里密封省了一个较难加工的螺纹套筒，结构简单了一些，但它的端盖需加厚，占据了较多的压力空间，螺纹易受介质腐蚀，装卸也不方便，工作条件差，一般只用于小直径的高压容器。

改良卡扎里密封结构（见图 5—6）不用螺纹套筒连接端盖与筒体，而改用螺栓连接，其他均与外螺纹卡扎里密封相同，无显著的优点，所以很少采用。

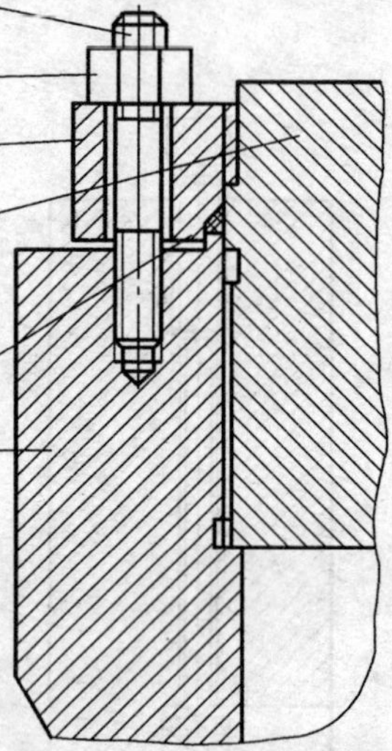

图 5—5　内螺纹卡扎里密封

1—螺栓　2—螺母　3—压环

4—端盖　5—密封垫片

6—筒体端部

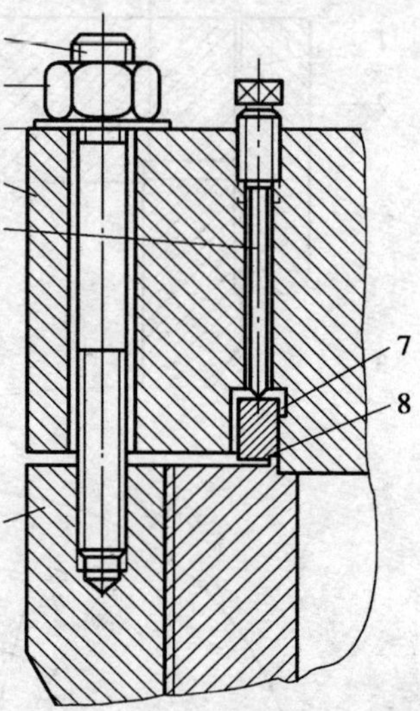

图 5—6　改良卡扎里密封

1—主螺栓　2—主螺母　3—垫圈

4—端盖　5—预紧螺栓　6—筒体法兰

7—压紧环　8—密封垫片

3）双锥密封　双锥密封（见图 5—7），是双锥环套在端盖的凸台上，在双锥面和端盖、筒体端部的密封面之间放置有软金属垫。为了改善密封性能，在双锥面上还加工了两三道半圆形沟槽。此外，端盖凸台的侧面（即与双锥环的套台面）铣有几条较宽的轴向槽，以便容器内介质的压力通过这些槽作用于双锥环的内侧表面。其密封的实现一是通过拧紧主螺栓产生的压紧力，压紧双锥面与筒体法兰和端盖的密封面；二是容器内介质的压力（自紧力）通过端盖凸台侧面的轴向槽作用于双锥环的内侧，也使双锥面与筒体法兰和端盖的密封面压紧。所以也有人将这种密封形式称为半自紧式密封。由于其结构简单、加工容易、密封性能良好及拆装较方便，在我国高压容器上获得了广泛的应用，是国内最为成熟的高压密封结构。缺点是端盖和连接螺栓尺寸较大。

4）伍德密封　这是一种属于自紧式密封的组合式密封（见图 5—8）。其结构是由浮动端盖、四合环、压垫和筒体端部四大部分组成。密封时首先拧紧牵制螺栓，靠牵制环的支撑使浮动端盖逐渐向上移动，端盖与压垫之间，以及压垫与筒体端部之间的压紧力也逐渐增加，从而达到密封目的。压垫的外侧开有 1～2 道环形沟槽，使压垫具有弹性，能随着浮动端盖的上下移动而伸缩，使密封更加可靠。为便于从筒体内取出，四合环是由四块元件组成的圆环，又称压紧环。这种密封结构的密封性能良好，不受温度与压力波动的影响，且装卸方便，适用于要求快开的压力容器；端盖与筒体端部不用螺栓连接，所以用料较少，质量较轻。但结构复杂，零件多而加工精度及组装要求均很高，浮动端盖占据高压空间太多，以往多用于氮肥工业，因为存在上述不足，现已逐渐被其他密封所取代，但在一些直径不大，对密封有

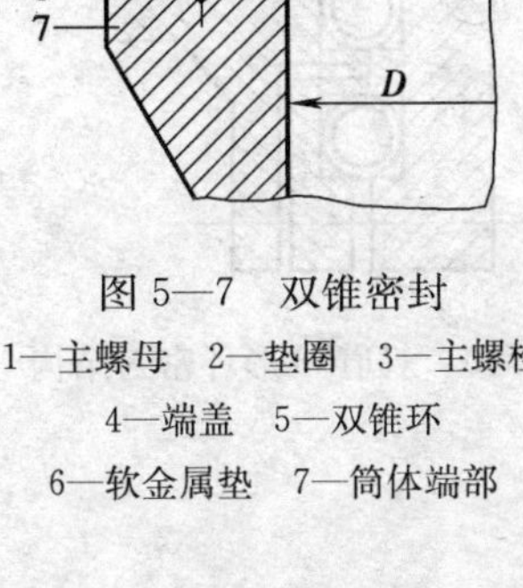

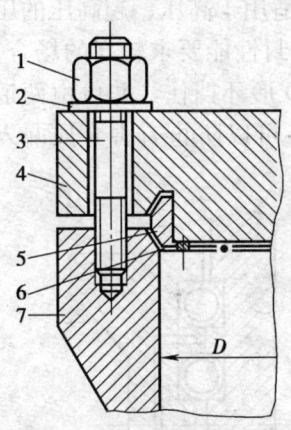

图 5—7　双锥密封

1—主螺母　2—垫圈　3—主螺栓

4—端盖　5—双锥环

6—软金属垫　7—筒体端部

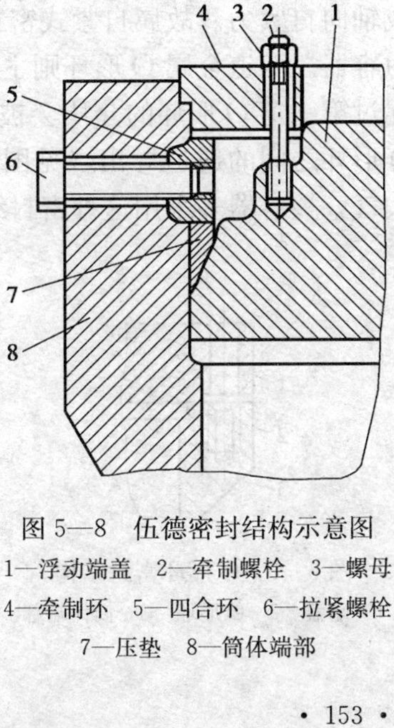

图 5—8　伍德密封结构示意图

1—浮动端盖　2—牵制螺栓　3—螺母

4—牵制环　5—四合环　6—拉紧螺栓

7—压垫　8—筒体端部

特殊要求（如压力、温度波动大）且要求快开的高压容器上仍被采用。

5）O 形环密封　因密封垫圈的横断面呈“O”形而得名，O 形环有金属 O 形环和橡胶 O 形环两大类，用得较多的是金属 O 形环密封。橡胶 O 形环因材料性能的限制，目前只用于常温或温度不高的场合，其结构如图 5—9 所示，有非自紧式 O 形环、充气 O 形环、双金属 O 形环三种。非自紧式 O 形环就是一个横断面为 O 形的金属环形管，属于强制式密封，适用于压力较低的容器，可以密封真空及盛有腐蚀性的液体或气体介质的容器。充气 O 形环是在环内充有压力为 4～5 MPa 的惰性气体，以防止 O 形环在高温下失去金属弹性，高温下环内的惰性气体压力会随着温度的上升而增加 O 形环的回弹能力。此结构属于强制式密封，宜用于高温高压场合。自紧式 O 形环的内侧钻有若干个小孔，由于环内具有与容器内介质相同的压力，因而会向外扩大形成轴向自紧力。故属自紧式密封结构，适用于高压、超高压的压力容器。双道金属 O 形环则主要用于密封性能要求较高的场合，漏过第一道 O 形环的介质会被第二道 O 形环挡住，并可由两道 O 形环之间的通道导出（见图 5—10），可以防止有害介质漏入大气，核容器多采用这种密封结构。

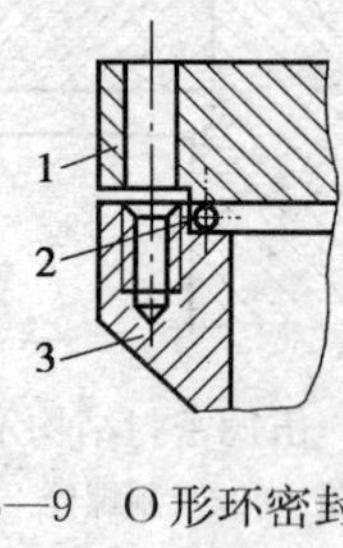

图 5—9　O 形环密封结构

1—端盖　2—O 形环　3—筒体端部

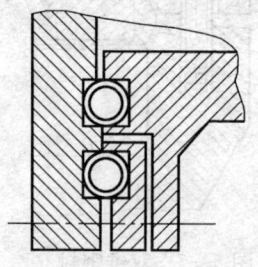

图 5—10　双道 O 形环密封结构

第二节　带压密封技术

一、概论

修复压力容器和压力管道泄漏的传统方法是补焊和换件，但均需短时间停止生产和运行，对流程生产有时是难以实现的，对易燃易爆的介质则通常是不允许的。一些临时性的补救措施，如打卡子、加箍等只能用于管道内部介质为非易燃易爆、无毒和工作压力较低的场合。那些规格较大的管道及管件，更难在有压力的情况下堵漏。

带压密封技术也称为不停车带压堵漏技术。它是先进的设备维修技术，主要用于流程工业各类装置和系统、公用和长输管道上，可以在保持生产、运行连续的情况下将泄漏部位密封止漏，避免停车损失。带压密封操作简便、安全、迅速、经济，且社会效益较高。但是，只有在了解它的原理、特点、使用范围、需要满足的条件以后，才能正确地运用，达到安全检修的目的。

1. 带压密封原理及操作示意

（1）密封原理　运行中的设备发生泄漏，以夹具包容泄漏点，建立密封腔，用高于原系统压力的推力，注入密封剂，达到工作密封比压，泄漏被阻止，从而建立新的密封结构。

（2）带压密封操作示意，如图 5—11 所示。

2. 技术组成与机具总成

（1）技术组成　这项技术由密封剂、夹具、专用工具、带压密封操作技术四部分组成。

（2）机具总成如图 5—12 所示。

3. 带压密封的技术特点

带压密封技术的出现是工程技术一个很大的进步，很多需要停车才能处理的问题现在不停车便得到了有效的解决。其技术特点可概括为以下几点：

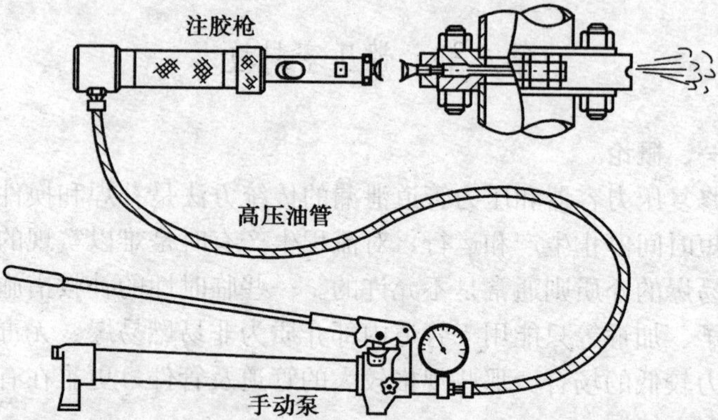

图 5—11　带压密封操作示意图

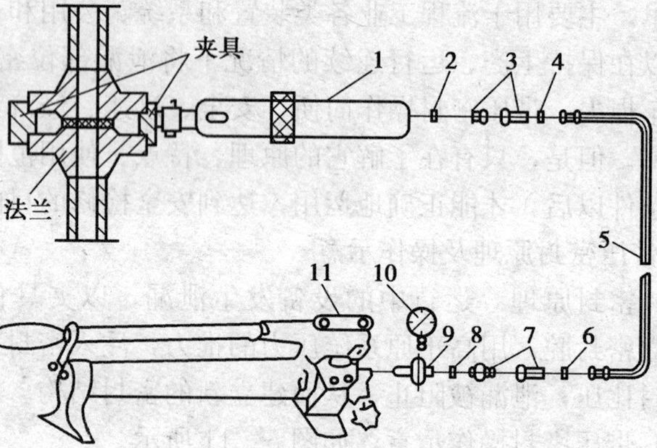

图 5—12　带压密封用机具总成

1—高压注射枪　2—大密封垫　3—快装接头　4—小密封垫
5—高压胶管　6—小密封垫　7—快装接头　8—大密封垫
9—表座接头　10—压力表　11—高压油泵

(1) 经济效益显著　一个生产装置如果因为泄漏而停工处理将遭受巨大的经济损失，在连续性生产的石油化工行业更是如此。采用带压密封而避免停工获取的经济效益是相当可观的，仅齐鲁石化公司胜利炼油厂 1994～1995 年部分带压密封工作的经济效益就达1 540多万元。

（2）安全可靠　由于带压密封工作基本上是用手动液压泵来操作的，这对于石油化工行业尤其适合，在易燃易爆区内施工可保证不产生火花。另外只要保证卡具有足够的刚度和强度，带压密封工作就是十分可靠的。

（3）适用面广　带压密封技术经过近20年的发展，其适用面越来越广，许多过去的施工禁区都得到了突破，现在其使用温度为−198～1 000℃，使用压力可从真空到35 MPa。

（4）消除漏点快　对石油化工装置而言，消除泄漏隐患的时间长短往往具有十分重要的意义。带压密封技术可以非常快地解决问题。一般漏点半小时内即可完成密封，特殊的、规格较大的在数小时内也可以处理完毕。

带压密封技术还有其他优势，如节约能耗、防止污染、不破坏原貌、易于以后修复等。

4. 带压密封需具备的条件

（1）从事带压密封的单位，需取得省级质量技术监督部门颁发的压力容器维修许可资格证书（证书上应注明“带压密封”字样）。

（2）从事带压密封作业的人员应当具备以下条件：

1）具有中专以上（含中专）文化程度，从事检修、维修工作3年以上（含3年）。

2）身体健康，无恐高、癫痫、四肢残疾等影响本岗位正常工作的病症。

3）经过专业技术培训，通过国家质检总局确定的考试机构设立的考试，持有《特种设备作业人员证》（有“压力容器压力管道带压密封”项目）。

（3）设计合理，制造完美的密封装置。密封装置的设计必须要考虑有足够的强度、刚度；在设计和制造中要注意密封装置本身的密封性能；密封装置自身的固定等。

(4) 有与泄漏介质相匹配的密封剂以及注入密封剂的方式、注入压力及注入数量等技术内容的作业方案。

5. 带压密封作业分类

根据带压密封技术实施时泄漏点的温度、压力、介质、泄漏量以及泄漏部位环境的不同，将带压密封作业分为两大类。

(1) 下列情况为一类带压密封作业：

1) 泄漏点温度，常温至 300℃（含 300℃）。

2) 泄漏点压力，真空至 4.0 MPa（含 4.0 MPa）。

3) 泄漏介质，毒性程度为中度以下的介质。

4) 泄漏量，一处泄漏当量直径小于 5 mm。

5) 泄漏部位，法兰公称直径小于 600 mm 的法兰密封面泄漏。泄漏管道、阀门处于地面或者有护栏的固定作业平台上。

(2) 下列情况为二类带压密封作业：

1) 泄漏点温度，－195℃至常温，301℃至 800℃。

2) 泄漏点压力，4.0 MPa 至 32 MPa。

3) 泄漏介质，毒性程度为高度以下的介质。

4) 泄漏量，一处泄漏当量直径不小于 5 mm。

实施二类带压密封作业时，使用单位必须按设计规定制定有效的操作要求和防护措施，施工过程应当由安全部门人员进行现场监督。

二、密封剂

带压密封技术中使用的密封剂，是以合成橡胶、合成树脂、石墨、塑料等为基料，再加入固化剂、改进剂、增塑剂、促进剂、稳定剂、填充剂等组分，经特殊工艺加工而成的，在常温下具有一定的弹性模量。目前国内生产的密封剂归纳起来共有近四十个品种。

1. 密封剂的作用

密封剂经注射到夹具与泄漏部位外表面所形成的密封空腔内，使其与介质直接接触，是新建立的密封结构的第一道防线。

它的各项性能直接涉及本项技术的应用范围，也影响新密封结构的使用寿命。因此，正确选用密封剂是实施带压密封作业封堵成败的关键。

2. 密封剂的基本性能指标

（1）注射工艺性能　密封剂在注射过程中，都应该有良好的塑性和流动性，才能被顺利地注射到密封空腔内，充填所有的裂纹、凹槽、孔洞等各种泄漏缺陷。对热固化密封剂来说，常温下是较硬的圆棒状固体，没有流动性，但在装入高压注射枪后，随着压力的不断增加，由于运动摩擦和剪切效应，被挤压的密封剂自然会升温，使塑性增加。如果通过加热的办法提高其环境温度，高压注射枪内的密封剂流动性会进一步增强，注入压力明显降低，表现出良好的流动性能。对非热固化密封剂，不论在常温还是高温，甚至有的品种在低温下，都有较好的注射工艺性能。

（2）使用温度　密封剂使用温度由实验确定，并通过实际应用加以验证。以合成橡胶、合成树脂为基料的密封剂，热分解温度是确定其使用温度的依据。所以当密封剂受热，达到热分解温度时，大分子会迅速变成低分子，随着颗粒状烟雾而漂移，剩下的只是残渣物质，失去密封作用。各种密封剂的实际使用温度范围，由实验方法测得热分解温度后，降低 50℃左右后作为使用温度上限。

（3）固化时间　固化时间是密封剂的重要指标之一。无论是热固化还是非热固化密封剂，都有一个由塑性体转变为弹性体的过程，完成这个过程的时间就是密封剂的固化时间。密封剂的固化时间与温度密切相关，绝大多数密封剂的固化时间与温度成反比，温度越高，固化时间越短。密封剂在注射温度下，固化不能太快也不能太慢。如果固化时间短，则出现早期固化，先后注入的密封剂不能很好地形成连续整体，易出现间断界面，降低密封的可靠性。对于某些非热固化密封剂，若固化时间过短，还会出现密封剂未注到密封空腔内，在高压注射枪或通道部位就固化而无法进行密封作业。反之，固化时间过长，在注入密封剂过程中，未固化的密封剂会被强大的注射压力从密封空腔间隙挤出，不易充满整个密封空腔，密封效果同样不好。

密封剂固化时间还与注射量大小有关，注射量越大，则要求固化时间相应加长。在注射温度下，固化时间多为 15～20 min。密封剂的固化时间与基料的品种及工艺配方中的固化剂、促进剂、填充剂等用量有关，调整组分配比，可得到适宜的固化时间。

(4) 耐介质性能　耐介质性能是指新建立的密封结构，在规定期限内，已固化的密封剂不因被泄漏介质浸蚀而丧失密封性能。密封剂耐介质性能是有限的，必须按使用说明书正确使用。

新密封结构中，介质与密封剂接触，介质分子进入密封剂分子交联结构网中，宏观表现为体积增大，这种现象称为密封剂在介质中的溶胀。未完成固化过程的密封剂，无论是热固化型还是非热固化型，在油品和其他化学介质中，都可能出现溶解现象，尤其当介质相对于密封剂是良好的溶剂时，密封剂被部分溶解，作为溶剂的介质分子进入密封剂，使密封剂的内聚力减弱，无法固化，起不到密封的作用。

所以密封剂的溶解和溶胀，是其耐介质性的重要指标。这两项指标，就基本表征了密封剂的耐介质特性。选择密封剂若忽视其耐介质性，其结果不是密封不住就是新建立的密封结构寿命短。

(5) 使用寿命　密封剂的使用寿命是指从新的密封结构建立，到该动态密封再次发生泄漏的时间间隔。密封剂不同，处理的介质不同，使用寿命也不同。因此，要求严格按密封剂使用说明书注明的使用介质及温度条件使用。

(6) 耐压问题　密封剂在密封空腔内，起传递压力和维持足够的密封比压的作用，以保证密封的可靠性。被密封的流体介质的压力通过密封剂，最终都要作用在特制的夹具上。即使我们在处理 10 MPa 以上的高压泄漏介质，只要制作的夹具刚度和强度满足要求，密封剂选择适当，动态密封作业的成功是绝对有保证的。因此，密封剂的耐压问题一般不作为考核的主要指标。

3. 密封剂的分类

由于泄漏介质的种类、温度、压力条件各不相同，密封剂也有多种型号，堵漏用的密封剂分为热固化型和非热固化型两大类。

（1）热固化型密封剂　热固化型密封剂，主要是以合成橡胶为基料，同时加入固化剂、改进剂、增塑剂、促进剂、填充剂等组分，通过特殊工艺，制作成与高压注射枪尺寸相匹配的各种规格的棒状固体。

热固化机理是，密封剂开始温度升高，其流动性和塑性迅速增加，这个阶段称为密封剂的软化流动段。此后，密封剂在密封空腔内接受介质的热量，很快失去流动性，塑性也迅速降低，黏滞性明显升高，逐渐形成弹性体，这个阶段称为失塑段。接着密封剂完全失去流动性，形成了坚韧的、有一定弹性的密封结构。至此密封结构已经建立，这个阶段称为固化段。

任何牌号的热固化型密封剂，都具有同样的特性，只是软化段、失塑段的时间长短不同而已。图 5—13 所示为密封剂固化特性曲线。

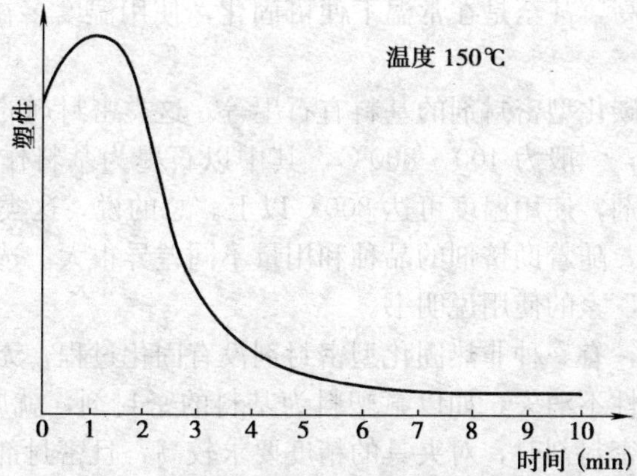

图 5—13　密封剂固化特性曲线

固化是密封剂由塑性体转变为弹性体的过程。它是由于密封剂被加热，作为基料的橡胶类分子，由于极性基因、侧链、不饱和键等的存在，吸热后线形橡胶分子互相交联成三维形网状结构。

因此，不仅随温度的变化固化时间长短不一，而且加入的辅料（如固化剂、填充料、促进剂）不同，也会使固化速度差别很大。通过调整密封剂基料和辅料配比，可以生产出满足不同密封作业要求的密封剂。热固化型密封剂在起固温度（密封剂发生固化的最低温度）以下，具有很好的稳定性，不会变形和自然固化，可长期存储。

（2）非热固化型密封剂　非热固化型密封剂是除热固化型密封剂外的密封剂。组成非热固化型密封剂的基料，是合成树脂、橡胶、石墨、塑料、油脂及无机纤维等，几乎所有具有塑性、流动性，并可由流体快速转变为固体，又无体积收缩的物质都属于这类密封剂的选材范围。

非热固化型密封剂的固化机理有化学反应型和高温碳化型。化学反应型的非热固化型密封剂，由双组分黏稠状材料组成。如环氟树脂、硅橡胶为基料的密封剂，就属于双组分，混合时起固温度都不高，甚至是在常温下便可固化，使用温度多在 200℃以下。

高温碳化型密封剂的基料有石墨等。这类密封剂的使用温度都比较高，一般为 400～800℃，其中以石墨为基料作成纯填充型的密封剂，使用温度可达 800℃以上。总的说，这类密封剂的固化条件，随着助挤剂的品种和用量不同差异很大。选用时，应认真阅读厂家的使用说明书。

另外，有一种非热固化型密封剂没有固化过程，无明显化学变化，塑性不消失，如以氟塑料为基料的密封剂，就属于这种。当用它做密封剂时，对夹具的精度要求较高，且密封剂充满密封空腔后，需立即用封闭剂对夹具与泄漏部位的接触处进行封闭处理。此种密封剂具有很好的耐溶和耐化学介质性能，当加入助挤剂、填充剂、活性剂等辅料时，可制成不同性能的密封剂。通用型的氟塑料密封剂，最佳注射温度是－15～80℃，使用温度为－195～260℃。

4. 密封剂选用原则

选用密封剂主要是以适应泄漏介质化学性质及泄漏系统介质的温度为依据。

（1）按泄漏介质的化学性质选用　密封剂能否承受该泄漏介质的化学性质是选择密封剂的充分条件。对于热固化型密封剂来说，基料为高分子合成橡胶，当未固化时，在强极性溶剂（如丙酮、苯、甲苯）、易溶剂（如醋酸乙酯）、稀释剂（如汽油）中都可能存在溶解现象。当以上介质泄漏温度低于密封剂的起固温度时，一般不选择用热固化型密封剂封堵，以防其被泄漏介质溶解。不得不采用时，必须以外部加热方式，使密封剂达到起固温度以上，迅速固化，使其增强耐介质能力。所以，选择密封剂，是以其不被泄漏介质所溶解，或发生化学变化而改变密封剂性能为首要条件。

（2）按泄漏介质温度选用　选用密封剂，除了需考虑是否适应泄漏介质化学性能之外，介质系统的温度便成为该种密封剂能否被选用的必要条件。对于热固化型密封剂，起固温度接近或等于介质的实际温度，最高使用温度应大于介质的系统温度。如果介质温度大于最高使用温度，密封剂会受热分解，使密封性能下降。介质温度小于密封剂起固温度时，需要通过加热促进密封剂固化。

非固化型密封剂，介质温度也应处于选用密封剂的使用温度范围内，如高于最高使用温度，将会产生分解和破坏，低于使用最低温度，有固化性能的密封剂，也难以完成固化而使作业困难。对于纯填充作用的密封剂，更应注意使用的温度上限。相对来说，注意选用密封剂的最高使用温度更要慎重些。

三、夹具设计

夹具是加装在泄漏缺陷外部与泄漏部位外表面共同组成新密封空腔的金属构件。夹具的构思、设计、制作是实施密封作业的主要环节。

1. 夹具的作用

（1）密封保证　夹具的作用之一是包容注射到密封腔内的密封剂，维持注剂压力传递，防止密封剂外溢，使注射到夹具内的密封剂产生有足够的密封比压，止住泄漏。夹具的这个作用叫做密封保证。

（2）强度保证　夹具的第二个作用是承受高压注射枪所产生的强大注射压力，以及密封剂传递来的泄漏介质压力，是建立新的密封结构的强度保证。

（3）提供注剂通道　密封剂是通过注剂孔及其构成的密封空腔，最后抵达泄漏部位，建立新的密封结构。

2. 夹具的设计准则

夹具设计是否合理和符合要求，直接关系到动态密封作业的质量。因此，设计夹具必须遵从以下原则：

（1）良好的吻合性。泄漏部位形状多样，有圆形、方形、半圆形、椭圆形、多边形等。因此，要求设计的夹具，必须能与泄漏部位的外部形状良好地吻合，否则不能有密封保证。

（2）足够的强度。为了确保夹具的强度，避免作业时出现故障，夹具的设计压力等级应远远高于介质压力。设计时，压力取值应进行必要的修正，使其接近实际夹具承受的应力状态。

（3）足够的刚度。夹具必须有足够的刚度，否则受到较大的注剂压力时，会造成夹具的变形和位移，无法建立稳定均匀的密封结构，或使注入密封空腔内的密封剂外溢，难以维持足够的密封比压。

（4）合适的密封空腔。夹具与泄漏部位之间必须有一个适宜的封闭的密封空腔，以便形成宽度和厚度都足以维持阻止泄漏所需密封比压的密封剂层。密封剂层过薄，将使密封剂层产生的弹性压力过小而不能得到所需的密封比压；过厚将浪费密封剂。实际设计中，密封空腔的宽度比泄漏部位的实际尺寸大 10～20 mm；厚度一般应有 5～15 mm，特殊情况还可以加厚。

（5）夹具与泄漏部位外表面接触的间隙应有严格限制，以防止密封剂外溢。表 5—1 给出了接触间隙的参考数据，如在此间隙内仍不能有效阻止密封剂外溢，可考虑在接触部位上设计制作槽形密封结构或其他形式的密封结构，以增大密封剂外溢的阻力。

表 5—1　　　　夹具与泄漏部位表面接触间隙

泄漏介质压力（MPa）	9	9～25	25～40	>40
配合间隙（mm）	0.6～0.5	0.4～0.3	0.2～0.1	<0.1

（6）为了把密封剂注入密封空腔内，夹具应设带内螺纹的注剂孔，孔的设置和数量要考虑密封剂顺利注入并填满整个空腔，同时还要考虑操作过程排气和泄漏介质的排泄，一般至少应有两个以上注剂孔，孔间距一般不大于 100 mm。

（7）分块合理。分块组合的夹具，装在泄漏部位上连接成刚性整体，形成一个封闭的密封空腔。根据泄漏部位实际情况和夹具大小，可做成二等份、三等份或更多的等份。

3. 夹具的材料选择

夹具材料要保证带压密封技术能适用于－195～800℃的温度，能耐压 60 MPa 以上，且能耐介质腐蚀。可从用材厚度上满足需要，所以泄漏介质的温度和耐腐蚀性就成了选材的关键条件。一般应按照以下情况选取：

（1）当 $-25℃ < t_{介质} < 450℃$ 时，可以选用碳素钢，如 Q235、10 钢、20 钢。

（2）当 $450℃ < t_{介质} < 600℃$ 时，可以选用高温钢，如 18MnMo、12CrMo、15CrMo 等。

（3）当 $t_{介质}>600℃$ 时，可以选用 0Cr18Ni9 等。

（4）当 $-60℃<t_{介质}<-25℃$ 时，可以选用低温钢，如 16MnDR 等。

（5）当 $t_{介质}<-60℃$ 时，可以选用 0Cr18Ni9 等。存在一定腐蚀性介质的也应选此类材料。

在实际密封作业时，夹具设计无需每次都进行计算，而是采用较为保守的方法，按照泄漏点的情况、泄漏介质的温度、压力大小，直接按夹具的系列标准选择即可。有经验的动态密封作业人员，完全可以按照泄漏现场的实际情况，根据夹具设计准则，直接给出设计草图，加工制作。如夹具壁厚，考虑到要开设注剂孔，一般视情况在 12～24 mm 之间选择厚度。

4. 典型夹具的基本结构

固定夹具是指断面形状和尺寸按固定的准则设计，对密封剂形态起固定作用的夹具，根据特殊受力需要，由金属材料经加工成型及焊接制成或用铸钢铸造成型，是带压密封应用最广泛的夹具。

（1）法兰密封垫片泄漏用固定夹具　适用于封堵法兰泄漏的固定夹具，使用率高，应用范围广。法兰用固定夹具结构如图 5—14 所示。它是由夹具本体经机械加工而成的，耳板与本体的组成采用焊接结构，铸钢件为本体和耳板整体铸造而成。

根据现场情况，还可以设计成凹形法兰夹具、偏心法兰夹

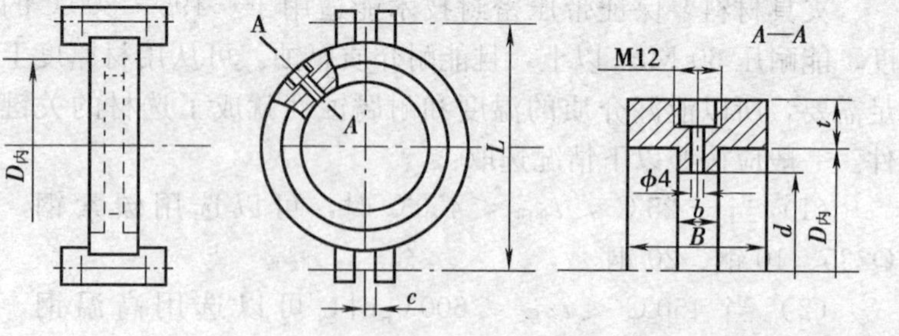

图 5—14　法兰用固定夹具结构

具、异形法兰夹具、局部法兰夹具等。不管什么形式的夹具，都必须以增强其密封效果，防止密封剂外溢，达到封堵为目的。

(2) 直管泄漏用固定夹具　适用于封堵直管段及点腐蚀穿孔，焊缝因未焊透、夹渣、气孔等造成的泄漏。对于因介质均匀腐蚀，使管壁厚度减薄造成的泄漏，夹具的结构和尺寸应按规定进行相应的调整。直管用固定夹具结构如图 5—15 所示。

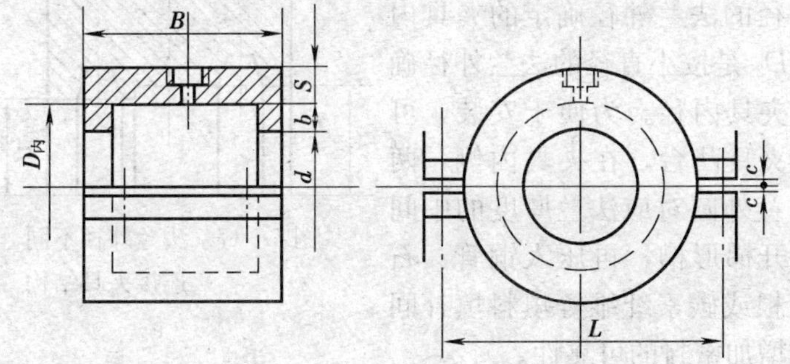

图 5—15　直管用固定夹具结构

(3) 弯管泄漏用固定夹具　适用于封堵管线的弯头部位发生的泄漏。弯管泄漏点常位于弯头曲率半径最大的一侧管壁上转弯处。因为在弯头制造时采用冷、热摵的弯头，外侧已经减薄，所以在输送介质的过程，在弯头外侧极容易受到冲刷而发生减薄直到穿孔。弯头用固定夹具结构如图 5—16 所示。

对同径三通或变径三通处的泄漏，相应的夹具结构应参照直管固定夹具的结构要求及相关定位尺寸加以确定。

5. 非典型结构的应用

连续生产的装置，采用固定夹具结构进行封堵的漏点较多，但不能采用典型结构的夹具进行封堵的，仍占有一定的比例，因

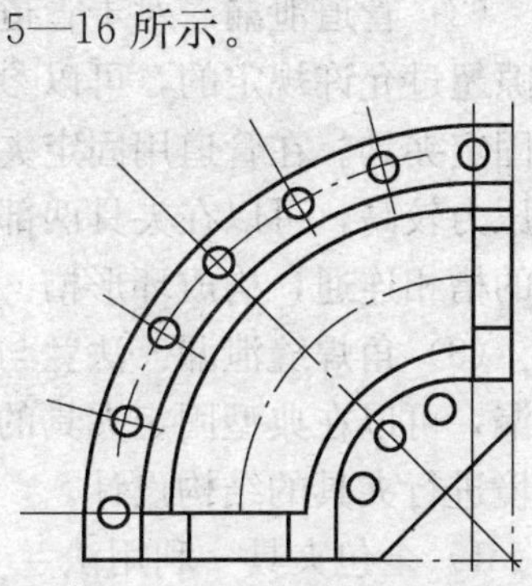

图 5—16　弯头用固定夹具结构

此，掌握非典型夹具结构的应用特点是十分必要的。

（1）法兰直径不同及措施

1）外径不同的法兰连接　如果两个法兰同心而外径不同，并且夹具安装后的间隙量超过允许值，就必须修正典型固定夹具的结构，此时夹具相关尺寸的确定原则不变。法兰外径不同的夹具结构如图 5—17 所示。D_1 是按大直径的法兰外径确定的夹具内径，D_2 是按小直径的法兰外径确定的夹具内径。为便于安装，可不设夹具凸台，在夹具内侧，两个法兰外圆对应法兰厚度的中间部位开梯形槽，再压入铜管、石棉盘根或碳素纤维等填料填补间隙，增加密封的可靠性。

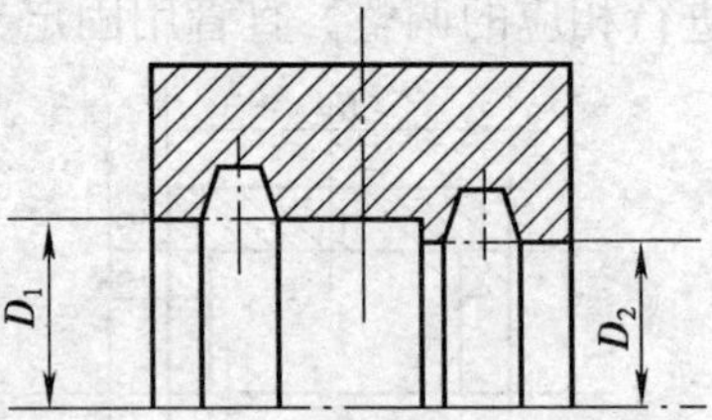

图 5—17　法兰外径不同连接夹具结构

2）法兰错边连接　错边是外径相同的两个法兰组装时产生不同心引起的法兰外径错位。错边量超过允许间隙量时，对典型夹具也需要修正。以法兰间隙为中心，按实际偏心量，在整体夹具内径上，与两个法兰对应的两侧，分别做成两个不同心、内径相同的夹具。

（2）管道泄漏　对于管道用固定夹具内径与管道外径之间的间隙超过允许规定的，可以参照图 5—17 所示的法兰外径不同连接固定夹具。在管道用固定夹具的两侧内壁开槽加装填料。如系统压力较高，可以在夹具两部分之间结合面开槽，与夹具侧体所开的槽相连通，构成环形槽。

（3）角焊缝泄漏　法兰与接管的角焊缝，因焊缝缺陷而发生泄漏，可以在典型固定夹具的结构基础上，针对具体漏点和周围环境进行夹具的结构设计。

1）全包夹具　利用法兰与接管的外形，设计成将泄漏的角焊缝部位全部包起来的夹具，形成一个密闭的压力空腔。全包角焊缝泄漏夹具结构如图 5—18 所示。

全包角焊缝泄漏夹具结构基本要求与典型固定夹具相同。但应注意，此时夹具包容泄漏点之后，缺少用以平衡轴向力的支撑。全包焊缝的夹具安装后，密封剂注入空腔，进一步形成密封挤压力，使夹具沿轴向移动，是这种夹具受力的特点。

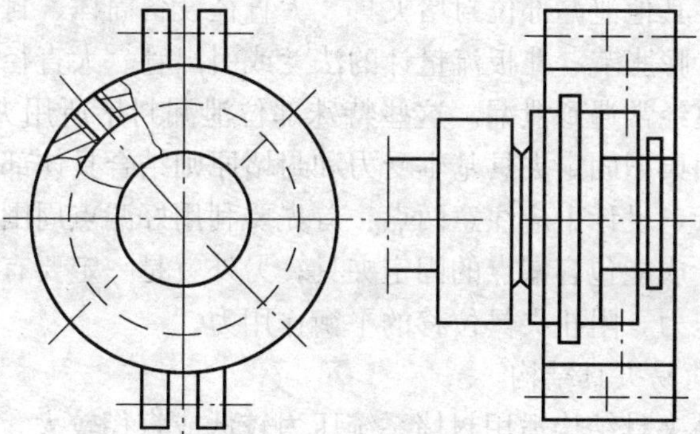

图 5—18　全包角焊缝夹具结构

对于这类夹具的固定，抵偿轴向推移力的办法是在注入密封剂前，先用 G 形卡兰将夹具固定在原法兰上，或用其他种类的固定办法，以平衡夹具的轴向移动推力。

夹具的注入孔开在本体外侧特殊空腔的中心，便于和注射阀连接。另外为提高密封效果，在法兰柱面和夹具内径对应处，开两组 T 形槽，内填石棉等软填料。

此类夹具还可以应用到锥体管道、锥体与直管连接等不规则形状的泄漏封堵上。关键是要有特殊的支撑或固定结构控制夹具轴向移动。

2）局部顶压夹具　适用于直径较大的法兰的角焊缝泄漏场合。由于制造全包整体夹具耗用金属材料多，加工难度大，可改用局部顶压夹具。

局部顶压夹具的特点是先制造一个可以包容泄漏角焊缝部位的密封盒作为密封空腔，容纳注入的密封剂。密封盒的周边用双层结构，内夹软填料，弥补加工形状不准，起防止密封剂外溢的作用。然后再设计一组螺栓对密封盒起顶压作用，同时固定在管道或法兰上使之成为一体。顶压密封盒最少要有 2～4 个顶压螺栓用来抵偿密封剂在盒内的挤压力，并防止盒体由于顶紧力不均而产生的移动。

（4）其他泄漏部位封堵夹具　大直径设备筒体、封头上会发生泄漏，膨胀节、孔板流量计的法兰或引出管、大直径管道、弯头等处也经常遇到泄漏。这些特殊部位泄漏封堵所用夹具结构，可以运用典型固定夹具基本受力和封堵原则结合具体部位的特点进行设计。设计中应注意两点：首先要利用好漏点周围的结构条件，设计成能包容漏点的固定夹具；另外就是一定要有能抵偿密封剂挤压力，阻止夹具位移的平衡作用力。

6. 简易夹具结构

简易夹具结构适用封堵系统压力较低或直径较大，需要紧急处理的，由于法兰垫片失效而引起泄漏的漏点。虽然简易夹具结构简单，容易加工制造，节约大量的准备工作和时间，但是应用该夹具的密封操作技术要求较高。虽然简易夹具在起到包容泄漏点的作用和基本受力状况与固定夹具是相同的，但承受系统压力和密封剂挤压力的能力，由于夹具承载截面积减小，刚度不足，耳板与本体焊接处存在边缘应力等，大大低于固定夹具。因此，在注入密封剂的挤压力和速度上，尤其要加以严格控制。特别是与密封剂的固化特性的协调上，要充分运用好它们之间的关系。简易夹具组装如图 5—19 所示。

法兰用简易夹具一般用圆钢作夹具本体，按规定在本体圆周上，开相应数量的注入孔。所用圆钢直径，由实际测量的两个法兰之间的间隙尺寸决定。如果选用的圆钢直径较小，不适合配用 M12 接口的标准注射阀，可以将注入螺孔减小，相应的配用小螺纹直径的注射阀。

图 5—19a 所示为两个法兰同心，平行度正常，不错边的低

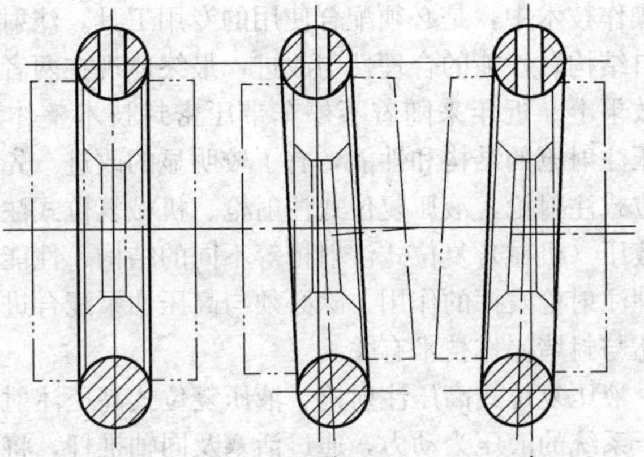

图 5—19 简易夹具组装示意图

压系统。图 5—19b 所示为两个法兰不平行，沿法兰圆周间隙尺寸过大的系统。图 5—19c 所示为两个法兰平行，但是不同心，产生错边的系统。

在系统压力较低的情况下，也可以使用扁钢做夹具本体，在扁钢相应位置所开注射孔位上焊接 M12 螺母，以便与标准注射阀连接。

四、专用工具

带压密封作业的专用机具，用来将密封剂安全可靠地注入密封腔内建立新的有效的密封结构。它适于在绝大多数介质泄漏场合下进行作业，能耐高温、低温，操作简单。从图 5—12 中可以看到，它是由高压注射枪、高压油泵、快装接头、高压胶管及相应辅助工具等组成。

1. 高压注射枪

高压注射枪是不停车带压密封技术封堵操作的主要专用工具之一。其功能是将密封剂注入密封空腔里去，填满、提升挤压力，最终实现封堵。高压注射枪活塞杆对密封剂的推力，是由高压油泵产生的液压力形成的。因此，高压油泵与高压注射枪在带压密封操作技术中，是必须配合使用的专用工具。注射枪和高压油泵各自结构、性能的合理性与改进，最终体现在两者配合使用的总体效果上。近年来随着不停车带压密封技术整体水平的提高，高压注射枪的结构和性能，有了较明显的改进。先后研制了人工复位式注射枪、液压复位式注射枪、机械复位式注射枪、连续填充液压（机械）复位式注射枪等不同的结构，性能也更加合理。每种注射枪发挥的作用，除必须与高压油泵配合进行效果评价外，还与封堵操作技术有关。

（1）液压复位式高压注射枪　液压复位式高压注射枪，是以专用液压系统的液压为动力，通过活塞及同轴推杆，将专用密封剂注入密封空腔内，然后再以液压力，使注射枪活塞推杆反向复位。液压复位式高压注射枪结构，如图 5—20 所示。

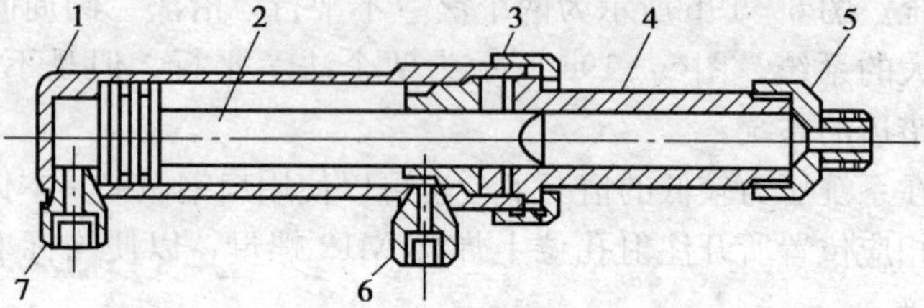

图 5—20　液压复位式高压注射枪

1—枪体（液压油缸体）　2—推进密封剂活塞及推杆
3—枪体与枪筒连接的螺母　4—枪筒（放置密封剂的注射筒）
5—枪头（与注射阀连接）　6—复位用液压油接头　7—推进用液压油接头

（2）人工复位式高压注射枪　人工复位式高压注射枪是以专用液压系统的液压为动力推动活塞，将专用密封剂注入密封空腔内，是以非液压的人力推动注射枪活塞杆复位回程的一种高压注射枪，系统组成如图 5—21 所示。系统中除减少液压复位式枪体上的液压油进口接头及相应的不配置复位液压软管外，其他均与一般液压复位式注射枪工作系统相同。

（3）机械复位式高压注射枪　机械复位式高压注射枪结构如图 5—22 所示，不同的是在活塞推杆的复位功能上做了改进。在

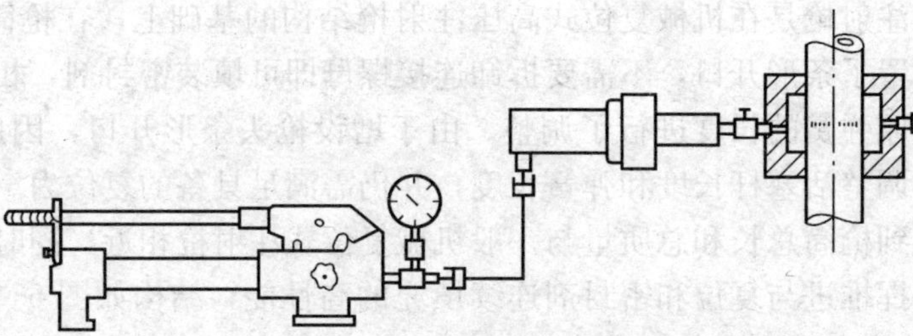

图 5—21 人工复位式高压注射枪系统组成

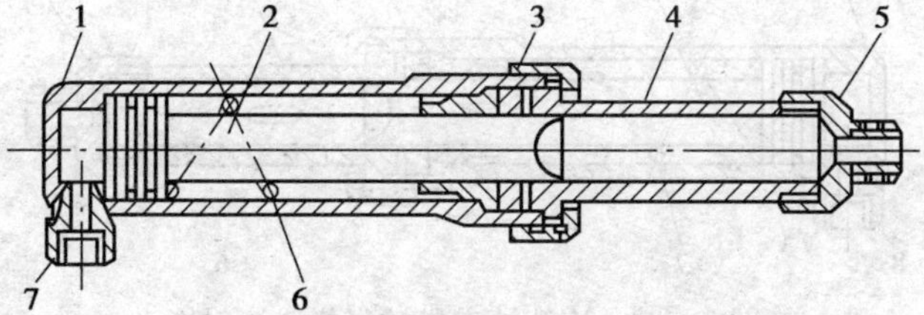

图 5—22 机械复位式高压注射枪

1—枪体（液压油缸体） 2—推进密封剂活塞及推杆
3—枪体与枪筒连接的螺母 4—枪筒（放置密封剂的注射筒）
5—枪头（与注射阀连接） 6—弹簧 7—推进用液压油接头

注射枪体内与活塞推杆之间，按回位力需要配置压缩弹簧。高压油泵的总推力在数值上，应大于下述两部分力的和：注入密封剂需要克服的各种阻力，以及内弹簧的压缩力。机械复位的作用，表现在完成注入操作后，打开高压油泵卸压阀，液压系统压力为0，注入时被压缩的弹簧，恢复正常时的弹力，同时将活塞推杆推到初始状态。可以在活塞背面设置拉力弹簧，将拉簧的两端分别与枪体和活塞固定。液压力使活塞固定。液压力在使活塞杆前进注入的同时，将使内置弹簧拉伸。注入工序完成后，卸掉系统压力，压力表指针为 0 时，被拉伸弹簧的复位力，将活塞杆拉回到初始状态，完成复位功能。但拉簧的固定比较困难，使用中稳定性较差。

（4）连续填充机械复位式高压注射枪 连续填充机械复位式

高压注射枪是在机械复位式高压注射枪结构的基础上，在枪筒4上配置了条形开口，不需要拆卸连接螺母即可填装密封剂，相应地将原弹簧的长度进行了调整。由于增设枪头条形开口，因此，需要调整活塞杆长度和弹簧长度，并仍需满足具备的复位力。最终达到枪筒总长和总质量与一般机械复位式注射枪相近，同时又能发挥推进与复位和密封剂连续填充的高性能，结构如图5—23所示。

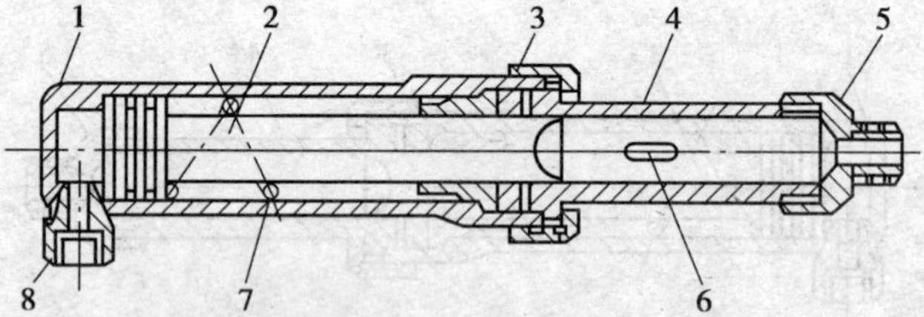

图5—23　连续填充机械复位式注射枪

1—枪体（液压油缸体）　2—推进密封剂活塞及推杆

3—枪体与枪筒连接的螺母　4—枪筒（放置密封剂的注射筒）

5—枪头（与注射阀连接）　6—条形开口　7—弹簧　8—推进用液压油接头

2. 高压油泵

高压油泵是不停车带压密封技术专用液压系统的动力源，是进行密封操作必不可少的基础专用工具。常用的高压油泵有手动高压油泵和电动高压油泵两种。

（1）手动高压油泵　手动高压油泵以人力为原动力，提压泵的手柄，通过杠杆作用原理，将力传递到液压活塞，利用液压传递原理提升作用压力值，满足使用要求。

工作原理是以泵体储油、用人力提压手柄，泵头部分组成封闭液压工作系统，完成升压与传递功能。手动高压油泵油路系统如图5—24所示。

（2）手动换向高压油泵　利用手动高压油泵作为换向高压油泵的基础结构，将手动提压手柄的机械能转换成液体的压力能。在泵输出口另外配置液压换向阀，可以进行油路通断及油流方向

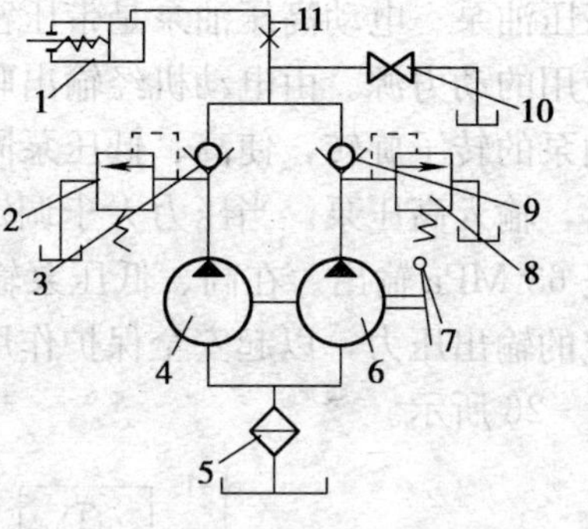

图 5—24　手动高压油泵油路系统图

1—油缸　2—高压安全阀　3—高压单向阀　4—高压泵
5—滤油器　6—低压泵　7—压杆　8—低压安全阀
9—低压单向阀　10—卸压阀　11—高压胶管

的控制，进而构成一个完整而又便捷可靠的液压泵站，完成动力源的功能。油路系统如图 5—25 所示。

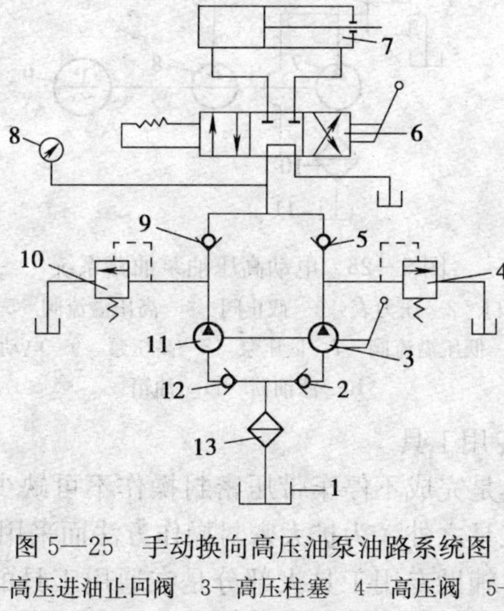

图 5—25　手动换向高压油泵油路系统图

1—油箱　2—高压进油止回阀　3—高压柱塞　4—高压阀　5—高压单向阀
6—手动换向阀　7—注射枪　8—压力表　9—低压单向阀
10—低压阀　11—低压柱塞　12—低压进油止回阀　13—滤油器

（3）电动高压油泵　电动高压油泵是带压密封技术专用液压系统需要控制使用的动力源。由电动机经输出联轴节带动同轴低压油泵及高压油泵的转子旋转，使高、低压泵同时工作。液压油被低压泵吸入后，输入高压泵。当压力大于调定压力 2 MPa 时，由高压泵增压至 63 MPa 输出。在高、低压泵输出油路里装有溢流阀，保持规定的输出压力，以起安全保护作用。电动高压油泵油路系统如图 5—26 所示。

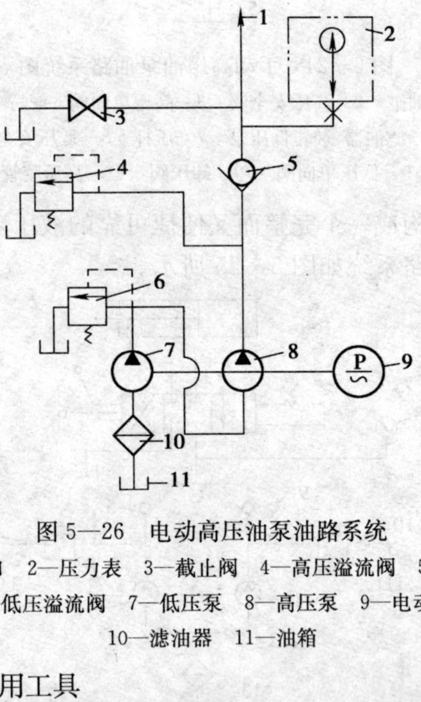

图 5—26　电动高压油泵油路系统

1—输出口　2—压力表　3—截止阀　4—高压溢流阀　5—单向阀　6—低压溢流阀　7—低压泵　8—高压泵　9—电动机　10—滤油器　11—油箱

3. 辅助专用工具

专用工具是完成不停车带压密封操作不可缺少的基础工具。在基础专用工具之外，为扩大密封操作方法而采用的工具称为辅助专用工具。辅助专用工具大部分是在通用工具的结构基础上，为适应带压密封操作需要改造而成的。

（1）紧带器　紧带器有手动紧带器和液压紧带器两种。

紧带器是采用钢带捆扎法对法兰和直管部位泄漏进行封堵时必备的工具。钢带捆扎法用钢带代替固定夹具包容泄漏点，钢带与法兰外圆之间需要贴紧，只有通过紧带器产生的拉力才能将钢带贴紧。

（2）多用卡兰　多用卡兰是在起夹紧作用的通用工具卡兰结构的基础上，加以改进而成的带压密封辅助专用工具。用它可以完成夹紧分离的构件、封堵阀门填料函泄漏以及特殊法兰和螺纹连接泄漏的封堵。G形卡兰结构如图5—27所示。

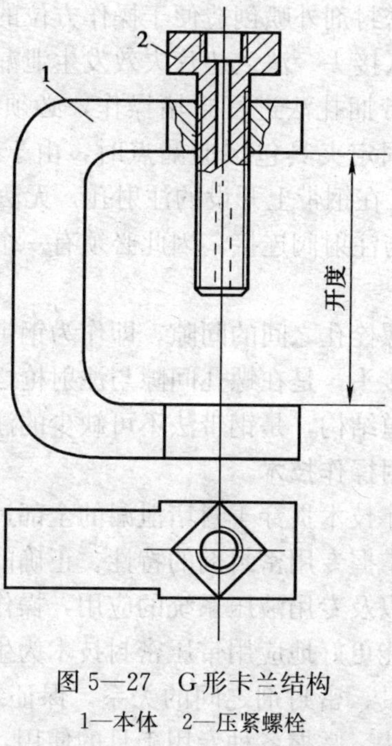

图5—27　G形卡兰结构

1—本体　2—压紧螺栓

（3）电钻　电钻是带压密封现场封堵操作的辅助专用工具之一。在多种封堵方法的操作过程中，都必须使用电钻。有时，为满足封堵操作的特殊需要，还必须配用特制的加长钻头。

（4）风动工具　带压密封技术配用的风动工具是用于不同漏

点结构，扩大封堵施工方法，提高工效和封堵质量的辅助专用工具。风动工具适用于方形、椭圆形法兰垫片失效或特殊结构泄漏的封堵，可以完成采用铜丝法、铜丝加注胶法、附加的法兰翻边和捻缝等操作的需要。带压密封风动工具包括通用的风镐和扁形、圆形凿子及风钻等。

4. 注入密封剂配用器具

（1）注射阀及换向接头　注射阀和换向接头不仅可以用来连接夹具与高压注射枪形成密封剂流动通道，而且还是控制注入操作或防止介质与密封剂外喷创造便于操作方位的必备器具。

（2）螺孔注入接头　法兰垫片失效发生泄漏，采用不停车带压密封技术的钢带捆扎法进行封堵操作，必须配用螺孔注入接头。用钢带代替固定夹具包围泄漏点时，由于钢带的厚度仅为1.25～1.75 mm，在钢带上开设的注射孔，无法制成尺寸为M12的内螺孔，不能与注射阀连接。因此必须有一个新的密封剂注入空腔的通道。

法兰螺栓与螺栓孔之间的间隙，即作为钢带法注入密封剂的通道。螺孔注入接头，是在螺孔间隙与注射枪之间存在的一种密封剂过渡流动通道结构，是钢带法不可缺少的注入器具。

五、带压密封操作技术

带压密封操作技术贯穿于封堵泄漏的全部过程。在实施密封操作之前，必须掌握专用密封剂的特性，正确的夹具设计和专用工具的性能特点以及专用液压系统的应用，操作指导原则的执行等基础知识，才能更好地应用带压密封技术为生产服务。掌握操作技术，协调夹具、密封剂之间的关系，保证封堵泄漏点稳定，采取多种施工方法，掌握各种专用工具的使用，运用好带压密封技术四个基本组成部分之间的协调作用，是保证密封泄漏点稳定的重要环节。

带压密封操作技术，要求操作人员应当熟知有关标准、法规的规定并严格遵循，不仅要确保漏点的密封成功率，还要提高操作者和被密封装置的安全性。

1. 带压密封操作技术的基本指导原则

（1）严格控制注入密封剂的压力　在带压堵漏封闭的专用液压系统中，要控制和运用好手动高压油泵的出口压力与密封空腔内的压力关系，尽量减小密封剂在空腔内不必要的过高挤压力。

（2）严格控制密封剂注入空腔起始点的选择和顺序　原密封结构产生泄漏，是由于密封预紧力不足，预紧力不均，垫片强度等问题产生局部破损，生产装置工艺系统的温度压力波动或垫片选择不当等原因造成的。一旦原密封结构发生介质外泄，一般会形成一个主泄漏部位，很少在泄漏一开始，即表现为沿 360°全方位的喷射外泄。因为系统存在压力，所以外泄的泄漏介质呈喷射状态，介质外喷量多少，喷射流长度大小，与系统压力高低和泄漏孔洞大小有关，成正比关系。

带压密封技术不但在完成密封空腔内填满密封剂的过程，必须执行多点分别注入的原则，而且要求向新的密封结构注入密封剂时，必须执行由主泄漏点最远端，作为注入密封剂的第一注入点。最后的注入点，要确定在主泄漏部位附近。同时按《带压堵漏技术暂行规定》的要求，进行其他点的注入密封剂操作。

（3）带压密封技术各组成部分之间的协调作用　带压密封技术由密封剂、夹具、专用工具和带压密封操作技术等四部分组成，任何单一部分均不能独立实现带压密封，这四个组成部分是密不可分的。作为带压密封技术的整体，这四个组成部分要紧密配合才能发挥技术作用。

2. 带压密封技术的操作方法

带压密封技术操作方法包括泄漏点的测绘、夹具设计制作、密封剂选择、工器具配备、现场实际作业等。本部分着重讲述测绘和现场实际作业。

带压密封技术现场测绘是了解泄漏部位情况的重要环节。由于生产现场泄漏点的情况不同，必须对泄漏部位进行详细测绘，掌握第一手材料，熟知泄漏介质的名称、压力、温度及周边环境，这样才能确定采取哪些措施、设计方案等。

(1) 现场测绘应掌握的情况

1) 观测密封作业现场是否宽敞，能否容纳三人作业，高空作业需搭脚手架。总之，测绘与施工都必须把安全放到首位。

2) 拆除泄漏点的保温层及各种障碍物，去除铁锈及黏附物。但要注意，绝不能正面对着泄漏点去除黏附物，应在泄漏点的两侧去除。要仔细观察泄漏情况，判断能否采用动态密封作业。

3) 全面了解泄漏介质的物理、化学性质，如温度、压力、腐蚀性等。

4) 准确测绘泄漏点部位的尺寸，特别是密封的基准尺寸，要多测几点，并要遵循一个人主测，另一个人校对的原则，保证测绘的精确度。

5) 观察泄漏四周，判断夹具能否顺利安装，高压注射枪与夹具的连接是否方便，是否需要改变注射枪的连接方位。

6) 要充分考虑带压密封作业的安全问题，在泄漏介质对人身安全有严重威胁，或泄漏可能迅速扩大的场合，切不可强行作业。

(2) 法兰泄漏的测绘（见图 5—28）

1) 测法兰外圆的直径。

2) 测法兰连接的间隙，在圆周上至少测三点，一定要测出间隙的最小值，以便夹具顺利安装。

3) 测出两个法兰外圆的同心度（错位量），加工时要做个记号，以便安装。

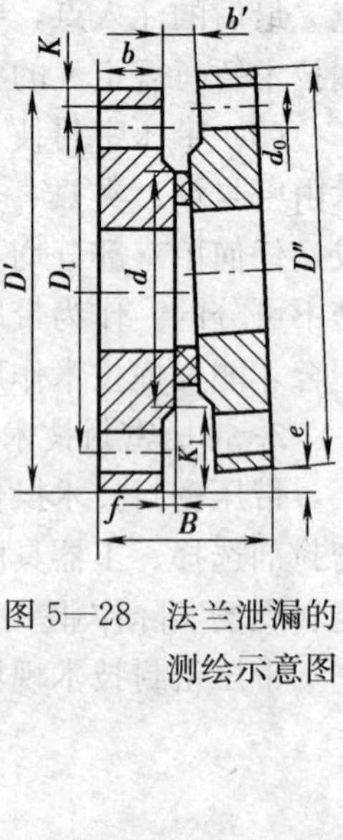

图 5—28　法兰泄漏的测绘示意图

4) 测出法兰边缘到连接螺栓的最小

距离。

5）测出法兰连接间隙的深度。

6）搞清泄漏法兰连接螺栓的个数和规格。

根据上述测绘和泄漏介质情况，可选择动态密封作业的方法、设计夹具和选择密封剂。

（3）直管泄漏的测绘

1）测泄漏管道的外径。

2）测对焊两直管的错位量。

3）标明泄漏的位置，最好绘出草图，泄漏缺陷的几何尺寸。

4）检查并记录泄漏管的壁厚，必要时进行测厚。

根据上述测量和介质的温度压力，可选择密封作业方法。

（4）弯头泄漏的测绘（见图 5—29）

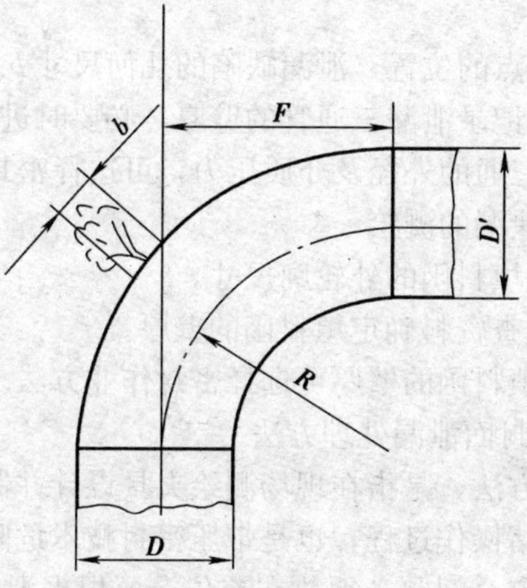

图 5—29　弯头泄漏测绘示意图

1）测泄漏弯头的外径 D 和 D'。

2）测泄漏弯头的中心至端面距离 F。

3）标明泄漏点的位置，泄漏缺陷的几何尺寸 b。

4）检查并记录泄漏弯头的壁厚，必要时进行测厚。

根据泄漏弯头的外径及泄漏介质的压力，可选择封堵作业的方法。

(5) 三通泄漏的测绘（见图 5—30）

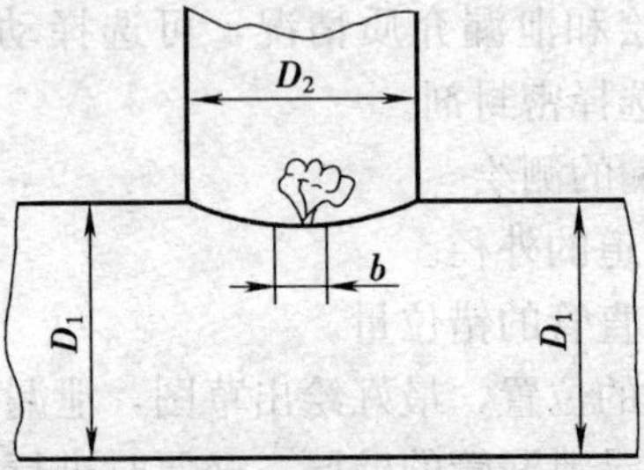

图 5—30　三通泄漏测绘示意图

1）测泄漏三通外径，主管两处，支管一处，分别记为 D_1、D_2。

2）标泄漏点的位置，泄漏缺陷的几何尺寸 b。

3）检查并记录泄漏三通管的壁厚，必要时进行测厚。

根据泄漏三通的外径及介质压力，可选择密封作业的方法。

(6) 阀门泄漏的测绘

1）测阀门填料函的外轮廓尺寸。

2）测绘或查资料确定填料函的壁厚。

根据阀门填料函的壁厚可选择密封作业方法。

3. 法兰密封面泄漏处理方法

现场操作方法，是指在现场测绘夹具设计并制作完成后，到现场的具体封堵操作过程，也是带压密封技术危险性最大的作业步骤。因此，安全问题必须放在首位，要根据泄漏介质的温度、压力、泄漏现场的环境等条件佩戴好劳动保护用品，准备好现场作业所需要的工具，按带压密封技术的操作指导原则进行操作。

(1) 法兰密封面泄漏处理方法的确定　法兰密封面泄漏是根据其泄漏介质的压力强度，泄漏法兰间的连接间隙等参数确定具体操作方法。

1）当 $b \leqslant 4$ mm，$p < 2.5$ MPa 时，用铜丝围堵法。

2）当 $b \leqslant 8$ mm，$p < 2.5$ MPa 时，用钢带捆扎法。

3）当 $b > 8$ mm 或 $b \leqslant 8$ mm 时，且 $p > 2.5$ MPa 用凸形法兰夹具密封。

4）当 $b < 2$ mm 时，用凹形法兰夹具密封。

（2）法兰密封面泄漏处理方法

1）固定夹具法　固定夹具法封堵法兰密封面泄漏，是以固定式夹具将法兰泄漏点包容起来，与原密封结构形成新的密封空腔，再向空腔内注入密封剂，建立起新的密封结构，达到封堵泄漏的目的。

固定夹具法应用范围广泛，密封成功率高，适用封堵漏点的系统压力和温度范围较宽。固定夹具法在按设计规定设计夹具厚度和结构尺寸，正确地选择金属材料和紧固螺栓尺寸、数量和材质的条件下，可以满足目前常用生产装置的全部泄漏工况。《带压堵漏技术暂行规定》中也指出带压堵漏，可以封堵系统压力小于 32 MPa，系统温度小于 600℃，介质毒性程度低于极度的全部漏点。

2）钢带捆扎法　为建立新的密封结构，在泄漏点周围所用包容物不是固定式夹具，而是一种特制的钢带。以钢带为包容夹具捆扎在法兰外表面上，这种密封方法，称为钢带捆扎法。

这种方法不需要像固定夹具法那样，现场测量泄漏点的相关尺寸，进行夹具设计、制造等一系列准备工作。可以做圆形、椭圆形和方形法兰泄漏时的包容物，适用于压力较低的系统。因为是以钢带作为包容，要求在保持钢带金属材料的弹性范围内应用，所以决定了钢带捆扎法的封堵压力不能很高。根据钢带法实际应用中的应力测试与分析，限定该法只适合在小于 2 MPa 的系统压力下进行封堵和泄漏点的公称直径小于 600 mm 的法兰的密封。

3）铜丝围堵法　铜丝围堵法是在泄漏的较窄小的法兰间隙处，用外力将铜丝强力镶入，压紧法兰侧面，用铜丝与法兰面之间的挤压力实现密封压紧，以达到消除泄漏的密封方法。

铜丝围堵法适用于法兰间隙较小，不能采用固定夹具法，而系统压力又较高或法兰螺栓不能拆卸，不适于应用钢带捆扎法的工况和非圆形法兰的泄漏。

4）特殊法兰封堵法　适用于榫槽面法兰或凹凸面法兰泄漏的封堵作业。

该方法是在泄漏的位置上，直接注入密封剂，因此，不需要夹具，可以减少准备时间，节省密封剂的消耗，封堵效果明显。

5）局部密封消除泄漏法　局部密封消除泄漏法是在泄漏的设备或管道法兰直径较大，而且泄漏部位仅占法兰周长一小部分的情况下，使用简便局部夹具实施的封堵技术。

它适用于大直径法兰、不是垫片整体失效造成沿法兰周边大量泄漏工况。这种技术针对局部泄漏部位，采用以固定夹具设计为基础的局部夹具。利用这种技术能够减少夹具钢材和密封剂的耗用量，同时能节约大量夹具制造工时和注入密封剂的操作时间，减少准备费用，取得更大的经济效益。其效果与整体夹具相同。

4. 管道泄漏处理方法

（1）固定夹具法　用固定夹具法处理管道泄漏时，先以设计有必要空腔的固定夹具将管道的泄漏点包容起来，与管道表面间形成新的密闭空腔，然后向空腔内注入密封剂，建立起新的密封结构。它是应用场合最多的一种方法。

固定夹具法密封管道泄漏的优点和施工方法与法兰用固定夹具法相同，它不仅用于密封直管上的泄漏，还用来处理管道弯头、三通、异径连接等部位的泄漏。

（2）环形槽夹具法　环形槽夹具法中所用的夹具，其基本结构与管道用固定夹具相同。在夹具密封腔两侧与管道表面相接触的部位上，开设连通的方形或梯形环形沟槽。还可以再加上纵向的沟槽，并将两者相连通，在附设沟槽内填充软填料或在环槽上方单独开注入孔注入密封剂，这种实现密封的夹具法称为环形槽夹具法。优点是适用于管道密集多点腐蚀穿孔泄漏、夹具测量不准、夹具与管道外径之间间隙超差的状况下的封堵。也可以用于管壁刚度不足或绝对不允许将密封剂注入系统中去的工况。因为起密封作用的是在远离管壁泄漏点的环形沟槽内注入的密封剂，注入压力集中在夹具侧面上，不容易将密封剂注入系统之内。使用这种方法可以节约密封剂的消耗量，还能减少封堵操作工时。

（3）夹堵法　在管道泄漏部位采用没有密封空腔的夹紧夹具及卡箍或钢带捆扎，用外力夹堵泄漏点封堵介质外泄的方法称为夹堵法。配合使用压成片状的密封剂或其他铅板、橡胶板、石棉布、聚四氟乙烯板、柔性石墨等软填料和夹堵夹具一起压紧泄漏点，达到密封的目的。

该法适用于封堵系统压力较低的管道泄漏，是一种常用的堵漏方法。可以节省准备时间，密封剂或填料的耗用量较少。

（4）钢带捆扎压紧法　在管道泄漏部位先放置相应型号的片状密封剂或配用耐系统温度、介质腐蚀的其他片状填料，然后用专用工具紧带器拉紧围绕在片状填料周围的钢带，压紧填料阻止介质外泄，达到封堵的目的。

该法的优点是操作简单，仅紧带器、钢带和填料是必备的专用工具和材料。适合远离工厂的边远地区作业。经常用于地下煤气、水管线泄漏的封堵。

5. 阀门填料函泄漏处理方法

生产装置的管网通常配用大量的各种阀门。阀门在运行中发生泄漏的部位大部分在填料函处（阀门的法兰或压盖泄漏，按法兰类处理）。阀杆的往复运动和填料对阀杆和填料函内壁的压紧力不足，导致介质在填料函处的泄漏。为保证及时消除泄漏，采用专用于封堵阀门填料函泄漏的带压密封方法。

消除阀门填料函泄漏是应用填料函结构发挥包容夹具作用，组成密闭空腔容纳密封剂并承受挤压力，减少了夹具的准备工作和制造周期。另外配用G形卡兰辅助工具可以大大减小操作复杂程度，提高密封效率。对已经泄漏的填料函处注入密封剂进行密封，是用强大推力将密封剂填塞到原填料各层之间的空隙，推挤原填料对阀杆和与填料函壁面之间形成新的挤压力，建立新的密封压力封堵泄漏。

在阀门填料函内的填料因长期泄漏而有一部分被喷出填料函空腔的情况下，注入的密封剂不仅能将缺损的空间填满，而且密封剂的挤压力可以代替填料起到压紧作用，实现密封的目的。

为密封泄漏注入密封剂所产生的新的挤压力，不影响阀杆提升、下降的运动，更不会造成新的泄漏。

6. 密封螺纹连接泄漏的处理方法

在生产装置和公用工程系统的管网配置中，采用螺纹连接的接头部位占有一定比例。对螺纹连接采用带压密封进行封堵，是一种有代表性的密封方法。其密封机理为：将密封剂注入连接的螺纹齿缝中间，用齿缝间隙作为带压密封基本要求的自身包容物，利用注入齿缝中密封剂的挤压力及固化强度达密封。

该方法主要适用于螺纹连接的堵头、管接头、活动管接头。

7. 特殊处理方法

（1）特殊工况下密封剂特性的应用　在对泄漏点进行密封时，会遇到系统压力和系统温度都较高，同时固定夹具尺寸超差或由于注入密封剂热固化特性应用不当，注入密封剂挤压力过高而引起夹具局部变形，造成夹具与法兰外圆间隙过大的情况。对上述状况下的泄漏点完成密封作业，一般是很困难的，必须采取非正常施工的补救措施。

1）复合密封剂的应用　运用不同型号密封剂的特性进行补救是一种有效的密封方法。在许多情况下，例如处理密封系统压力为 3.5～4.0 MPa，系统温度在 450℃左右的水蒸气系统的泄漏时，如果固定夹具与法兰外圆的间隙超差在 1.5～2 mm（按规定应在 0.1～0.5 mm 范围内），使用单一的耐高温密封剂往往不会成功。这是因为其自身温度由常温升高到 95～125℃区间，处于熔融的流动性最强阶段，加之间隙严重超差，密封剂在注入空腔后会被吹出空腔。一旦出现上述情况，生产系统又不允许停车检修，没有再更换合格卡具的时间，可以采用复合密封剂法予以补救。

2）往密封剂中加阻挡填料　为解决夹具尺寸超差，减少注入密封剂由夹具内径与法兰外径间的间隙处外溢，不易成为致密整体，达不到密封比压的缺陷，可以采用往密封剂中加阻挡填料的办法。

（2）简易夹具和局部密封的处理方法　对于大直径设备法兰，同时又是低系统压力工况泄漏点的封堵，可采取简易夹具和局部特殊的封堵施工方法。例如，对大直径（1～2 m）机器设备的法兰泄漏，系统压力较低（在 0.3～0.5 MPa 范围内），运行参数波动不大的工况或错边量较大的管道的法兰泄漏，均可以考虑使用简易夹具密封的方法。

1）简易夹具的应用

①按间隙最大值，选择相应直径碳素钢材质的圆钢，确定出预留夹具长度尺寸。在圆钢朝外的一侧同位线上，以泄漏设备（或管道）法兰螺栓间距为钻孔定位尺寸和孔数，钻 ϕ3 mm 孔，然后扩孔攻丝，以便装配注射阀。注射阀与简易夹具的配合也可以选用非标尺寸。

②将预备的圆钢按两个半圆相连接，组成一个整体的夹具结构。两个半圆连接可以采用螺栓或其他锁紧办法，但需留出组装压紧的余量。

③简易夹具套装在法兰间隙处，必要时通过夹具紧固螺栓拉紧或用锤击圆钢，使之镶入到法兰间隙内。

④按带压密封基本原则注入密封剂。向简易夹具包容的密闭空腔注入密封剂时，应当特别注意严格控制注入压力，并利用好密封剂的固化特性，防止简易夹具因挤压力过大产生变形。

2）注入密封剂形成边界阻挡　当大直径法兰，低系统压力工况下发生泄漏，采用整体简易夹具封堵时，可根据泄漏具体状况，选择采用沿法兰周长全部注入密封剂和局部注入密封剂的密封施工法。如果采取局部密封法，就可以使用注入密封剂，形成边界阻挡的封堵技术。

第三节　带压密封的安全与防护

实施带压密封作业时，泄漏部位一般涉及高温、高压、易燃、易爆、有毒、有害等介质，作业环境恶劣。为确保设备和人身安全，作业人员必须具备一定的安全防护知识，必须遵守防火、防爆、防静电、防毒、防化学品爆燃、防烫、防坠落、防碰伤、防噪声等国家有关标准、法规的规定。

一、不适宜采用带压密封的泄漏部位

1. 设备器壁等主要受压元件及管道因裂纹产生的泄漏。

2. 锥形密封面采用透镜式垫的泄漏部位。

3. 管道腐蚀、冲刷或者减薄状况不清楚的泄漏点。

4. 因泄漏使螺栓承受高于原设计使用温度的泄漏点。

二、带压密封中应注意的安全问题

1. 避免燃烧

常见的可燃物有氢、一氧化碳、氨、甲烷、乙烷、丙烷、丁烷、乙烯、丙烯、丁烯、丁二烯、乙炔、石油气、天然气、水煤气、煤气、汽油、煤油、石油醚、柴油、溶剂油、工业润滑油、二硫化碳、乙醚、丙酮、苯、甲苯、乙苯、甲醇、乙醇、石脑油等。在密封时如果这些物质是介质或与这些物质离得较近，我们就应该采取相应的措施，主要就是把构成燃烧的三要素与工作对

象分开。引起燃烧的可燃物、助燃物、火源三个要素中，每一项都不能忽视。

2. 避免爆炸

爆炸分为物理性爆炸和化学性爆炸两大类。物理性爆炸是指密闭容器承受的压力超过容器材料的机械强度而发生的爆炸，如蒸汽锅炉超过允许压力而爆炸。在带压密封作业中，切记不要对需要密封的部位进行高温加热，防止容器内的介质因受热膨胀而引起爆炸。化学性爆炸是指极短时间内发生剧烈放热化学反应引起的爆炸。就气体或粉尘而言，化学性爆炸必须同时具备三个条件才能发生：一是有易燃易爆物质；二是易燃易爆物质与空气混合达到爆炸极限；三是爆炸性混合物有火源的作用。要防止化学性爆炸就得阻止这三个条件存在。在密封作业中，需采取通风换气、隔热降温、防止静电、严禁明火等措施。

3. 避免中毒

对人体有毒害作用的物质主要有氟、氢氟酸、光气、氟化氢、碳酰氟、氯气、氢氰酸、二氧化硫、氨、一氧化碳、氯乙烯、甲醇、氧化乙烯、硫化乙烯、二硫化碳、乙炔、硫化氢等。

带压密封作业中遇到带毒物质时，应采取监护、轮换操作、通风、占上风位、穿戴防护用品等措施。对某些既有毒又易燃易爆的物质，如硫化氢、苯、一氧化碳、汽油等，不但要防毒，还要采取防火防爆措施。

4. 避免放射性损伤

我们的宇宙（包括地球和我们的身体）是放射性的。宇宙射线、天然放射性元素等构成本底辐射。这里所说的放射性损伤，不包括本底辐射引起的损伤。

放射性损伤大体可分为内照射和外照射两类。内照射是因防护不当，放射性物质经呼吸道、消化道、伤口、皮肤等侵入人体造成的。在体内 α 射线危害最大，其次是 β 射线。外照射是指体外的 β、γ、X 射线和中子等对人体的照射。

从事带压密封时要穿戴好防护用品、设置好辐射屏蔽，防止放射性烟气灰尘及射线伤害人体。

5. 避免烫伤、冻伤、灼伤

为了防止烫伤和灼伤，从事带压密封时人体应避开高温介质的射向，设置挡板，穿戴好防护用品；为了防止冻伤，从事带压密封时应避免人体与介质接触。

6. 避免高空坠落

高空作业的个人安全问题，主要是保护作业人员，防止发生高处坠落事故。企业必须按高空作业的标准和规定，为作业人员提供必要的安全工作条件；作业人员进行高空作业前不得饮酒、必须穿戴好劳动保护用品；要穿胶鞋或布底鞋，切不可穿有跟的鞋，以保证行动自如，站立稳健；要正确使用安全带，做到高挂低用；工作中要带工具袋，装齐使用工具，不准上、下抛掷器件；严禁患高血压、心脏病、癫痫等疾病的人员从事高空作业。

7. 避免噪声危害

噪声对人的危害包括影响休息、对听觉器官损伤、引起心血系统病症和导致神经衰弱。

工业企业噪声涉及的声源较多，采取的控制措施也是多方面的。其中包括预测、声源合理规划、噪声控制技术的选择和实施等。

三、带压密封的安全操作

1. 堵漏前的准备工作。确定泄漏部位，选择合适的密封剂。确定密封剂的填充范围，准确测量有关尺寸，以选择或设计夹具及堵漏方案。安装卡具时，操作人员要穿戴好保护用具，站在上风方向。安装时要避免机具的激烈敲击，绝对禁止出现火花。夹具上应预先接好注射接头，其旋塞阀应处在开的位置，泄漏点附近要有注射接头，以利于泄漏气体的排放。

2. 密封剂的注入。注射时先从远离泄漏点开始；如果有两点泄漏，则从其中间开始，逐步向泄漏点移动。一个注射点注射完毕，立即关闭该注射点上的阀门，把注射枪移至下一个注射点上，直至泄漏被消除为止。注射后，要保持一定的注射压力。高压系统（4 MPa 以上）堵漏时，应采用高压注射枪，用油泵升压，使油压大于介质压力。

3. 对易燃易爆介质的密封，应尽量避免焊接密封法。不允许采用有可能引起火花的工具和操作方法。应用铜制工具、风枪、风钻，不使用电气设备和电气工具。

4. 松或紧螺栓、活接头等部位，应用煤油、除锈剂等清洗干净后，涂敷石墨、二硫化钼润滑螺纹处，方能操作，以免螺栓、丝扣断裂。使用煤油时要防火。

5. 高空作业应设置平台，或采用升降机、吊车做平台。用标志、口令、步话机联系。

6. 水下密封应遵守水下操作规程，穿好不透水的潜水服，保证通气管完好无损，水下水上信息相通，安全措施可靠。从事水下焊堵时，应注意预防电击。

7. 在室内、地沟、井下、容器内操作时，注意防毒、防窒息，并应有抢救措施。下井、进容器前，应取样化验，合格后方能进行。

8. 密封时，操作人员应按事先确定好的方案进行，要慎重果断，边干边观察，发现异常现象应及时反映，共同研究解决，严禁主观蛮干。

9. 带压密封的现场管理。密封现场应有一个统一的指挥机构。它应由领导、工程技术人员和有实践经验的工人组成。实施密封前，必须充分掌握泄漏部位介质特性及温度、压力等技术数据，分析泄漏原因，制定一套完整的堵漏方案。对可能发生的意外情况，要有所防范，采取相应的对策。

密封工作应统一领导，分工明确，相互协调，可根据情况安排密封人员、监护人员、消防救护人员、后勤人员等，车间操作人员应配合这项工作。现场操作时，除密封人员和监护人员外，其他人员应站在警戒线外待命。密封人员应严格按操作规程和既定方案实施作业，出现新的情况应及时向现场指挥人员汇报，以便及时采取措施。密封作业结束后，应及时清理现场，恢复正常生产。

第六章

罐车充装与安全管理

罐车是移动式压力容器，由于其活动范围大、运行环境条件复杂，罐内介质绝大部分是易燃、易爆、有毒的介质，在充装和运输过程中，极易发生事故。因此，对罐车的安全管理有比固定式储存容器更严格的要求。

第一节　罐车的分类与主要技术参数

一、罐车的分类

罐车是将液化气体从某生产或销售单位输送到液化气体接受站（储配站、储存站、灌装站等）的移动式压力容器。罐车的分类主要有以下几种：

1. 按运输方式分

罐车：
- 汽车罐车（公路）
- 铁路罐车（铁路）
- 罐式集装箱（公路、铁路、水路）

2. 按罐体保温形式分

按罐体保温形式可分为常温裸型、堆积绝热型、真空粉末绝热型及高真空多层绝热型等多种。

3. 按充装介质分

按所充装的介质可分为液化石油气罐车、环氧乙烷罐车、液氯罐车、液氮罐车、液氢罐车、液态二氧化硫罐车、液化天然气罐车、氢气罐车等。

二、罐车的主要技术参数

1. 罐体的设计压力

罐体设计压力不得低于介质在运输过程中可能出现的最高工作压力。对于不带保温层的罐体，其设计温度取 50℃，设计压力原则上取介质在 50℃时饱和蒸气压力的 1.1 倍。常见介质的设计压力按表 6—1 选取。

2. 安全阀的开启压力

安全阀的开启压力应为设计压力的 1.05～1.10 倍，这是根据罐车的特殊要求确定的，而一般的压力容器设计压力不得低于最高工作压力。装有安全泄放装置的压力容器，其设计压力不得低于安全泄放装置的开启压力或爆破压力。

3. 罐体腐蚀裕量

罐体腐蚀裕量一般由用户或用户委托的单位根据介质的腐蚀程度和使用经验提供给设计单位，当用户无法提供时，由设计单位确定，但不得小于 1 mm。常见介质的腐蚀裕量按表 6—1 选取。

表 6—1　常见介质的设计压力、腐蚀裕量、单位容积充装质量

<table>
<tr><th colspan="2">介质种类</th><th>设计压力
(MPa)</th><th>罐体腐蚀裕量
(mm)</th><th>单位容积充装质量
(t/m³)</th></tr>
<tr><td colspan="2">液氨</td><td>2.16</td><td>≥2</td><td>0.52</td></tr>
<tr><td colspan="2">液氯</td><td>1.62</td><td>≥4</td><td>1.20</td></tr>
<tr><td colspan="2">液态二氧化硫</td><td>0.98</td><td>≥4</td><td>1.20</td></tr>
<tr><td colspan="2">丙烯</td><td>2.16</td><td>≥1</td><td>0.43</td></tr>
<tr><td colspan="2">丙烷</td><td>1.77</td><td>≥1</td><td>0.42</td></tr>
<tr><td rowspan="2">液化
石油气</td><td>50℃饱和蒸气压
大于 1.62 MPa</td><td>2.16</td><td>≥1</td><td>0.42</td></tr>
<tr><td>其余情况</td><td>1.77</td><td>≥1</td><td>0.42</td></tr>
<tr><td colspan="2">正丁烷</td><td>0.79</td><td>≥1</td><td>0.51</td></tr>
<tr><td colspan="2">异丁烷</td><td>0.79</td><td>≥1</td><td>0.49</td></tr>
<tr><td colspan="2">丁烯、异丁烯</td><td>0.79</td><td>≥1</td><td>0.50</td></tr>
<tr><td colspan="2">丁二烯</td><td>0.79</td><td>≥1</td><td>0.55</td></tr>
</table>

4. 罐体的容积

汽车罐车容积一般为 12～60 m^3；铁路罐车容积一般为 60～100 m^3；罐式集装箱由一个或多个罐体组成，一般为 5～100 m^3。

5. 罐体的最大充装量

目前使用的罐车，罐体铭牌上都标注罐体容积，它是指按组成罐体各部分的公称尺寸计算得到的罐体空间容积。使用前，通常要对罐内实有容积进行测量，以便严格控制充装量，避免因超装造成事故。

液化气体同其他液体一样热胀冷缩。为在正常的操作温度下安全充装，避免因升温而引起超压，通常把罐车的充装量控制在设计温度（最高使用温度即 50℃）时，罐体内尚留有 5%以上的气相空间。所以，对罐车的最大载重量，相关的罐车安全监察管理规程做了具体规定。除不得超过车辆底架和转向架所允许的承载能力外，还不得超过按下式计算所确定的允许最大充装质量。

$$W=\Phi V$$

式中 W——罐体的允许最大充装质量，t；

V——罐车罐体的设计容积，m^3；

Φ——质量充装系数，t/m^3。

常见介质的质量充装系数，按表 6—1 选取。

一般罐车充装液化气体多在 10～20℃之间的环境下进行，充装完毕时，罐内物质为带压液体。在其后的储存或运输使用中，由于外界环境的变化，温度有可能升高，此时体积就要增大，压力也要增高。过量充装的罐体，当温度升高到一定数值时，压力就会急剧上升，造成罐体破裂甚至爆炸。据计算及实验得知，满装液化石油气（65%丙烷与 35%异丁烷混合物）的罐体，温度每上升 1℃，压力将增高约 2 MPa，这样上升的压力将很快超出铁路罐体原设计压力 2.2 MPa 的范围。因此，我们在实际充装过程中必须严格按相关的罐车安全监察（管理）规程所规定的充装系数充装，严禁超装。我们要特别注意：在罐车内过量充装液化石油气是十分危险的，这是液化石油气铁路罐车发生爆炸事故的一个重要原因。

第二节　罐车的基本结构和颜色标志

本节主要介绍常温液化气体汽车罐车、常温液化气体铁路罐车、低温液化气体罐车、罐式集装箱的基本结构形式和颜色标志。

一、常温液化气体汽车罐车结构形式

最常见的液化气体汽车罐车是液氨罐车和液化石油气罐车。其基本结构包括承载行驶部分、储运容器、装卸系统与安全附件等。固定式汽车罐车和半拖式汽车罐车，分别如图 6—1 和图 6—2 所示。

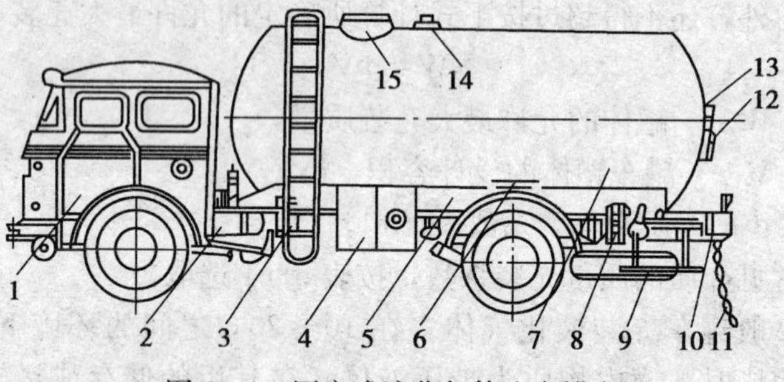

图 6—1　固定式液化气体汽车罐车

1—驾驶室　2—气路系统　3—梯子　4—阀门箱　5—支架　6—挡泥板　7—罐体　8—固定架　9—围栏　10—后保险杠尾灯　11—接地链　12—旋转式液面计　13—铭牌　14—内装式安全阀　15—人孔

1. 底盘

目前国内罐车制造厂多从现有的国产或进口的通用载重汽车中选择底盘。汽车底盘的技术性能，如牵引和载重能力、制动和转弯性能、轴距和重心位置，直接影响罐车的技术性能，同时决定了罐车的安全性和经济性。

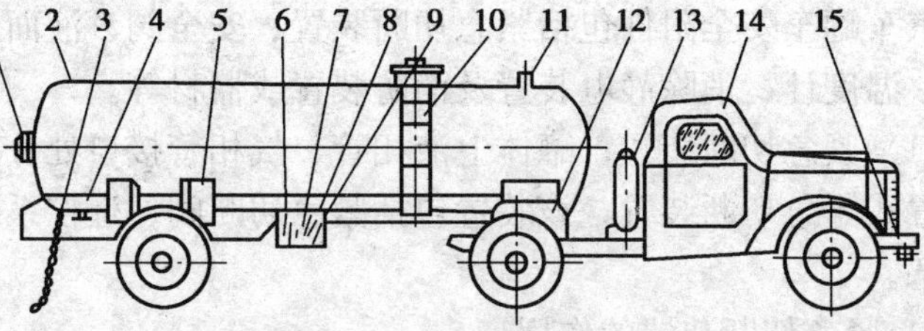

图 6—2　半拖式液化气体汽车罐车

1—人孔，液位计　2—罐体　3—接地链　4—排污管　5—后支座
6—液相阀　7—温度计　8—压力表　9—气相管　10—梯子
11—安全阀　12—前支座　13—备用胎　14—驾驶室　15—消音器

2. 罐体

罐体是一个承受内压的卧式圆筒形钢制焊接压力容器，能够在规定的设计温度及相应的设计压力下储运液化气体并保证安全可靠。

在罐体上设有液相和气相进出口并配置操作阀门，可以进行正常装卸作业。

罐体上设置了紧急切断装置、安全阀、压力表、液面计、温度计等，以保证罐车的运输、装卸作业的安全可靠和正常运行。

罐体上还设有人孔，以便于制造和检修过程中人员的出入。

罐体内部设置防波隔板，以减轻运行过程中液体介质对罐体的冲击，增加罐体运行的稳定性。

大型罐车罐体上还设置有排污孔或排污阀接孔。

3. 装卸系统

装卸系统包括装卸阀门即液相及气相进出阀门、放残阀、快速接头及装卸软管、阀门箱及手摇油泵等。

4. 安全附件

在第三章介绍了一般压力容器的安全附件，在此再对罐车特有的和专用的安全附件做进一步介绍。

汽车罐车安全附件包括紧急切断装置、安全阀、液面计、压力表、温度计、消除静电装置及消防装置或器材等。

（1）紧急切断装置　罐体上液相管、气相管接口处分别装设有内置式紧急切断装置，该装置包括紧急切断阀、远控系统以及易熔塞。

1）紧急切断装置的作用

①当罐车的装卸球阀发生故障无法控制时，可用紧急切断阀关闭止漏。

②装卸作业过程中，如出现火灾或管道破裂等意外事故，操作人员无法靠近阀门箱去关闭装卸阀门时，可以通过远控操纵系统关闭紧急切断阀，制止继续泄漏。

③紧急切断系统中设置有易熔断关闭装置，易熔塞的易熔合金要求熔融温度为（70±5)℃。装卸作业时如发生大面积火灾，操作人员无法靠近罐车关闭阀门止漏时，熔断关闭装置中的易熔合金会因火焰烘烤而熔化、自动关闭紧急切断阀而制止泄漏。

④罐车使用过程中，如果管路和阀门的严重损坏（如撞击或交通事故）发生瞬时大量液化气外流，操作人员来不及或无法控制时，紧急切断阀内的过流切断装置在高速液流的作用下，能自动关闭通路止泄。

2）紧急切断阀的结构类型　根据内置式紧急切断阀的结构和功能的不同，紧急切断阀可分为有过流关闭功能的紧急切断阀和无过流关闭功能的紧急切断阀两种。

根据操作系统牵引方式的不同，紧急切断阀又可分为机械牵引式（见图6—3）、油压操纵式（见图6—4）、气压式和电动式四种。

（2）安全阀　《液化气体汽车罐车安全监察规程》（以下称《规程》）中明确规定，罐车顶部气相空间必须设有一个以上内装式弹簧安全阀，其排放气体方向应在罐体上方。之所以选用内装式安全阀，是为了避免在罐车运输过程中安全阀受到意外的机械

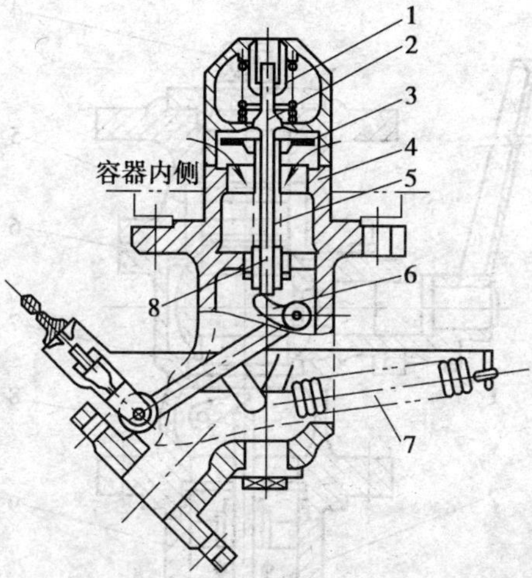

图 6—3　有过流关闭功能的机械牵引式紧急切断阀

1—主弹簧　2—先导阀　3—主阀瓣　4—阀体

5—过流弹簧　6—凸轮　7—拉簧　8—阀杆

损伤；而采用弹簧式安全阀的目的是，超压时安全阀开启将部分介质排放，泄压后在弹簧力的作用下可将安全阀关闭，自行恢复正常；要求用全启形式，是为了保证在异常情况下安全阀有足够的起跳高度，减少节流作用，避免排气结冰，从而确保足够的排放面积，即使在火灾等危险情况下，也能使罐内压力下降，避免爆炸事故发生。

移动式压力容器安全阀的开启压力应为罐体设计压力的 1.05～1.10 倍，安全阀的额定排放压力（表压）不得高于罐体设计压力的 1.2 倍，回座压力应不低于开启压力的 0.8 倍，罐式集装箱为 0.9 倍；开启高度应不小于阀座喉径的 1/4。

目前，国产罐车上所采用的内装全启式安全阀，其结构形式大致有两类，一类为上导向式，一类为下导向式，分别如图 6—5、图 6—6、图 6—7 所示。

上导向式内装全启式安全阀，其特点是安全阀阀瓣以外的各

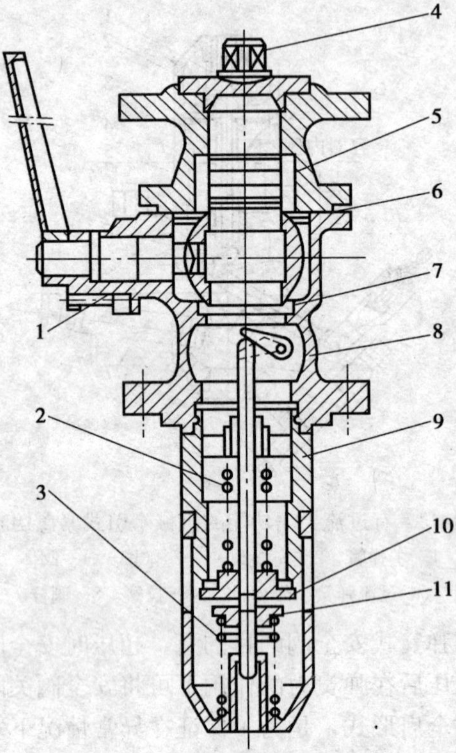

图 6—4　油压操纵式紧急切断阀

1—V 形圈　2—上弹簧　3—下弹簧　4—保护盖　5—压紧螺母
6—压紧垫片　7—密封垫　8—球阀部分　9—紧急切断阀部分
10—浮动阀瓣　11—先导阀瓣

元件均设置在阀瓣密封件以上，使阀杆、弹簧和调整元件都与介质隔开，避免了介质以及介质内水分及杂质对元件的腐蚀作用，延长了使用寿命。但上导式安全阀结构较复杂，且阀体与导向件的加工精度要求较高。上导向式安全阀的另一个问题是，由于结构原因，在排气过程中导向件对安全阀的排气会形成阻滞，如设计结构上不另外采取疏导措施，安全阀排放时可能出现较大背压。

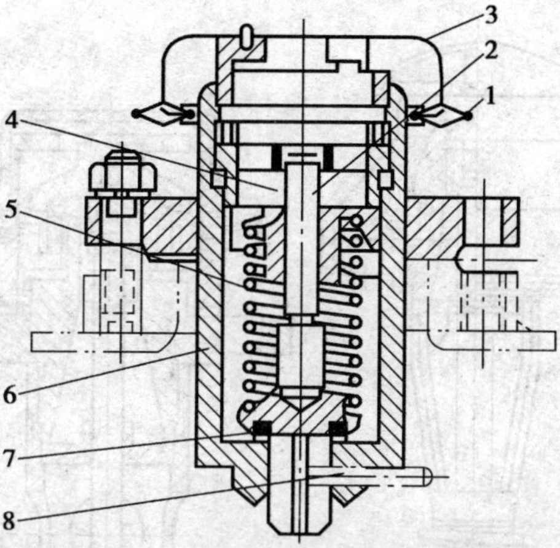

图 6—5　上导向内装式安全阀

1—铅封　2—阀杆　3—阀帽　4—调节盖　5—弹簧　6—阀体　7—密封圈　8—止转柱

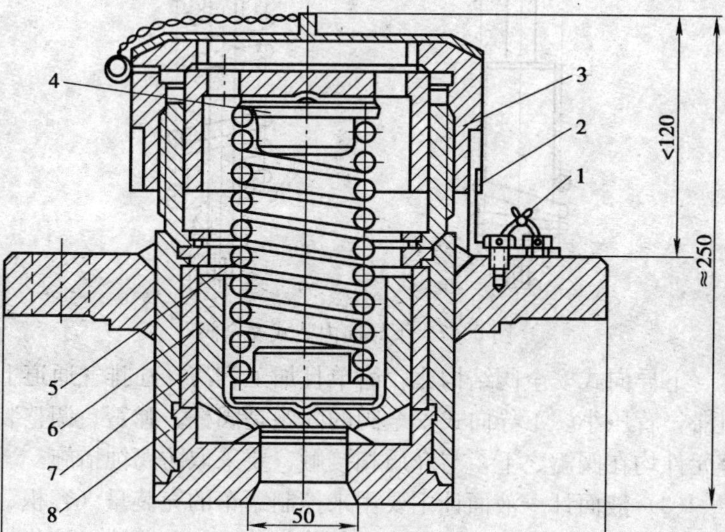

图 6—6　上导向内装式安全阀

1—铅封　2—固定支座　3—调节螺帽　4—弹簧座

5—弹簧　6—阀瓣　7—衬套　8—阀体

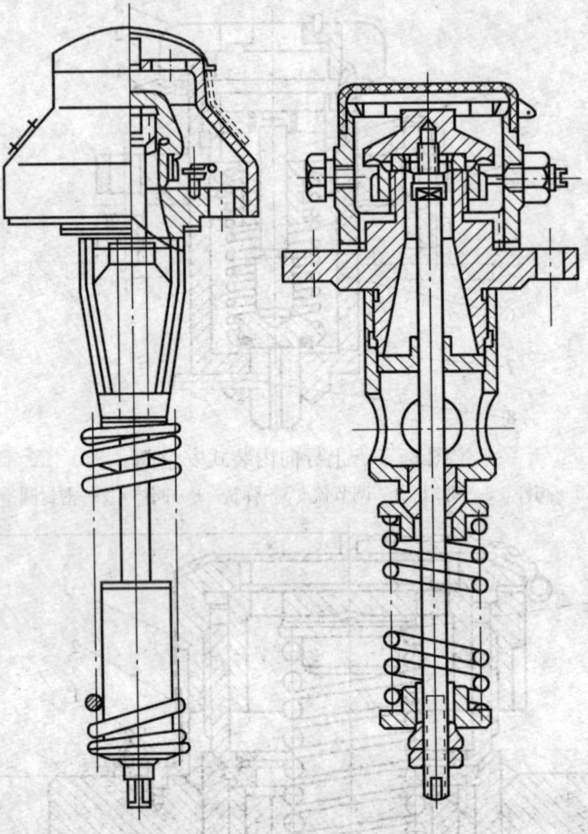

图 6—7　下导向内装式安全阀

下导向式安全阀结构比较简单且加工容易，在排气通道上无阻滞，背压小。下导向式安全阀的问题是阀杆、弹簧、调整装置等元件均在阀瓣之下，与介质相接触，要采取防腐蚀措施。

（3）液面计　液面计主要用来控制罐车的充装量（容积、液面高度或充装量）以保证罐车不超装超载。如前所述，液化气体充装时是绝不允许充满全部容积的，要留出液相膨胀用的容积空间。否则，会因温升、液体膨胀力过大而破裂。所以罐车在充装液化石油气时必须严格控制充装量。

充装量可以用称量法或流量计控制，也可以用液面计直接观测控制。《规程》要求罐车罐体至少必须设有一套液面测量装置。液面测量装置必须灵敏、可靠，并具有足够的精度和牢固的结构，其罐外凸出部分应加以保护。

1）罐车用液面计的基本要求

①灵敏、准确、观测方便　要求液面计必须灵敏、准确，具有足够的精确度。液面计应使人能够比较容易、直观、准确地观测到液面的高低。液面计的形式通常选择滑管式、旋转管式和浮筒磁力式。玻璃板式液面计有时会出现虹吸假液面现象，因此不得在罐车上使用。

②耐压、密封性能良好、安全可靠　液化石油气的压力随温度的波动较大，使物体溶胀能力也较强。液面计的泄漏导致损坏，常常引起事故。这就对罐车用液面计的耐压和密封性能提出了较高的要求。液面计必须能在环境、介质温度剧烈变化和长时间经受溶胀作用的条件下保持密封，确保安全可靠。

③结构牢固，经得起震动和撞击　罐车罐体属储运容器。行驶速度及路面状况不可避免地给罐车带来激烈震动、颠簸和冲击，甚至有时会受到机械碰撞。罐车液面计必须能适应这一恶劣的使用条件。这就要求液面计的结构要牢固可靠。所以，要求采用内装式，外露于罐体部分的尺寸尽量小。

④耐介质腐蚀　液化石油气一般不够纯净，内含的硫化物和水分对碳钢、黄铜和合金结构钢等有比较强的腐蚀作用。国内各地区的使用情况表明，对碳钢腐蚀每年可达 0.05～0.10 mm，接近海水的腐蚀速度。这就要求直接接触介质的零部件，尤其是其运转、配合部位具有良好的耐腐蚀性能。经验表明，碳钢和黄铜制品使用寿命极短，而使用不锈耐酸钢则寿命较长。

2）以下介绍用于液化石油气汽车罐车的滑管式液面计、旋转管式液面计和浮筒磁力式液位计。

①滑管式液面计　滑管式液面计（见图 6—8）是通过滑动

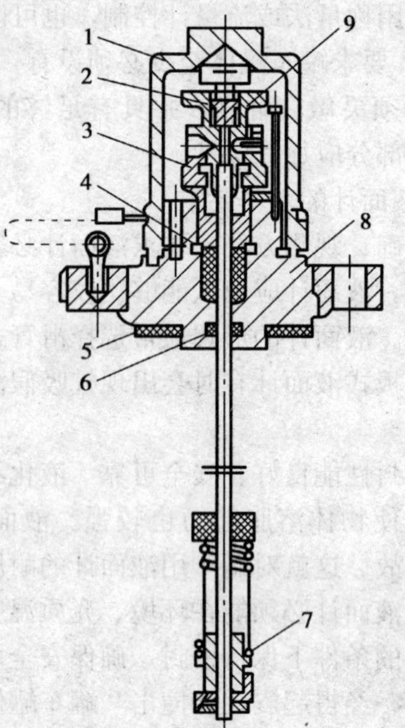

图 6—8　滑管式液面计

1—保护罩　2—阀瓣　3—滑管　4—填料　5—安装垫

6—O 形圈　7—限位套　8—底座　9—排放阀体

管在罐体内上滑移，管子下端与气相接触时由管孔向外喷出挥发气体（无色有味石油气体），而与液相接触时由管孔向外喷出雾化液体（白色雾状物）来测量液面高低的。液面高度通过固定在管子旁边的指示标尺来确定。滑管式液面计一般安装在罐体上部，滑管与液面计主体之间采用填料密封。使用时，先松开填料盖的压母，以减小滑管滑动的摩擦阻力。一般把滑管先向上拨，之后下压至从喷射小孔喷出液体，此时指示标尺所示高度即为液面高度。为使结果准确，可重复测几次。用完后压下滑管拧紧压母便可。

这种液面计结构简单、紧凑，显示准确、直观，结构牢固、耐震动，不怕颠簸冲击。缺点是必须安装在罐车顶部，因此罐车需备有梯子、平台。每次测量，操作者都要爬到车顶部，不太方便，且测量精确度受滑管移动速度和喷出时间的影响。另外，对于水分较多的液化气，在严寒的冬季，极易冻结滑管。

2）旋转管式液面计　旋转管式液面计（图 6—9）的测量显示原理与滑管式液面计完全相同。它是根据由弯曲旋转管内小孔向外喷出气相或液相介质，来测量液面位置的。所不同的是，这时以管子的旋转动作，来代替滑管的上下滑动。这样就可以通过表盘指针，来指示液面高度。旋转管式液面计一般安装在槽车罐体后封头中部，以方便操作观测。

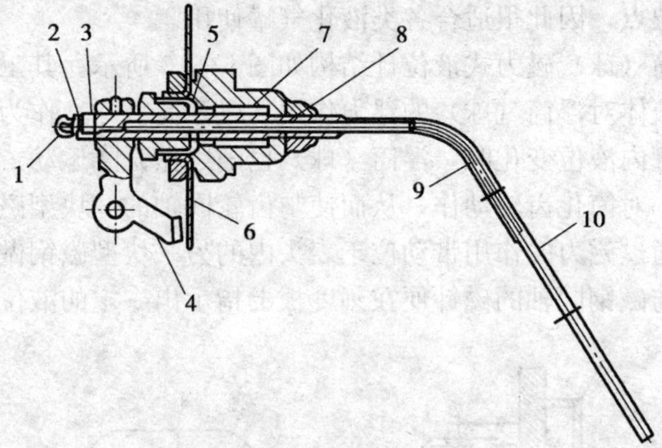

图 6—9　旋转管式液面计

1—压盖　2—测轴　3—密封垫　4—指针　5—压母
6—表盘　7—浮簧　8—挡环　9，10—导管

旋转管液面计使用方法：使用时转动手柄转下阀芯，观察排放管的排放介质。排放管从排液到排气（或从排气到排液），即可从刻度盘上读出液体体积值，然后乘以液体介质的实际相对密度或查表即可得到罐体内介质质量。

使用注意事项：液面计安装后经气密试验合格，连接部位不准随意拆卸，以免液体流出造成事故；操作时不要面对排放管以免伤人；为确保安全罐车不超装，罐车灌液的实际质量按所灌介质的实际密度乘以液面计所示的灌装体积求得或经过地磅称量求得；装卸完毕将阀芯旋紧，以不漏气为准。

旋转管式液面计也有类似滑管式液面计的动作过快和喷出时间存在误差的缺点，但它结构牢固、显示准确、直观而且操作观测方便，因此在罐车上得到了广泛的应用。

3）浮筒磁力式液位计　磁力式液位计利用磁力线穿透非磁性不锈钢材料制成的盲板，在罐体外部用指针表盘方式来表示液面高度。浮筒磁力式液位计不怕振动，结构上使指示表头与被测液体互相隔离克服了一般直接指示式液位仪表易渗漏及密封结构复杂的缺点，因此很适合各类液化气罐使用。

浮筒（球）磁力式液位计结构如图 6—10 所示。其工作原理为利用液体对浮筒（球）的浮力作用，以浮筒（球）作为传感元件，当罐内液位变化时，浮筒（球）也随之做升降运动。通过连杆带动一对简化齿轮动作，从而使与齿轮同轴的一块型磁钢产生转动，通过磁力的作用带动位于表头内的另一块型磁钢做相应的转动。与磁钢同轴的磁针便在刻度板上指示出一定的液位值来。

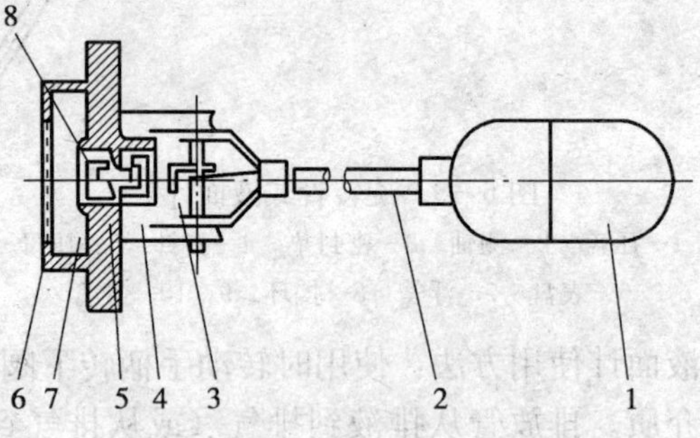

图 6—10　浮筒磁力式液位计

1—浮筒　2—连杆　3—磁铁　4—支架　5—不锈钢板座

6—指针　7—表盘　8——表轴磁铁

浮筒磁力式液位计具有密封好、结构牢固、示值直观、使用安全性好等优点。即使表盘受到外部损伤，也不会影响液面计的密封性能。其缺点是结构较复杂，对材料磁性有一定的要求，此外精度受到一定的限制。

(4) 压力表和温度计 汽车罐车压力表和温度计一般装设在阀门箱内。

1) 压力表 《规程》要求罐车罐体上必须设有一套压力表(包括阀门)，其精度等级应不低于1.5级，表盘的刻度极限值应为罐体设计压力的2倍左右。为了提醒操作人员注意和警惕，在表盘上对应于介质温度40℃和50℃时的饱和蒸汽压处，应涂以红色标记。

压力表必须安装在从罐体顶部气相空间引出的管子上或气相管上，以测量气相的压力。压力表应选用弹簧管式。压力表接管应搣成蛇盘状，避免在压力变化时指针运动受到冲撞。压力表的前方应装设阀门。

压力表须经计量部门校验、铅封，并每隔六个月至少检定一次。失灵或损坏者不得使用。

2) 温度计 《规程》要求：罐车罐体必须有一套温度测量装置，以测量介质的液相温度。其测量范围应为－40～60℃，并应在40℃和50℃处涂以红色警戒标记。

罐车用温度计经常选用压力式温度计以及双金属温度计。压力式温度计见第三章第八节。双金属温度计（见图6—11）是用绕成螺旋形的热双金属片作感温元件的，感温元件装在保护管内，一端固定（固定端），另一端（自由端）连接在一细轴上，轴端装有指针。当温度变化时感温元件的自由端即旋转，带动指针转动，从而在刻度盘上指示出温度的变化值。如图6—11所示为刻度盘平面与保护管垂直时的结构（轴向型），当刻度盘平面与保护管平行时（径向型），可通过转向传动机构带动指针。

温度计的感温部分应与罐内液体相通，以测量液相温度，并

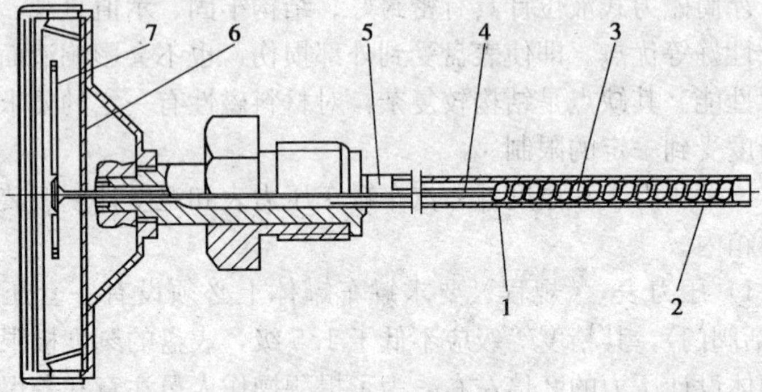

图 6—11　双金属温度计

1—自由端　2—固定端　3—感温元件　4—细轴

5—保护管　6—刻度盘　7—指针

应能耐受罐体水压试验的压力。温度计应经过计量部门检定、铅封，并须经常检查，失灵或损坏者不得继续使用。

(5) 消除静电装置与消防装置　高速运动的液化石油气（如流速过大、泄漏时的高速喷射等）由于摩擦作用，将会产生数千伏甚至上万伏的静电电压。如果不及时消除，有可能引起石油气火灾而酿成大祸。因此，《液化气体汽车罐车安全监察规程》要求罐车必须装设可靠的静电接地装置。

罐车的消静电装置，应保证罐体、法兰、管道和阀门等各部分全部接地。法兰之间的连接应加导电片；罐车罐体与底盘应以螺栓连接而不应绝缘，底盘上应装设接地链与地面接触；在装卸作业前还需将设置在阀门箱内的接地导线与作业现场的接地栓相接通，或把罐车上的通地导线插头接地，要坚决防止未接好接地线就进行装卸作业的危险操作。罐车进入装卸罐内，其接地链应该提起。

罐车上应按规定配置消防装置或器材。

二、常温液化气体铁路罐车结构形式

用铁路罐车运输液化气体，具有运输能力大，运费较低的优点。但铁路罐车运输的调动管理比较复杂，还受到铁轨和铁路专用线条件的限制。

1. 常温铁路罐车的一般结构

目前投入运行使用的铁路罐车中较典型的为 HG 60—2 型液化气体铁路罐车。这种罐车由底架、罐体、装卸阀件、紧急切断装置、安全阀以及遮阳罩、操作台、支座等附件组成，如图 6—12 所示。

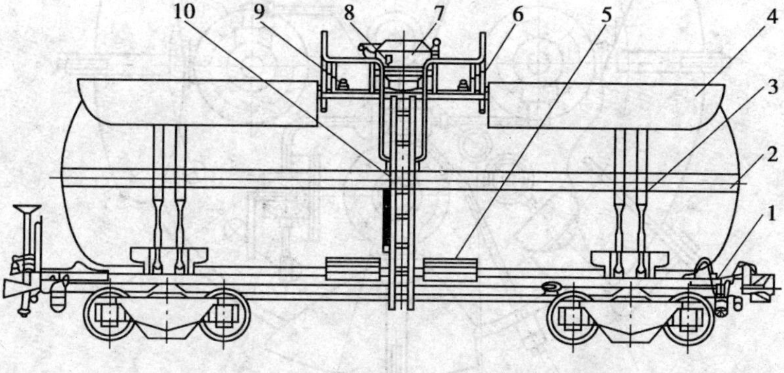

图 6—12 HG 60－2 型液化气体铁路罐车

1—底架 2—罐体 3—拉紧带 4—遮阳罩 5—中间托板 6—操作台 7—阀门箱 8—拉阀 9—安全阀 10—外梯

常温液化气体铁路罐车设计、制造和验收应符合《压力容器安全技术监察规程》《液化气体铁路罐车安全管理规定》以及 GB 150—1998《钢制压力容器》有关条款的内容。在结构设计和材料选用方面，铁路罐车与液化气体汽车罐车相近。结构方面一个很大的不同点是，铁路罐车采用上装上卸方式，全部装卸阀件及检测仪表均设置在人孔盖上，并且设置护罩进行保护，如图 6—13 所示。

2. 常温液化气体铁路罐车安全附件

铁路罐车的安全装置包括紧急切断附件、安全阀、液面计、压力表、温度计等，其原理和结构可参见本节“汽车罐车安全

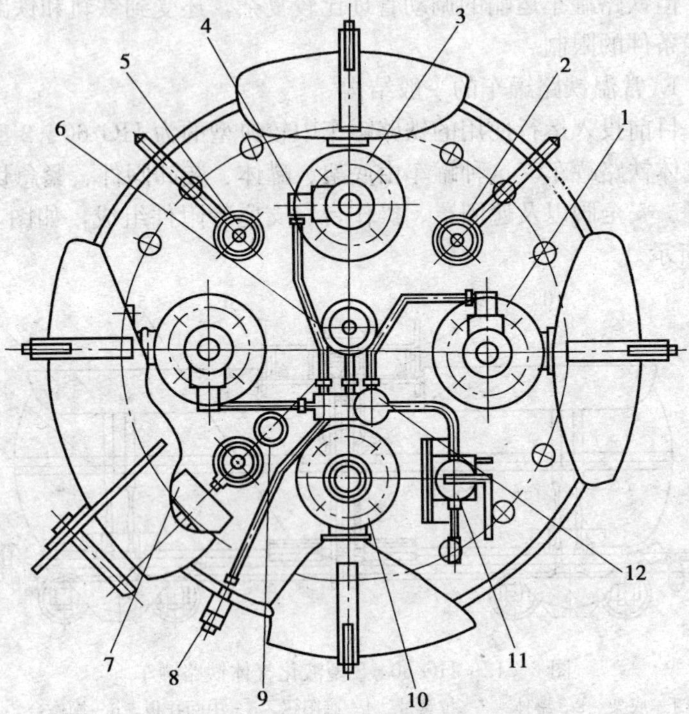

图 6—13　铁路罐车阀件及检测仪表布置

1　液相阀　2—排净检查阀　3—气相阀　4—工作油缸
5—最高液面阀　6—皮囊蓄能器　7—压力表　8—拉阀
9—温度计　10—滑管液位计　11—手摇泵　12—控制阀

附件”。

一般铁路罐车在装卸管路上设置了紧急切断装置。该装置由紧急切断阀及液压控制系统组成，如图 6—14 所示。罐车装卸时，借助于手摇泵使油路系统升压至 3 MPa，打开紧急切断阀之后，打开球阀进行装卸作业，装卸完毕，利用手摇泵的卸压手柄，使油路系统卸压，紧急切断阀关闭，随即将球阀关闭。皮囊蓄能器的作用是稳定系统的压力。

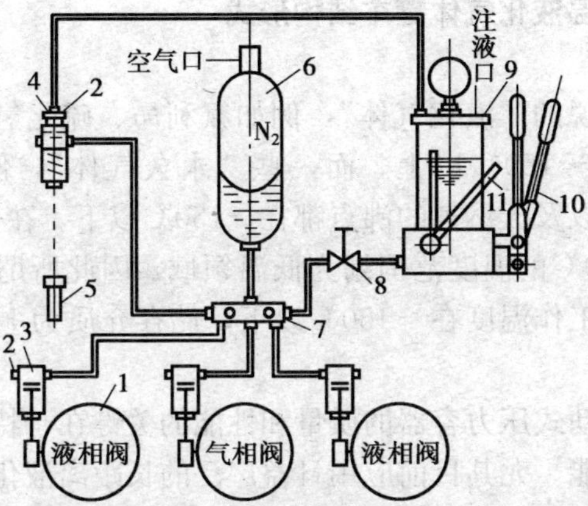

图 6—14　铁路罐车紧急切断阀及液压控制系统

1—液相阀　2—易熔塞　3—工作油缸　4—拉阀　5—拉环

6—皮囊蓄能器　7—分配缸　8—控制阀　9—手压泵

10—加压手柄　11—卸压手柄

系统中设有四个易熔塞，三个紧急切断阀及拉阀上各装一个。易熔塞工作稳定为（70±5)℃。当发生火灾时，易熔塞被火焰烧烤熔化，系统卸压，紧急切断阀关闭。系统中还装有一个手拉阀，该阀设在人孔罩外边，其控制手柄设在罐车梯子的中下部。当发生意外时，拉动手柄，使油路系统卸压，关闭紧急切断阀。

铁路罐车在人孔盖上设有滑管液位计。测量液面时，将滑管拔出至气液分界面上，通过排液（气）检测液面高度。人孔盖上还设有压力表和温度计。

在人孔盖上装有最高液位控制阀和排净检查阀。最高液位阀的附管长度，按罐体容积满装量的 90％确定，其排出管通过人孔罩可将液化气体向外排出，排净检查阀的附管距罐底 30 mm，高于液相管底 10 mm，以便洗罐时检查排净残留液体的情况。

此外，在罐上还装有两个 A412F－25，Dg50 的内装弹簧全启式安全阀。

三、低温液化气体罐车结构形式

1. 概述

通常所说的“液化气体”，例如氟利昂、硫化氢、氨、石油气沸点都在－150℃以上。而一些“永久气体”，例如氦、氢、氖、氮、氧以及天然气的沸点都在－150℃以下。在低温工程中，把低于－150℃的温度范围划为低温领域，因此所谓低温液化气体罐车即指工作温度在－150℃以下，储存介质为上述永久气体的罐车。

低温移动式压力容器的质量和性能的关键在于特定的结构设计和绝热性能。尤其目前应用日益广泛的长距离液化天然气的运输，良好的绝热性能是保证其长时间无损耗储存的关键。

（1）绝热方法　低温绝热方法可分为五种类型：堆积绝热、高真空绝热、真空粉末（或纤维）绝热、高真空多层绝热和高真空多屏绝热。这些绝热方法的优缺点，概括如下：

1）堆积绝热　有泡沫型和粉末式纤维型两种。前者优点为成本低，有一定的机械强度，不需真空罩；缺点为热膨胀率大，热导率会随时间变化。后者优点为成本低，易用于不规则形状，不会燃烧；缺点为需防潮层，粉末沉降易造成热导增大。

2）高真空绝热　优点为易于对形状复杂的表面绝热，预冷损失小，真空夹层可做得很小也不致影响绝热性能。缺点为需持久的高真空，边界表面的辐射率要小。

3）真空粉末（或纤维）绝热　优点为不需要太高的真空度，易于对形状复杂的表面绝热。缺点为振动负荷和反复热循环后易沉降压实，抽真空时必须设置滤网以防粉末进入抽真空系统。

4）多层绝热　优点为绝热性能优越，质量轻，与粉末绝热比相对预冷损失小，稳定性能好。缺点为费用较大，难以对复杂形状绝热，抽成高真空不易，抽真空工艺较复杂。

5）高真空多屏绝热　优点为绝热性最优。缺点为仅对液氦或液氢罐体有显著的效果，结构复杂，成本较高。

低温罐车绝热方法，要根据储存介质、罐体容积以及绝热要求来确定。此外，设计时还须考虑成本、可操作性、质量以及刚度等多个因素。

目前的低温罐车（液氮、液氧、液氢）多采用真空粉末绝热或真空多层绝热。

堆积绝热和真空粉末绝热是传统的绝热方法，该方法的缺点是运输过程中受道路颠簸的影响，绝热层中填充材料易发生沉降而使容器的绝热性能下降，而高真空多层绝热方法，既解决了绝热层沉降问题，又使容器的绝热性能大大提高，目前国内已掌握高真空多层绝热技术，如多层材料的制作及包扎工艺等，该技术在低温罐车上的应用日益增多。

（2）结构设计　低温容器中储存的低温介质，内罐温度很低，而外罐是处于常温下，对于整个容器而言，其温度梯度大，处理不好会产生很大的热应力。对整个容器进行温度和应力分布分析，有利于容器的选材、安全设计和使用。同时，应力分布分析也是合理设计移动式压力容器，确保其在恶劣路况下安全使用的关键。

目前常见的低温罐车，大多是罐体工作压力不大于1.6 MPa的液氮、液氧、液氢罐车。罐体由双层壳体构成，内胆多用不锈钢、铝合金制成，外壳多用碳钢，多采用真空粉末绝热方法。图6—15是一个运输用低温容器结构示意图。图6—16是一台38 m^3铁路液氧罐车示意图。

2. 低温液化气体铁路罐车的安全附件

（1）对安全阀的基本要求

1）安全阀的开启压力应大于容器的最低工作压力，而不得超过内罐的设计压力。

2）安全阀的最大泄放量，应不小于气化器的最大气化能力。

3）安全阀必须具有自动和手动开启的功能，手动机构应便

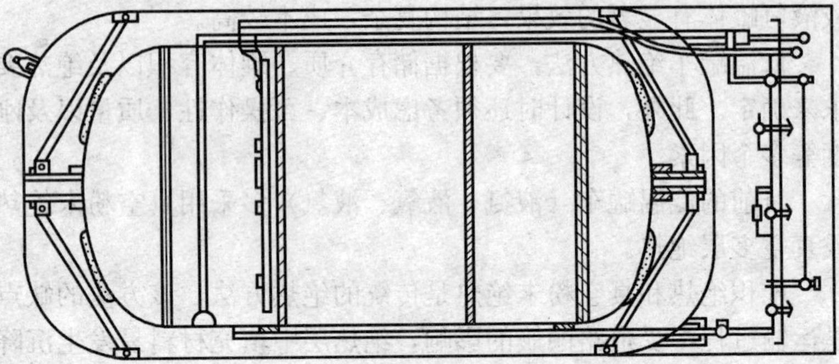

图 6—15　运输用低温容器结构

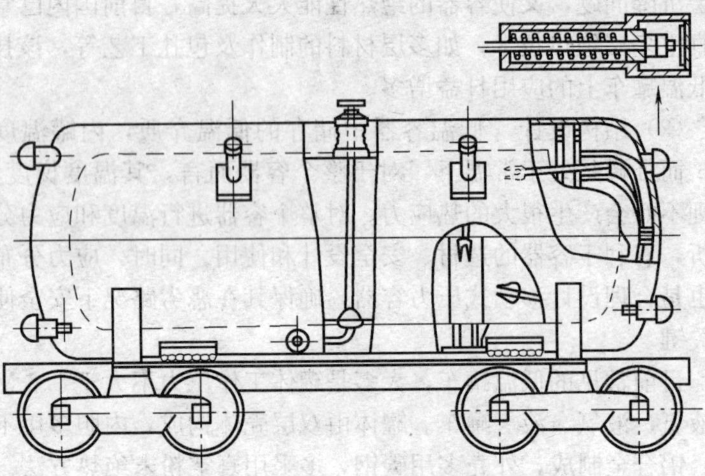

图 6—16　液氧低温铁路罐车

于操作。

4）安全阀材料的物化性能应与低温液体相容，且有良好的低温力学性能，尤其是冲击韧性。

5）安全阀在装到罐体上之前，应具备合格证和质量证明书，并经低温复验合格。

6）安全阀应铅直安装在罐体的排气管路上，并应便于检查和维修。

（2）对爆破片装置的基本要求

1）内罐爆破片的最低标定爆破压力与容器的最大工作压力之间的关系按 GB 150—1998 附录 B（补充件）中 B6.1 条确定，且应大于安全阀的泄放压力。真空夹层爆破片的设计压力为 0.07～0.1 MPa（表压）。

2）爆破片的截面积，应保证膜片爆破时能迅速释放出罐内或罐体夹层里的气体。

3）爆破片装置的材料应与低温液体物化性能相容，且在低温下应具有良好的冲击韧性和力学性能。液氧、液氢罐车爆破片装置的材料，在爆破时应不产生火花和金属碎片。

4）爆破片的设计爆破压力，制造厂必须通过试验验证，试验件数量为每批的 10%～15%，且不少于 5 件，其爆破压力的偏差按 GB 150—1998 附录 B（补充件）B6.3.2 条规定。特殊要求应按图样执行。

5）罐体真空夹层爆破片装置应进行氦质谱检漏。内罐爆破片装置应按图样要求进行气密性等检查。夹层爆破片装置应设安全保护盖。

（3）气体排放管

1）罐体必须设置用于紧急泄压的气体排放管。对液氢罐车，排放管通径的设计应使其排放的氢气流速不大于 16 m/s。

2）连接安全阀及爆破片装置的管路，其通径面积应不小于爆破片的进口面积。若罐车上装有数个爆破片，则此管路通径面积应不小于数个爆破片的进口面积之和。

3）液氢罐车的排放管末端设置阻火器和防雨、雪装置。

（4）压力监测装置

1）罐车至少要设置一套压力监测装置。

2）检测用压力表精度等级应不低于 1.5 级，压力表盘的刻度极限值应为罐体最高工作压力的 1.5～2.0 倍。表盘直径应不小于 100 mm，压力表盘上在罐体设计压力和运输时允许最高压力处，涂以红色标记。

3）压力表的安装位置应便于操作人员观察和维护，并应避免振动。

（5）液面指示装置

1）罐体至少要设置一套抗振性能好、安全可靠的液面指示装置。

2）液面指示装置的安装应便于操作人员观察。液面指示装置的最高安全液位和最低指示液位，应做出明显的标记。

3. 低温液化气体汽车罐车

运输液氮、液氧、液氢的低温汽车罐车，其结构与低温铁路罐车基本相近，罐体也由内胆、外壳、绝热层、支架、加强圈、抽气管、吸附剂、压力表、安全阀、真空阀、进液阀、放空阀、爆破片等构成。

低温液化气体汽车罐车的技术要求可参考低温液化气体铁路罐车的要求，两者相近。低温液化气体汽车罐车的设计、制造、使用、运输、检验、改造、修理必须符合《液化气体汽车罐车安全监察规程》，同时还应符合行业标准和图样的规定。此外，还应遵守国家有关汽车和交通方面的管理规定。

四、罐式集装箱结构形式

罐式集装箱由框架和罐体两个基本部分组成，有单罐式和多罐式两种形式（见图 6—17、图 6—18、图 6—19）。

图 6—17　单罐式集装箱示意图

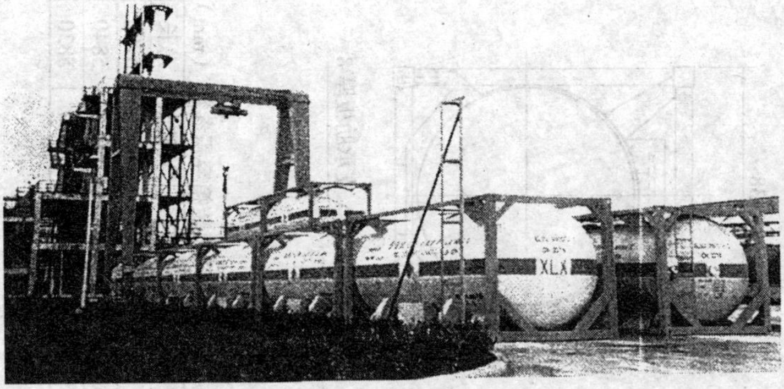

图 6—18　双罐式集装箱示意图

1. 基本结构

罐式集装箱主要有液化气体和液化天然气两种。罐式集装箱由于可进行公路运输、铁路运输和水路运输。对于其所用材质、保温及各种形式试验要求就要高一些。罐式集装箱主要是由框架、罐体、遮阳或保温以及相应的安全附件组成。

（1）框架　由罐体的底架、端框和所有承力构件组成的结构，用以传递由于罐式集装箱在起吊、搬运、固缚和运输中所产生的静载和动载。

1）角件　每个罐式集装箱均装有顶角件和底角件。对角件的要求及其所在位置应符合 GB/T 1835—1995 的规定。顶角件的顶面应至少比箱体各部件的顶面高出 6 mm。

顶部增强板或复板的设置是为了保护顶角件附件免受冲击。该板及其固定设施均不应超出顶角件的顶面。从集装箱的端部测量，该板沿箱长方向的尺寸不得超过 750 mm，但在箱体的宽度方向并不受此限制。

2）底部结构　要求所有罐式集装箱均应具备由底角件支撑的能力。要求有一定数量的底横梁和足够的载荷传递区（或平箱底），其强度足以传递集装箱与运输车辆纵梁之间的竖向力。还要在设计中考虑疲劳失效的危险。

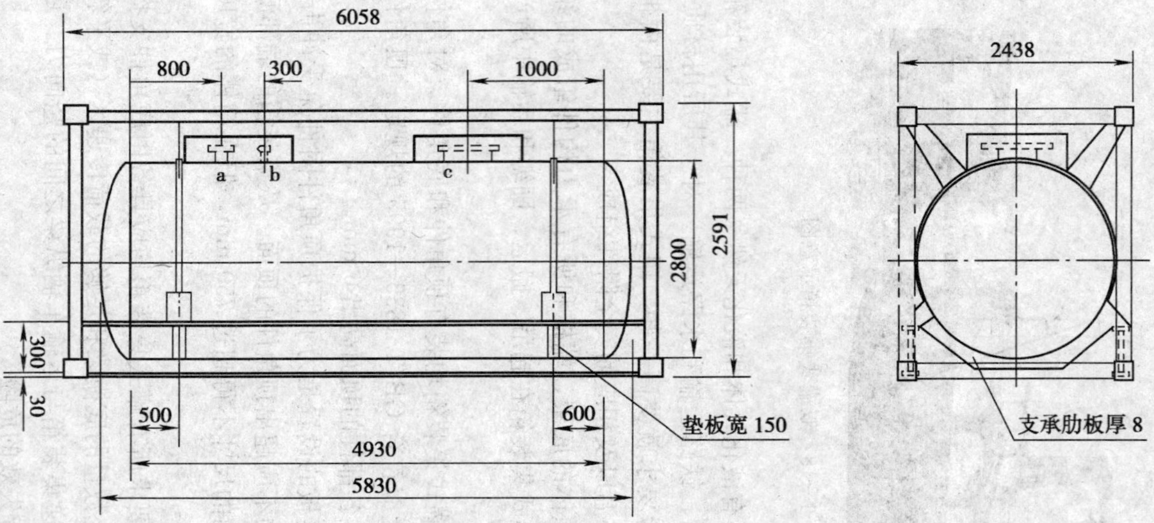

管口表（mm）

名称 孔位	进出口 a	透气孔 b	人孔 c
DN	80	50	500
K	160	125	620
n	4	4	16

罐式集装箱容积参数（mm）

容积（m^3）	直径	直筒长	总长
16	2000	4900	5700
18	2100	5000	5840
20	2200	4930	5830

图 6—19　罐式集装箱结构

3）端部结构　在进行横向位移刚度试验时，其顶部相对底部的横向位移所引起的两个对角线长度变化之和不能超 60 mm。

4）侧部结构　在整体纵向刚度试验时，其顶部相对底部纵向位移不能超出 25 mm。

5）对框架的技术要求

①角件、端梁及侧梁用钢板、型材要求具有良好的可焊性和韧性；框架材料在设计温度下，要求有足够的强度和冲击韧性，且应满足 GB/T 16563—1996 中试验要求。框架应进行刚度和强度计算，且满足使用和试验的要求。对于液化天然气罐箱，所采用的锻件，应符合 JB 4726—2000、JB 4727—2000、JB 4728—2000 的规定且不低于三级。

②罐式集装箱应符合 GB/T 1413—1998《系列 1 集装箱分类、尺寸和额定质量》"集装箱外部尺寸和允许公差"（见表 6—2）、GB/T 16563—1996《系列 1：液体、气体及加压干散货罐式集装箱技术要求和试验方法》，以及有关规范的规定。罐式集装箱框架强度还应当通过国家质量监督检验检疫总局（以下称总局）认可的形式试验。

过去用叉车叉运满载或部分装载的罐式集装箱时，由于稳定性问题而导致事故，也会出现叉车的货叉撞破罐体的危险。因此，罐式集装箱不设置叉槽。

③罐式集装箱只能采用顶角件或底角件起吊方式吊装，但应符合 GB/T 16563—1996《系列 1：液体、气体及加压干散货罐式集装箱技术要求和试验方法》第 6.3 和 6.4 条的规定。

第 6.3 条的试验是四个顶角件起吊试验。试验是验证除 1D 和 1DX 型以外的各型集装箱经受由四个顶角件竖向起吊的能力。1D 和 1DX 型集装箱的起吊力是竖直方向至与水平面呈 60°之间的任何角度，这是通过四个顶角件起吊该类集装箱的唯一方法。试验还作为验证罐式集装箱在起吊作业时承受罐内载荷在加速作用下所产生的各种力的试验。试验后，罐式集装箱不应出现漏泄

表 6—2　　罐式集装箱外部尺寸、允许公差

型号	长度 L（mm）		宽度 W（mm）		高度 H（mm）	
	尺寸	公差	尺寸	公差	尺寸	公差
1AAA	12 192	0/−10	2 438	0/−5	2 896	0/−5
1AA					2 591	0/−5
1A					2 438	0/−5
1AX					<2 438	
1BBB	9 125	0/−10	2 438	0/−5	2 896	0/−5
1BB					2 591	0/−5
1B					2 438	0/−5
1BX					<2 438	
1CC	6 058	0/−6	2 438	0/−5	2 591	0/−5
1C					2 438	0/−5
1CX					<2 438	
1D	2 991	0/−5	2 438	0/−5	2 438	0/−5
1DX					<2 438	

以及影响正常使用的永久性变形和异状，其尺寸仍能满足固缚和换装作业的要求。

第 6.4 条的试验是四个底角件起吊试验，是验证罐式集装箱四个底角件的起吊能力，吊具与底角件承接并与箱顶上方居中的一根横梁相接。

试验后，罐式集装箱应不出现泄漏以及影响正常使用的永久性变形和异状，且尺寸仍能满足装卸、固缚和换装作业的要求。

（2）罐体　罐体与其他罐车罐体的结构差不多，不同的只是个别罐箱由多个筒体组成。对罐箱罐体的要求一般高于罐车罐体，有时还有特殊要求。

1）罐体容积　对于新制造的各类罐车，设计单位或制造单位应当根据车辆的总载质量及所充装介质的最大密度确定罐体的容积。经核定，介质额定充装量（即额定载质量见表6—3）与罐体质量之和不得超过车辆的总载质量。

对在用罐车，应当严格按照国家质检总局与交通部、公安部、铁道部、原国家安全生产监督管理局联合发文《关于开展危险化学品罐车专项检查整治工作的通知》（国质检特联［2004］249号）要求，对罐体容积按照设计储运的介质进行核定，对于罐体实际容积超过核定容积的，应当由具备罐车制造或维修资格的单位对罐体容积进行改造（可采取隔离舱等方式），以满足所核定容积的要求。

2）罐体设计压力　对不同的介质以及小型、有无遮蔽型、保温型的罐体，在设计压力上有不同的要求（见表6—3）。

表6—3　常见液化气体的设计压力、液面以下开口、罐体腐蚀裕量和单位容积充装量

液化气体名称		设计压力（MPa）[1]				液面以下开口	罐体腐蚀裕量[2]（mm）	单位容积充装量（t/m³）
		小型	无遮蔽型	遮阳型	保温型			
液氨		2.90	2.57	2.20	1.97	允许	≥2	0.52
液氯		1.90	1.70	1.50	1.35	不允许	≥4	1.20
二氧化硫		1.16	1.03	0.85	0.76	不允许	≥4	1.20
丙烯		2.80	2.45	2.20	2.00	允许	≥1	0.43
丙烷		2.25	2.04	1.80	1.65	允许	≥1	0.42
液化石油气	设计温度饱和蒸气压大于1.62 MPa	2.80	2.45	2.20	2.00	允许	≥1	0.42
	其余情况	2.25	2.04	1.80	1.65	允许	≥1	0.42

续表

液化气体名称	设计压力（MPa）①				液面以下开口	罐体腐蚀裕量②（mm）	单位容积充装量（t/m³）
	小型	无遮蔽型	遮阳型	保温型			
正丁烷	0.70	0.70	0.70	0.70	允许	≥1	0.51
异丁烷	0.81	0.75	0.70	0.70	允许	≥1	0.49
丁烯、异丁烷	1.02	0.95	0.87	0.79	允许	≥1	0.50
丁二烯	0.75	0.70	0.70	0.70	允许	≥1	0.55

注：①小型——罐体直径小于或等于 1 500 mm 的罐式集装箱；

无遮蔽型——罐体直径大于 1 500 mm，且不具备阳光遮蔽装置或保温层的罐式集装箱；

遮阳型——具备阳光遮蔽装置的罐式集装箱；

保温型——具备保温层的罐式集装箱。

②腐蚀裕量是指按碳素钢确定。

3）积极推进科技进步成果在危险化学品储运容器中的应用。对于盛装易燃、易爆液化气体介质的各类罐车，如未装设防波板或防波板脱落未补装的，为了减小罐车在行走或转弯过程中罐体中液化介质产生的浪涌和重心偏移现象，以及因摩擦产生的静电，有条件的单位应当积极采取措施加装经原国家安全生产监督管理局鉴定的“HAN 阻隔防爆装置”，以确保罐车的运行安全。

4）罐式集装箱上开口的启闭装置，凡因未系固牢靠而导致危险者，均应设置相应的锁闭装置，并在其操作位置外表设置表示锁闭的定位标记。

5）罐体及其隔仓均应设计合理，结构符合要求。

6）单罐或多罐均需与箱体结构的框架牢固连接。无论是单罐或多罐，在充装和排放时均需使其脱离框架。

7）无负压安全阀的罐及其隔仓应按照能经受外压高于内压 0.04 MPa 的起码要求进行设计，负压安全阀的罐应按照能经受 0.021 MPa 外压的起码要求进行设计。

8）内容器在制造过程中和外壳在实际使用中均承受0.1 MPa的外压，为防止它们失稳破坏，必须进行外压稳定性校核。

9）储运毒性程度为高度或极度危害介质的液化气体罐箱，其罐体开口不得位于液位面以下。

10）除用于安全阀、人孔、检查孔、封闭溢流孔的开口外，罐体上直径大于 1.5 mm 的开口均应配备关闭装置，以防止罐内介质外漏。关闭装置应由三个独立串联在一起的装置组成，第一个装置是内部截止阀、过流阀或其他等效装置，第二个装置是外部截止阀，第三个是盲法兰或等效装置。

11）为保护角件附近免受冲击，对顶部和底部结构起到保护作用，可设置增强腹板，并符合以下规定：

①顶部增强腹板：从集装箱的端部测量，该板沿箱长方向的尺寸应不超过 750 mm，厚度应不超过 6 mm。顶部增强腹板及其固定设施均应不超出顶角件的顶面。

②底部增强腹板：增强腹板距底角件外端应不超过 550 mm，距底角件侧面应不超过 470 mm，其底平面应至少高于集装箱底角件底面 5 mm。

（3）保温和遮阳

1）保温材料应具有良好的化学稳定性，对设备和管路无腐蚀作用，当遭受火灾时应不致大量逸散有毒气体。保温材料应具有良好的保温性和阻火功能。

罐体用遮阳材料应选用无机、非易燃材料。

2）当罐体上设有遮阳装置或保温层时，应满足下列要求：

遮阳装置应覆盖罐式集装箱上部 1/3 以上，但不超过 1/2 的面积，遮阳装置与罐体之间应有约 40 mm 的通气空间。

保温层应由保护完好且有足够厚度的保温材料组成，并能将罐体完全覆盖，以防止在正常运输条件下进入水分或遭受损害。

遮阳装置或保温层应不妨碍附件和装卸装置的操作。

（4）安全附件

1）安全泄放装置共有两种形式：安全阀及安全阀与爆破片组合装置。对于不同的液化气体罐箱必须安装不同形式的安全泄放装置。但介质为液化天然气的罐车至少设置两个并联且可互相切换的全启式安全阀。

2）安全阀回座压力由《压力容器安全技术监察规程》规定的不应低于开启压力的0.8倍提高到0.9倍，这是参照《国际海运危险货物规则》中的有关规定。

3）除其他罐车的安全附件外，还应在罐体、管道、阀门和框架等连接处装设可靠的导静电连接端子，并设置明显标志。

（5）检验试验项目　罐式集装箱因其所经受的环境不同、结构差异，可在出厂之前除了按固定式压力容器进行正常的耐压试验和气密性试验，并有特殊要求之外，还要进行其他的检验试验项目（见表6—4）。

表6—4　　检验试验项目

检验项目	逐台检验	批量检验	形式试验
容积测定	—	★	★
堆码试验	—	★	★
吊顶试验	—	★	★
耐压试验	★	★	★
气密性试验	△	△	△
吊底试验	—	★	★
纵向栓固试验	—	—	★
内部纵向栓固试验	—	—	★
内部横向栓固试验	—	—	★
横向刚度试验	—	—	★
纵向刚度试验	—	—	★
载荷传递区试验（可选择项）	—	—	★
步道试验（可选择项）	—	—	★
扶梯试验（可选择项）	—	—	★
碰撞试验（可选择项）	—	—	★

注：★——表示应进行检验试验的项目；

△——表示按图样要求进行。

1）容积测定　罐体应进行水容积的测定，并可与液压试验同步进行。由于结构或介质的原因，对于不允许残留试验液体的罐体，经主管部门同意可用计算容积代替实测水容积。

2）安全附件试验　应按相应标准的要求进行安全附件性能试验，并出具试验报告。

3）堆码试验　本试验是验证满载液化气体罐箱在海洋船舶运输条件下，在箱垛中出现偏码时的承载能力。

堆码试验的要求和方法应符合 GB/T 16563—1996 和《集装箱检验规范》的规定。

4）吊顶试验　本试验是验证液化气体罐箱经受由四个顶角件垂向起吊的能力，同时验证液化气体罐箱在起吊作业时承受罐内载荷在加速作用下所产生的各种力的试验。

吊顶试验的要求和方法应符合 GB/T 16563—1996 和《集装箱检验规范》的规定。

5）吊底试验　本试验是验证液化气体罐箱由四个底角件起吊的能力。

吊底试验的要求和方法应符合 GB/T 16563—1996 和《集装箱检验规范》的规定。

6）纵向栓固试验　本试验是验证液化气体罐箱在额定质量乘以两倍重力加速度作用下承受外部纵向栓固作用的能力。

外部纵向栓固试验的要求和方法应符合 GB/T 16563—1996 和《集装箱检验规范》的规定。

7）内部纵向栓固试验　本试验是验证液化气体罐箱的罐体和框架对储运介质所导致的纵向惯性力的承受能力。

内部纵向栓固试验的要求和方法应符合 GB/T 16563—1996 和《集装箱检验规范》的规定。

8）内部横向栓固试验　本试验是验证液化气体罐箱的罐体和框架对储运介质所导致的横向惯性力的承受能力。

内部横向栓固试验的要求和方法应符合 GB/T 16563—1996

和《集装箱检验规范》的规定。

9）横向刚度试验　本试验是验证除 1D 和 1DX 型以外的液化气体罐箱承受船舶在航行中所产生的横向推、拉的能力。

横向刚度试验的要求和方法应符合 GB/T 16563—1996 和《集装箱检验规范》的规定。

10）纵向刚度试验　本试验是验证除 1D 和 1DX 型以外的液化气体罐箱承受船舶在航行中所产生的纵向推、拉的能力。

纵向刚度试验的要求和方法应符合 GB/T 16563—1996 和《集装箱检验规范》的规定。

11）载荷传递区试验（可选择项）　本试验是在静态状况下，模拟液化气体罐箱已知载荷传递区在动态作业时仅部分接触运输车辆，底角件与旋锁间的空隙部分不传递载荷时的状况。

载荷传递区试验的要求和方法应符合 GB/T 16563—1996 和《集装箱检验规范》的规定。

12）步道试验（可选择项）　本试验是验证由工作人员在步道上作业所产生载荷的承受能力的试验。

步道试验的要求和方法应符合 GB/T 16563—1996 和《集装箱检验规范》的规定。

13）扶梯试验（可选择项）　本试验是验证扶梯对工作人员在其上作业时产生载荷的承受能力的试验。

设有扶梯的液化气体罐箱均应进行本项试验。

扶梯试验的要求和方法应符合 GB/T 16563—1996 和《集装箱检验规范》的规定。

14）碰撞试验　液化气体罐箱的碰撞试验方法、评定标准应符合主管部门的有关规定，经主管部门同意可用应力分析计算代替碰撞试验。

五、罐车颜色标志

1. 汽车罐车

汽车罐车罐体的颜色标志包括罐体的颜色、色带、字样、字色和标志图形。

根据国家质检总局2005年8月4日下发的《关于落实〈道路危险化学品安全专项整治方案〉有关意见的通知》（国质检函[2005] 618号）要求，对罐体标志牌、环形色带、标志图形字样，应当按照全国道路交通安全工作部际联合会议公布的《道路危险化学品专项整治方案》（以下称《方案》）对承担危险化学品承压罐车要求如下：

《方案》中未予要求的，仍按《液化气体汽车罐车安全监察规程》第七十七条的规定执行，同时符合GB 13392—2005《道路运输危险货物车辆标志》的有关要求。

（1）罐体颜色　一般汽车罐车罐体外面为银灰色（B04，见GB 3181—1982《漆膜颜色标准样本》规定的编号，下同）；低温型汽车罐车罐体外表面为铝白色。

（2）环形色带　即环形反光带。是沿通过罐体中心线的水平面与罐体外表面的交线对称均匀涂刷或粘贴的一条环形色带，在罐体两侧中央部位留空处涂刷标志图形。色带宽度为150 mm，颜色按表6—5规定。

（3）字样、字色　在罐体两侧后部色带的上方书写装运介质的名称，字色为橙色反光，字高为200 mm，字样为仿宋体。在介质名称对应的色带下方书写“罐体下次全面检验日期：××年××月”，字色为黑色，字高为100 mm，字样为仿宋体。

（4）图形标志　在罐体两侧中央环形色带留空处，按表6—5及图6—20涂刷标志图形。图形尺寸为350 mm×350 mm。

（5）告示牌　在罐车罐体后封头的色带下要涂刷告示牌，白底黑字，字体要能够保证白天在20 m处清晰辨认。告示内容为介质品名、种类、施救方法、联系电话、罐体容积、核载质量等。告示牌示例见表6—6、图6—21。

（6）汽车罐车的其余裸露部分涂色规定如下：

安全阀——大红色（R03）；

表 6—5　　常见介质的色带和标志图形

介质特性	介质名称	字色	色带颜色	标志图形
有毒	液氨 液氯 液态二氧化硫 氢氟酸 三甲胺 二甲胺	橙色 反光	橙色 反光	(毒)
易燃	丙烯 丙烷 液化石油气 正丁烷 异丁烷 丁烯、异丁烯 丁二烯 环氧乙烷 环氧丙烷、液氢、一甲胺			(爆)
非易燃、无毒	液态二氧化碳、液氮			(爆)

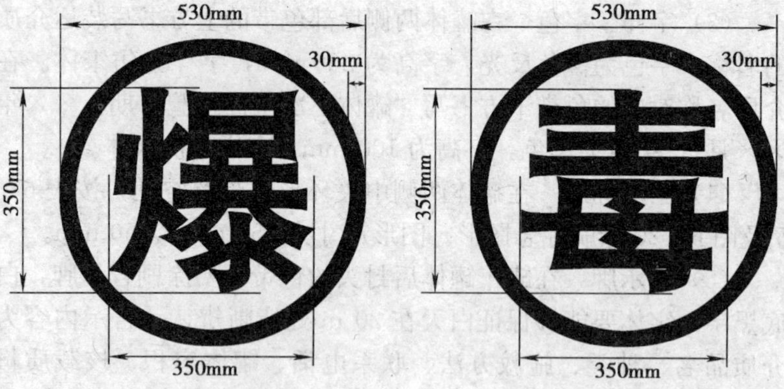

图 6—20　“爆”“毒”文字示例

（橙色反光字，反光亮度不低于国家标准规定的一级红色反光材料的要求）

表 6—6　　　　　　　　　　告示牌示例

安全告示	
品名	液氯
种类	剧毒
施救方法	强碱中和
联系电话	0510－6543×××
罐体容积	30 m^3
核载质量	30 t

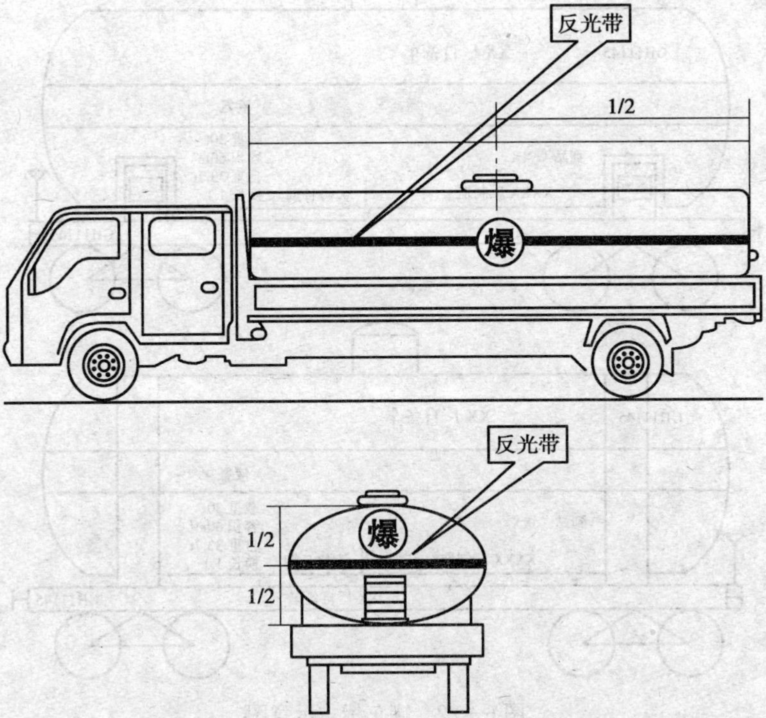

图 6—21　反光带及“爆”“毒”文字位置示例
（车身或槽罐上粘贴橙色反光带，宽度为 150 mm 左右，
反光亮度不低于国家标准规定的一级红色反光材料的要求）

气相管（阀）——大红色（R03）；

液相管（阀）——淡黄色（Y06）；

其他阀门——银灰色（B04）；

其他——不限。

2. 铁路罐车

铁路罐车的颜色标志（见图 6—22）包括罐体的颜色、色带、字样、字色和标志图形。

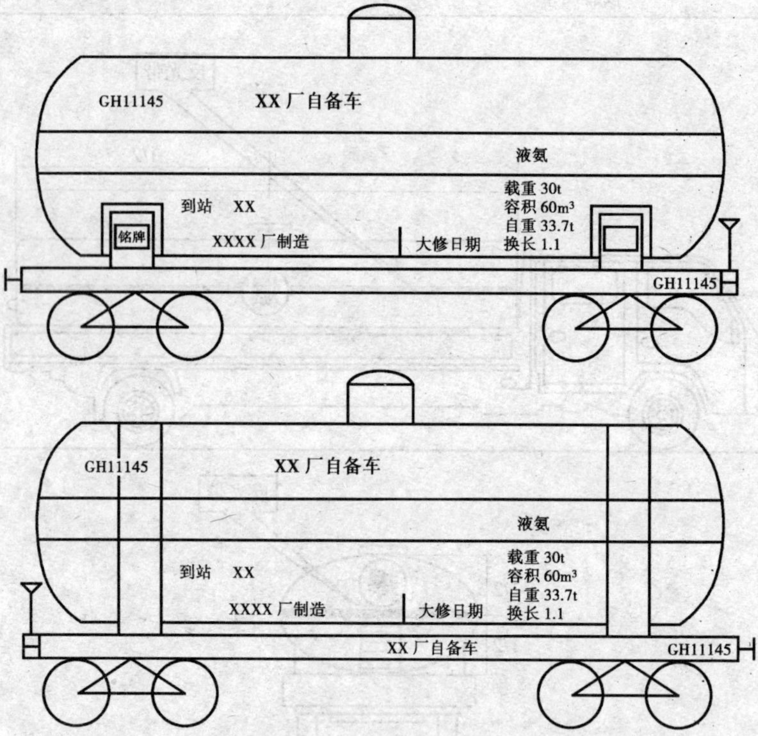

图 6—22 罐车标志示意图

（1）罐车外表面，均涂银灰色漆；沿罐体水平中心四周涂刷色带，色带宽度为 300 mm，其中上 200 mm 涂蓝色，下 100 mm 按介质的分类涂色，见表 6—7。

表 6—7　　常见介质的色带颜色

介质种类	品名	色带颜色
有毒	液氨、液态二氧化硫、液氯	黄色
易燃	丙烯、丙烷、混合液化石油气、丁烯、丁二烯、异丁烯、正丁烷、异丁烷	红色

（2）罐车两侧按图 6—22 要求喷字（字序由左向右喷填）。

1）罐车左部应喷写罐车编号、罐车所属单位及到站地址。

罐车编号应以字母“GH”（化学介质高压罐车）打头，后接数字编号。前三位数字为企业代号，以后数字为企业车辆编号，字体尺寸不小于 100 mm×100 mm，颜色为黑色。

2）罐车右部喷写装运介质的名称及罐车技术性能。

①介质名称为：液氨、液氯、液态二氧化硫、液化石油气（丙烯、丙烷、丁烷、丁二烯等）或经部批准运输的介质名称。

字体尺寸为 300 mm×300 mm，颜色为蓝色。

②罐车技术性能写在介质名称下面，包括：

载重，t；

容积，m^3（保留小数点后一位数字）；

自重，t（保留小数点后一位数字）；

换长（保留小数点后一位数字）；

大修日期：年月。

字体尺寸为 70 mm×70 mm，计量单位和小数点后一位数字尺寸为 50 mm×50 mm，黑色。

③在罐车中下部喷写制造厂的名称，字体高度 150 mm，黑色。

（3）罐车的阀门，按下列要求涂漆色。

液相阀体——黄色；气相阀体——红色；安全阀——红色；其他阀体——银灰色。

除按液化气罐车需要涂写的标记外，其他按 TB1—1977

《铁路车辆标记》涂刷。

3. 罐式集装箱

罐式集装箱颜色标记包括罐体的颜色、色带、字样、字色和标记图形。

（1）一般规定

1）标记应字迹工整，牢固永久，清晰易见，且不同于罐体颜色。

2）除标记总质量和空箱质量的字体高度应不小于 50 mm 外，其余均应不小于 100 mm。

（2）标记内容

1）应有以下标记内容：

①箱主代号、箱号及核对数字。

②尺寸类型代号。

③箱主和制造厂铭牌，制造厂铭牌的内容至少应包括下列内容：

——产品型号名称；

——IMDG 箱型号；

——IMO 罐箱型号；

——执行标准；

——制造国名；

——批准国名；

——批准号；

——制造厂名；

——质量技术监督部门的监检标记；

——船检机构检验标记；

——质量技术监督部门的注册编号；

——压力容器制造单位许可证编号；

——产品编号；

——设备编号；

——制造日期；
——设计压力；
——设计温度；
——最高工作压力；
——耐压试验压力；
——安全阀开启压力、爆破片爆破压力；
——安全泄放装置排放能力；
——装载介质；
——容积；
——首次耐压试验日期及识别证明；
——罐体材料；
——等效的碳素钢厚度；
——最近一次定期检验的年、月和试验压力；
——进行最近一次定期检验的专家钢印；
——国际集装箱安全公约（CSC）安全合格牌照。

④介质名称、联合国编号以及安全标记。

2）海关牌照、国际铁路联盟（UIC）标记应符合中华人民共和国海关和国际铁路联盟集装箱规范的有关规定。

3）应有通用永久标记，至少包括下列内容：
——首次耐压试验日期，年月；
——试验压力以 MPa 或 bar 为单位；
——最高工作压力，以 MPa 或 bar 为单位；
——总容量，以 m^3 或 L 为单位；
——下次进行耐压试验日期，年月。

4）凡装有登顶扶梯的罐式集装箱应标打箱顶防电击警示标记，警示标记应设在扶梯附近。警示标记图形应符合图 6—23 的规定，为黄底黑色标符，并用黑框圈住。闪电箭头的高度至少为 175 mm。警示标记的黑边框外侧每侧长度不小于 230 mm。

5）高度超过 2.6 m 的罐箱必须设有两个高度标示，高度标示应符合图 6—24 所示。其位置距箱顶 1.2 m，距右端 0.6 m 以内处，在集装箱识别标记下方。高度标记采用黄底黑字，周边是黑框。上部的高度数字以 m 为单位，精确到小数点后一位，此值应不低于箱体的实际高度。下部英制尺寸按英寸（″）取整，但不低于箱体的实际高度。此标记黑框外缘测得的尺寸应不小于 155 mm×115 mm，其上的数字应尽可能大，字迹清晰。

图 6—23 警示标记示意图

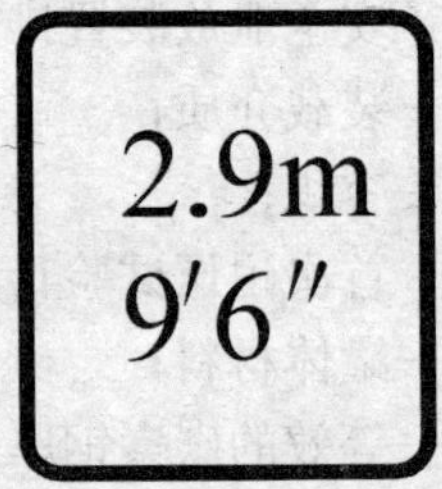

图 6—24 高度标记示意图

第三节 罐车的充装

液化气体罐车根据所充装的气体的特性而进行设计和制造，除罐式集装箱外，一般是专车专用，不得任意改变罐车的使用条件（介质、温度、压力、用途等）。当要改变使用条件时，使用单位必须提出申请，经省级以上（含省级）特种设备监督管理部门同意后，由有资格的单位更换安全附件，重新涂漆和标志。经检验单位内、外部检验合格后，由使用单位按有关规定办理汽车罐车使用证。

罐车在充装前，充装站必须要检验所携带随车证件和文件资料是否齐全并登记入档。以上资料齐全才能开到指定位置停好，进行充装作业。

罐车随车必带的文件和资料包括：《液化气体罐车使用证》，铁路运输证或汽车危险品运输许可证，机动车驾驶证和行驶执照，罐车定期检验报告，液面计指示刻度与容积的对应关系表，在不同温度下的介质密度、压力、体积对照表，运行检查记录本，罐车装卸记录。

液氧、液氢、液氮低温罐车严禁向空罐车直接充装或转充低温液体，必须进行吹除置换，达到合格指标并经预冷后方可充装或转充。连续使用一年的罐车，必须在回升温度后再进行吹除置换，达到合格指标后，再经预冷才能充装或转充低温液体。

一、充装前的检查

罐车的充装单位在充装前必须对罐车进行检查。凡有下列情况之一者，必须进行妥善处理，否则禁止充装：

1. 罐车超期未进行检查者，不予充装。罐车按规定的检验周期进行检修和维护保养。罐车的充装单位应对罐车的安全状况负责，未经定期检验或检验不合格者，不要进行充装。

2. 罐车的漆色、铭牌和标志与规定不符，与所装介质不符或脱落损坏不易识别者，不予充装。罐车的使用单位要对罐车定期进行保养，保持车容整洁。不准用罐车充装其他介质的物料，也不准用充装其他物料的罐车充装液化气体。

3. 灭火装置及附件不全、损坏、失灵或不符合规定者，不予充装。罐车使用单位在罐车上应配备的消防器材，要保持齐全、完好，并定期进行检查，保证灵敏可靠。使用单位每隔三个月必须检查一次罐车上配备的灭火器，主要检查干粉是否受潮结块，如干粉受潮结块就失效喷不出来。遇到这种情况，把受潮的干粉倒出来，晒干后重新压成粉状再装入灭火器内。装入干粉时，先把二氧化碳气的导管装入桶内，后倒入干粉。不要先把干粉倒进去再插入二氧化碳气的导管，这样会把导管堵塞，使用时喷不出来。检查二氧化碳的储气瓶内是否有气，检查方法是把气瓶拆下来进行称重。总质量减去瓶体的质量，就是瓶内二氧化碳的质量，如果缺少二氧化碳，应重新充装二氧化碳；检查喷嘴、导管部分是否堵塞，发现堵塞情况应及时进行通管修理。

消防器材因不经常使用易受到忽视，所以要定期检查完好情况，使之经常保持良好，以备万一。

4. 未判明装过何种介质或罐内没有余压者不予充装。除了新投用和检修后重新投用的罐车以外，在用的罐车卸完液后，罐内都应该保持 0.05 MPa 以上的余压，以防止罐内进入空气或充装其他介质，避免充装时发生意外事故。这一点在气温较高的南方容易做到，但在北方的冬季就不易办到，因为气温较低，罐车原充装的就是“碳 4”烃，饱和蒸气压也往往达不到 0.05 MPa，甚至在满载时也达不到这个压力。在这种情况下，充装前可以检查罐内是否是正压，如果是正压，虽然达不到 0.05 MPa 的压力，也不会进去空气，可以进行充装。

如果检查时发现罐车内是负压，应马上关闭阀门，防止大量空气进入罐内。遇到这种情况，要对罐内气体取样化验，合格的可以充装，如其中氧气体积分数超过 3%，应重新置换合格后再充装使用。

5. 罐体外观检查有缺陷或附件有跑、冒、滴、漏者，不能保证安全使用，不予充装。罐体的外观检查有变形或撞击等严重缺陷者，对安全没有保证时应停止充装。附件有跑、冒、滴、漏者应先修复再充装，不能修复时应停止充装，决不允许盲目充装，以免造成重大事故。

6. 司机和押运员无有效证件者，不予充装。

7. 车辆无公安局车辆管理部门或交通监理部门发给的有效检验证明和行驶证明者，不予充装。铁路罐车没有铁路局安全监察部门发给的有效证件，不予充装。

在用罐车时应按当地公安部门或交通管理部门的规定，进行定期检验。在每年规定的定期检验期内，验车合格的车辆在行驶证上进行签章。未经年检或年检不合格没有签章的车辆，停止充装。

8. 罐车罐体号码与车辆号码不符者，不予充装。

9. 罐体与车辆之间的固定装置不牢或已损坏者，不予充装。罐车的罐体与车辆底盘间的紧固螺栓应齐全、可靠。如发现不牢固或已损坏者，应及时修复，否则不予充装。

二、罐车的充装作业注意事项

1. 罐车按指定的位置停车，用手闸制动，并熄灭引擎，停车有滑动可能时，车轮应加固定块。

2. 作业现场严禁烟火，并不得使用易产生火花的工具和用品。

3. 作业前应接好安全地线。管道和管接头连接必须牢固，并应排尽空气。

4. 罐车装卸作业时，操作人员和罐车押运员均不得离开现场，在正常装卸时，不得随意启动车辆。

5. 新罐车或检修后首次充装的罐车，充装前应进行抽真空或充氮置换处理，严禁直接充装。罐内气体中的氧气体积分数不大于3%。

6. 罐车的充装量不得超过设计所允许的最大充装量。充装时必须用衡器、液面计或其他计量装置（如流量计）进行计量，严禁超装。充装完毕，必须复检质量或液位，如有超装，须立即处理。

7. 罐车充装应认真填写充装记录，其内容包括：罐车使用单位、车型、车号、充装介质、充装日期、实际充装量，以及充装者、复验者和押运员的签名。

8. 罐车到站后，应及时往储罐卸液。罐车不得兼作储罐用，不得从罐车直接灌瓶。

9. 禁止采用蒸汽直接注入罐车罐内升压或直接加热罐车罐体的方法卸液。

10. 罐车卸液后，罐内应留有0.05 MPa以上的剩余压力。

11. 罐车卸料完毕后，应立即关闭紧急切断阀等，并将气液相阀门加上盲板，罐车所有的配件和卸车记录随车返回。

12. 装卸作业现场应符合有关防火、防爆规定的要求。应配备灭火器具和一定数量的防护用具（如防毒面具等）。装卸作业现场严禁烟火，不得使用易产生火花的工具和用品。

13. 罐车装卸时，应设置防护标记或信号。凡出现下列情况严禁装卸作业：

（1）雷击、暴风雨天气。

（2）附近发生火灾或发现有火种。

（3）周围有易燃、有毒气体泄漏。

（4）罐内压力异常，超过设计压力。

（5）液位计失灵，观察不到液位。

（6）部件突然损坏发生泄漏。

（7）出现其他不安全因素。

遇到上述情况，还在进行充装或卸料的罐车应立即停止作业，并把气相、液相导管拆除，将罐车驶出作业现场，停放到安全地带。待故障排除后或没有雷电时，再继续充装或卸料作业。

三、罐车的充装方法

液位气体罐车的充装方法一般有压缩机加压充装法、泵充装法、加热充装法、静压差充装法以及压缩气体加压充装法。

1. 压缩机加压充装法

利用液化气体压缩机装卸车，是目前国内常用的装卸方法。这种方法的工作原理如图 6—25 所示。

用压缩机加压的方法装卸罐车，是在液化气体的气相管道上装卸压缩机。卸车时打开阀门 2 和 3。开启压缩机，将储罐中的气态液化气体压送到罐车中，罐车中的液化气体在压力作用下经液相管进入储罐。气态和液态的液化气体的流动方向如图 6—25 箭头所示。当罐车内的液态液化气体卸完后，还应将气态液化气体抽入储罐。这时，要通过关闭阀门 2 和 3，打开阀门 1 和 4，借压缩机的作用，来达到目的。但是，要注意不宜使罐车中的剩余压力过低，一般保持在 0.05 MPa 以上，以免进入空气使内部

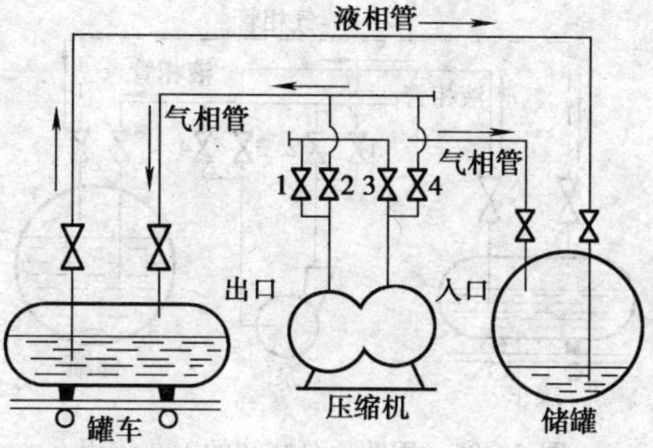

图 6—25 用压缩机加压装卸的工艺流程

形成爆炸性混合物，造成事故。装车时正好相反，即关闭阀门 2 和 3，打开阀门 1 和 4，在压缩机的作用下，气态和液态液化气体的流向与图示箭头方向相反。

在实际安装时，压缩机的进口应安装一个油气分离器，以防止液相进入压缩机，出口应装一个稳压罐，经过压缩机压缩的液化气在稳压罐内稳压后再进入卸液的储罐内，以达到安全装卸的目的。

2. 泵充装法

泵充装法装卸液化气体，在我国已广泛采用。采用叶片泵装卸液化气体是一种只需液相管道，装卸系统比较简单的方法（为了加快装卸速度，也可增设气相管道）。装卸时，液相管道中任何一点的压力均不得低于操作温度下的饱和蒸气压；任何一点的温度均不得高于相应管道内饱和蒸气压力下的饱和温度，以防在管内产生沸腾现象，造成“气阻断流”。因此，在泵的吸入端必须有一定的静压头，即泵应低于罐车，以免泵吸入管内产生气体。如图 6—26 所示为叶片泵装卸方法的工作原理图。

在卸车时，打开阀门 2 和 3，开泵后气态和液态的液化石油气按图示箭头方向流动；装车时，关闭阀门 2 和 3，打开阀门 1 和 4，在泵的作用下，气态和液态液化石油气的流向与箭头方向

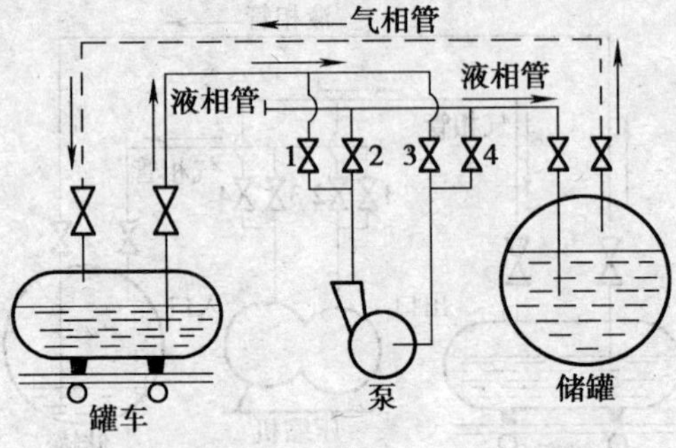

图 6—26　用叶片泵装卸的工艺流程

相反。

使用叶片泵时，泵的吸入管及输出管均应有放入大气的支管，储罐最低液位至泵中心的高差大于 0.6 m，而吸入端管线的水平距离小于 3.6 m；为减小泵运转时的振动，在泵的进出口均应装有胶管接头；在出口管线上必须设逆止阀和安全回流阀。当进出口压差大于 0.5 MPa 时，液化气排回储罐。

这种装卸方法的主要设备是泵，泵的选择取决于液态液化气体的装卸量、管道阻力、罐车与储罐之间的液位差。目前采用的泵的型号多为 RV—15 叶片刮板泵和 50Y—60、65Y—60 离心泵。RV—15 叶片刮板泵压差较小，一般有 0.3 MPa、0.5 MPa 两种。50Y—60 和 65Y—60 离心泵的压差较大，一般可达 0.8 MPa。泵装卸法的工作原理，就是利用泵增加介质出口的压力进行装卸作业。

3. 加热充装法

利用液化气体受热后其饱和蒸气压力显著提高的特性，将罐车与储罐之间形成的蒸气压差作为输送液化气体的动力。液化气体在蒸发器中加热。受热蒸发的液化气体、蒸气不断地进入罐车上部空间，形成较高的压力，将液态液化气体从罐车压入到储罐中。其工作原理如图 6—27 所示。

加热液化气体的热源通常用热水。但蒸发器的换热面积必须

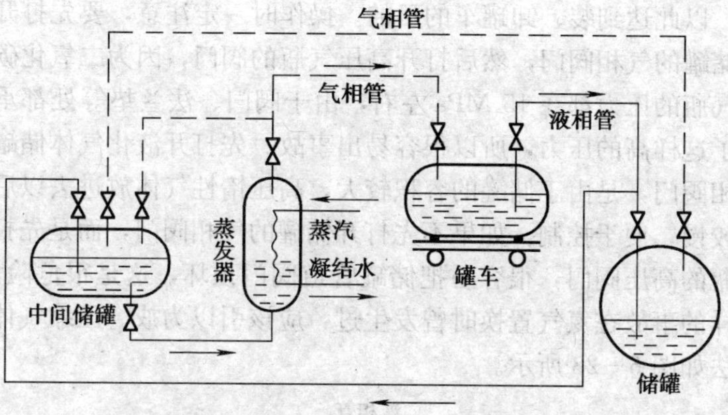

图 6—27　加热液化气体充装工作原理

经过计算后确定，水温应严格控制，不得大于 40℃。由于南方的气温高，一般不采用加热装卸法。

4. 静压差充装法

利用液化气体罐车和储罐之间的位差（即高度差 ΔH）进行装卸。

罐车处于高处，储罐放在低处，连通罐车与储罐的气液管道，在位差足够的情况下，可将罐车内的液化气充入储罐。

当罐车与储罐温度相等时（即二者蒸气压相等），为保证一定的卸车速度，压差应不小于 0.075～0.1 MPa（即高程差应不低于 15～20 m）。

5. 压缩气体充装法

压缩气体加压法充装与压缩机加压和蒸发器加压的工作原理一样。所不同的是这种方法不是利用液化气体本身的气相压力进行加压，而是用二氧化碳、氮气等惰性气体进行加压。因此，使用这种方法必须有氮气等高压气瓶。

操作时首先把氮气瓶与出液储罐的气相管阀门接通，先打开出液罐的气相阀门，然后打开高压气瓶的阀门，把高压惰性气体送入出液储罐，增加出液储罐的气相压力，增加与被充储罐的压差，以此达到装、卸罐车的目的。操作时一定注意，要先打开出液储罐的气相阀门，然后打开高压气瓶的阀门，因为二氧化碳和氮气瓶的压力都在 15 MPa 左右，由于阀门、法兰垫等处都承受不了这样高的压力，所以很容易出事故。先打开液化气体储罐的气相阀门，是由于储罐的容积较大，高压惰性气体放进去以后升压较慢，便于控制。如果不先打开储罐的气相阀门，而是先打开气瓶的高压阀门，很容易把储罐管道阀门顶坏，这是很危险的。这样的事故在氮气置换时曾发生过，应该引以为戒。压缩气体充装法如图 6—28 所示。

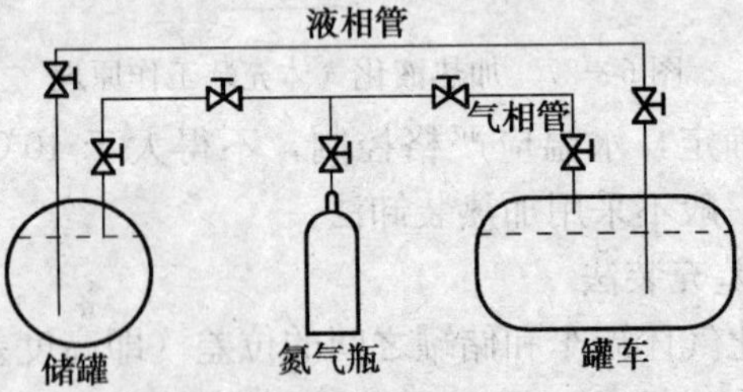

图 6—28　压缩气体充装法示意图

使用这种方法在操作前应首先检查储罐和罐车的气相压力。控制气瓶阀门和气相阀门，使出液储罐的气相压力略高于罐车内压力，打开液相管阀门进行充装，卸车时则要打开气瓶和罐车的气相阀门，使罐车内升压，造成压差进行充装。

这种充装方法，一般不宜采用。因为二氧化碳和氮气瓶的压力都比较高，万一操作失误便可能造成事故。另一方面往储罐内充进大量的惰性气体，影响液化石油气的质量，给使用带来麻烦。

罐车的装卸方法较多，使用时充装单位要根据具体条件选用。

第四节 罐车的安全使用与管理

要保证液化气体汽车罐车的安全运行，除了选择合理的结构，严格控制制造质量，采用可靠的安全装置外，还必须采取科学的方法进行使用和管理。

罐车的充装、使用和运输，应根据有关规定，结合本单位的具体情况，制定相应的安全操作规程和管理制度，从人员、充装、使用、运输、日常维护和定期检验等环节进行严格控制。

一、基本要求

新出厂的罐车，使用单位应持罐车的出厂文件到省级特种设备安全监督管理部门办理罐车使用登记手续和领取《液化气体罐车使用证》，到铁路或交通部门办理《铁路运输许可证》或车牌、行驶证、《危险品运输许可证》，证书齐全方可使用。未办证件的液化气体罐车，一律不准使用。

罐车的出厂文件有：产品合格证、产品使用说明书、罐车和罐体的产品竣工总图和主要元件图、产品备件清单、附件清单、产品质量证明书、产品安全质量监督检验报告等。

产品质量证明书内容包括：车辆走行部分及各安全附件合格证，罐体材料的牌号、化学成分、机械性能的原始数据和复验结果，焊接材料牌号及焊接试板检验报告，焊缝无损检验报告，罐体的热处理报告，压力试验及气密性试验报告，低温罐车还需罐体夹层真空度、漏放气速率试验报告，罐车总装检验报告，有关修改设计的补充说明等。

所有证件必须注意有效期，在期满前要及时办理验证换证手续；罐车的使用证应妥善保管，运输时随身携带以备检验；罐车出让时，应到发证机关办理转让手续；罐车报废后，应及时到发证机关办理注销手续。

液化气体罐车是储运易燃易爆危险品的专用车辆，使用单位应配备专人管理、专人驾驶、专人押运。上述人员必须经过培训，应熟练地掌握罐车的技术性能；掌握液化气体的基本知识和对罐车的一般操作；能紧急处理事故或故障；会使用车上的各种消防器材。

罐车的使用单位，对罐车的使用和管理必须建立严格的管理制度。如对罐车的维护保养和定期送检制度，证件的管理、罐车的建档和运行记录制度，管理人员、驾驶员、押运员的岗位责任制，交接班制度，安全操作规程等。

二、汽车罐车的运输使用

1. 罐车应配有固定的驾驶员和押运员，罐车的驾驶员和押运员须经有关部门考试合格并发给证书，必须熟悉相关管理规定和下述安全技术知识：

（1）液化石油气的物理、化学特性。

（2）城市和公路运输安全知识。

（3）罐车的技术性能、装卸作业安全操作规程、防火灭火知识以及发生事故的处理办法。

（4）能熟练使用车上的灭火器材和紧急切断装置。

2. 罐车行驶中除必须遵守交通规则，听从交通管理人员的指挥外，还必须遵守下述规定：

（1）按当地公安、交通部门规定的路线、时间和车速行驶。

（2）不准拖带挂车。

（3）不得携带其他易燃、易爆危险物品，禁止其他人员搭乘。

（4）车上严禁吸烟。

（5）通过隧道、涵洞、立交桥时，必须注意标高，限速行驶。

（6）行驶中必须注意观察罐车储罐的压力和温度，当罐内液温达到 40℃时，应采取遮阳或罐外水冷降温等安全措施，如夏季白天气温较高时，可改在夜间运输。

(7) 罐车运输时，应携带必要的检修工具，例如防止产生火花的镀铜合金工具、胶皮板、止漏夹等，以备运输途中发生故障时进行及时抢修。

(8) 罐车在恶劣路面上行驶时，应减速前进，减轻振动和冲击。

(9) 罐车运输途中，如发现各种异常情况，应立即停车检查，妥善处理。

三、铁路罐车的运行管理

1. 液化气体铁路罐车的押运

运输液化气体的铁路罐车应选择熟知所装液化气体的物理化学性质、铁路运输安全知识及有关规定，熟知罐车的结构、性能及发生故障的处理方法的人员担任押运工作，押运人员需经有关安全技术管理部门培训，考核合格后，报当地铁路部门发给押运证。

押运人员应携带防护用具及必要的检修工具。到编组站时，应及时向站方叙述所装液化气体性能，以便缩短站停时间及时挂运。对罐车未按规定进行充装前的检查或封车情况不明时，押运人员应拒绝押运。

押运人员必须随车押运到达目的地，如中途停车时间长，应进行监护。

2. 液化气体铁路罐车的编组隔离与溜放

液化气体铁路罐车在运输编组时，与牵引的蒸汽机车、乘坐旅客的车辆以及装运起爆器材的车辆应有四辆以上的车辆隔离；与牵引的内燃机车、电力机车、推进运行或后部补机及使用火炉的车辆，与敞车装载易燃物的车辆，应有一辆以上的车辆隔离。

调动液化气体罐车时，禁止溜放和由驼峰上解列。

四、罐车的停放

罐车的停放应遵守下述安全管理规定：

1. 罐车平时应按规定的位置单独停放，灌有液化气体的罐车不得进入车库。

2. 罐车运输途中停放时，必须遵守下述规定：

（1）驾驶员和押运员不得同时远离车辆。

（2）不得停靠在机关、学校、厂矿、桥梁、仓库和人员稠密的地方。

（3）停车位置应通风良好，10 m 以内不得有明火和建筑物，夏季应有遮阳措施，防止暴晒。

（4）途中停车检修时，应用不产生火花的工具，并不准有明火作业。

（5）途中停车如超过 6 h，应与当地公安部门联系，按公安交通部门指定的安全地点存放。

五、罐车发生紧急事故时的处理

1. 罐车装卸过程泄漏时应采取的措施

（1）立即拉闸断电，停止一切生产活动。

（2）一切车辆立即熄火，原地停放，不准发动。

（3）熄灭一切火种，同时立即与有关单位和消防部门联系，做好防火灭火准备。

（4）设立警界区，断绝交通，并组织人员向逆流方向疏散。

（5）立即进入事故现场，查清漏气部位和原因，采取措施紧急止漏。

如果是充装过程中导管破裂，应立即关闭有关阀门，或采用止漏夹止漏。

如果是罐体部分漏气，也要视具体情况决定处理方法。一般情况下，可采取卸车措施，待排空置换干净，进行修复补焊；不便采取卸车措施时，就要把罐车移到安全地带进行放散，也可由气相管接出临时火炬，在上风向或侧风向放散烧掉。

采用何种方法处理更为安全，要根据当时的具体情况而定，总的原则就是要根据液化气体的物理化学特性，将事故危害减轻到最低限度。

2. 罐车因介质大量泄漏而起火时应采取的措施

罐车因介质大量泄漏而起火时，应采取妥善处理措施，同时立即向公安消防部门及其他有关部门报警和请求支援。

(1) 迅速将罐车移至不危及周围安全的地方，并设法控制火势蔓延。

(2) 采取措施紧急止漏，并加强对罐体的冷却降温。

(3) 凡救火后能控制跑气，就应迅速组织灭火，以防事故扩大；如灭火后不能控制跑气，不要盲目灭火，应让其燃烧，这样可以把火控制在一定范围。如果把火扑灭后不能控制泄漏，漏出的液化气就会不断扩散，扩散的范围越大，危险性就越大。一旦遇到明火，就会立即引起大面积的燃烧，造成更大的危害。从这个意义上讲，对于失去控制的跑气采取把火控制在一定范围内燃烧的办法也是一种安全措施。

3. 罐车使用中，如发生罐体破裂、燃烧、撞车、翻车等重大事故或爆炸事故造成罐体或附件严重损坏时，必须按照国家质检总局颁布的《锅炉压力容器压力管道特种设备事故处理规定》的要求及时报告主管部门和当地特种设备安全监督管理部门，并同时报告设备使用注册登记的特种设备安全监督管理部门。其他一般事故应记录存查。

汽车罐车发生交通事故时，应立即停车，抢救伤者，保护现场并及时报告当地公安交通管理部门。

第七章

气瓶充装与安全管理

气瓶是一种移动式压力容器，本书中所述的对压力容器的安全要求，原则上对气瓶也是适用的。但是，由于气瓶在充装和使用方面还存在一些特殊情况，因此，要保证气瓶的安全使用，除了要符合压力容器的一般要求外，还要有一些专门的规定和要求。

第一节　气瓶的分类与结构

气瓶一般是指公称容积不大于 1 000 L，用于盛装气体、液化气体和标准沸点等于或者低于 60℃液体的，可重复充装而无绝热装置的移动式压力容器。

一、气瓶的分类

1. 按结构分类

按瓶体结构，可分为无缝气瓶和焊接气瓶。

（1）无缝气瓶　无缝气瓶主要用于充装氧、氮、氩等永久气体或二氧化碳、乙烷、氧化亚氮等高压液体气体。我国钢质无缝气瓶标准规定公称容积从 0.4 L 至 80 L，另有一类特长气瓶（长约 3.5～7.0 m，进口的长管拖车气瓶近 12 m)，其公称容积为 1 300～2 600 L，主要用于集装拖车或作为蓄能器使用。

（2）焊接气瓶　焊接气瓶用于充装液氨、液氯、环丙烷、液化石油气等低压液化气体和溶解乙炔气体，按焊接结构布置可分为深冲型气瓶（两件组装气瓶）、纵焊缝气瓶（三件组装气瓶）两类。

2. 按材质分类

按制造气瓶的材料，可分为钢质气瓶、铝合金气瓶、复合材料气瓶等。

（1）钢质气瓶　GB 5099—1994 对用于制造气瓶的钢材规定了碳（C）、硫（S）、磷（P）和铜（Cu）的上限含量，同时规定了必须是用碱性平炉、电炉或吹氧碱性转炉冶炼的无时效性镇静钢，还规定了热处理方式。

1）碳钢气瓶　焊接气瓶使用的碳钢钢板，为保证获得良好的焊接性，应严格控制含碳量不大于 0.22%。

无缝气瓶使用的钢坯含碳量在 0.40%左右。由于此类材料制造的气瓶太重，现在已基本淘汰。

2）锰钢气瓶　国产正火状态无缝气瓶，现在均使用锰钢系列钢坯，例如 40Mn2、34Mn2V、37Mn。GB 5099—1994 中规定，锰钢的含碳量不大于 0.40%，含锰量在 1.40%～1.75%范围内。

3）铬钼钢气瓶　目前，国外使用的无缝气瓶，85%左右是使用铬钼制造的。和碳钢、锰钢气瓶相比，铬钼钢气瓶的耐腐蚀性、塑性、韧性、低温性能都较好。所以，我国《气瓶安全监察规程》规定，寒冷地区均应使用这类气瓶。

4）不锈钢气瓶　使用不锈钢制造的气瓶主要是一些特殊用途气瓶，例如高纯气体、强腐蚀性气体，以及深冷液体气瓶等。结构形式包括无缝气瓶和焊接气瓶。一般用 18－8 型 Cr－Ni 不锈钢，有的也使用 Ni－Cr－Mo－V 不锈钢。

（2）铝合金气瓶　铝合金气瓶具有低温性能优良、瓶重轻和耐腐蚀性好等优点。

（3）复合材料气瓶　所谓复合材料气瓶指气瓶瓶体由两种或

两种以上材料制成的气瓶。例如玻璃钢气瓶，它是以金属材料为内层筒体（亦称瓶胆），其外侧缠绕高强度纤维，并以塑料固化，作为加强层的复合材料气瓶。

（4）其他材料气瓶　国外还有使用镍（Ni）、铜（Cu）等材质制造的气瓶。

3. 按充装介质临界温度分类

按充装时介质的状态，可以分成永久气体气瓶、液化气体气瓶和溶解气体气瓶。

（1）永久气体气瓶　指充装临界温度低于-10℃的永久气体的气瓶，如氢气瓶、氧气瓶等。

（2）液化气体气瓶　指充装临界温度大于或等于-10℃、且小于或等于70℃的高压液化气体和临界温度大于70℃的低压液化气体气瓶。

（3）溶解气体气瓶　指钢质瓶体内装有多孔填料和丙酮（或其他溶剂），可重复充装乙炔气的气瓶。

4. 按制造方法分类

（1）冲拔拉伸气瓶　将钢坯料加热冲孔成杯形件，再经拔伸和收口而制成的气瓶，是我国无缝气瓶的主要形式。

（2）管子收口气瓶　将无缝钢管的两端进行封闭加工，制成的气瓶多呈凸形底，再装上底座，以解决气瓶站立的稳定性问题。国外采用此种加工方法的气瓶较多，但有时将加工完成的凸形底顶制成凹形底，这样从外形上就难以分辨是否是管子收口气瓶。

（3）冲压拉伸气瓶　将钢板深冲成杯形件，然后将开口端进行封闭加工。这种加工方法材料利用率低，工序复杂，故不容易普及。

（4）焊接气瓶　用焊接的方法将颈圈、封头、筒体等受压元件连接起来的气瓶。

（5）缠绕式气瓶　在气瓶筒体外部缠绕一层或多层高强度纤

维或钢丝作为加强层，借以提高筒体强度的复合材料气瓶。

5. 按公称工作压力或水压试验压力分类

（1）高压气瓶　公称工作压力高于 8 MPa（水压试验压力高于12 MPa）的气瓶。

（2）低压气瓶　公称工作压力低于 8 MPa（水压试验压力低于12 MPa）的气瓶。

6. 按公称容积分类

气瓶的公称容积系列，应在相应的标准中规定。一般情况下，12 L（含 12 L）以下为小容积，12 L 以上至 100 L（含 100 L）为中容积，100 L 以上为大容积。

7. 按使用要求分类

（1）一般气瓶　指无特殊要求的气瓶。

（2）特殊气瓶　指用于电子工业、航空、医疗、安全抢救等领域的特殊气瓶。这种气瓶在结构、材料、制造或性能上有特殊要求。

8. 按形状分类

（1）瓶形气瓶

1）凹形底气瓶。

2）凸形底气瓶。

3）带底座凸形底气瓶。

4）H 形底气瓶。

5）双口形气瓶。

（2）桶形气瓶　指盛装液氯、液氨、用焊接成型的方法制造的桶形气瓶。

（3）球形气瓶。

（4）葫芦形气瓶。

二、气瓶的结构形式

1. 无缝气瓶典型结构形式

无缝气瓶按其端部结构共有五种形式，其结构如图 7—1 所示。其中，凹形底和带底座凸形底气瓶的典型结构如图 7—2 所示。凹形底气瓶稳定性较好，我国生产的无缝气瓶几乎都是凹形底气瓶。

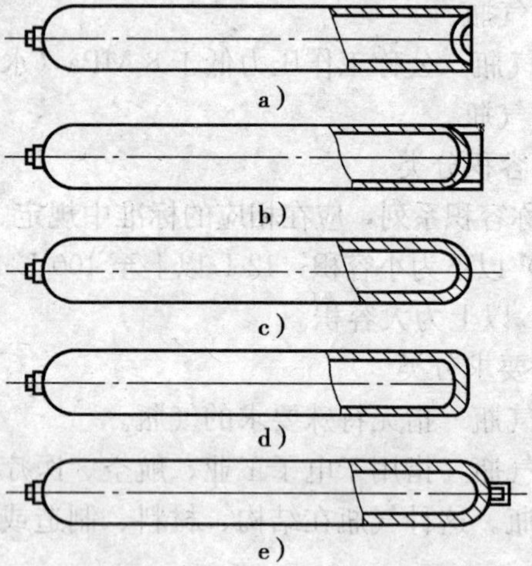

a)　b)　c)　d)　e)

图 7—1　无缝气瓶典型结构

气瓶的主体部分是瓶体（直接承受内压的气瓶主体），其材质应符合 GB 13447—1992《无缝气瓶用钢坯》或 GB 3077—1999《合金结构钢技术条件》的要求。瓶口指气瓶的介质进出口处，通常有内螺纹，用以连接瓶阀，内孔锥螺纹应符合 GB 8335—1998《气瓶专用螺纹》的有关要求。瓶颈指无缝气瓶瓶口与瓶体过渡的缩颈部分，容积大于 12 L 的钢质无缝气瓶的瓶颈处套有颈圈，其功能是固定连接颈圈在瓶颈外侧，用以装配瓶帽的零件。固定连接颈圈的方法有两种，一种是热装，另一种是冷碾。瓶肩指气瓶筒体与瓶颈之间弧形过渡部分。筒体指瓶体的圆柱部分，亦称瓶身。瓶底指气瓶瓶体封闭端的非筒体的承压部分。瓶根指气瓶筒体与瓶底连接的过渡部分。底座指为使凸形底气瓶能稳定站立、与瓶体固定连接的座圈式零件。底座的形状有圆筒状和四角状两种。底座的固定方法一般为热装。

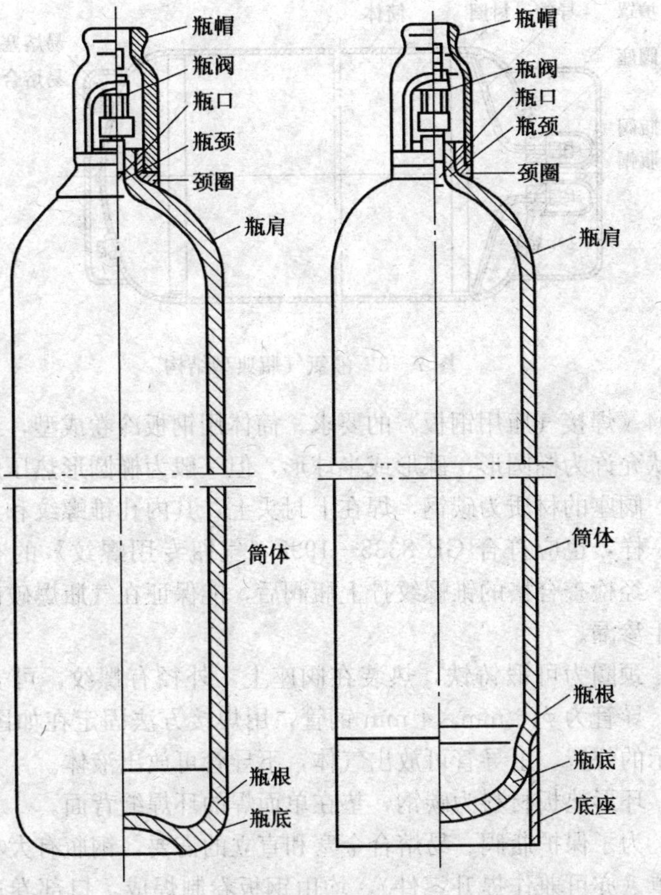

图 7—2　凹形底和带底座凸形底气瓶典型结构

无缝气瓶的附件较为简单，有瓶阀、瓶帽和防震圈。

2. 焊接气瓶典型结构形式

焊接气瓶具有代表性的有三种类型。

(1) 液氯气瓶　液氯气瓶一般为三件组装形式，如图 7—3 所示。

筒体和封头是焊接气瓶的主体，其材质应符合 GB 6653—

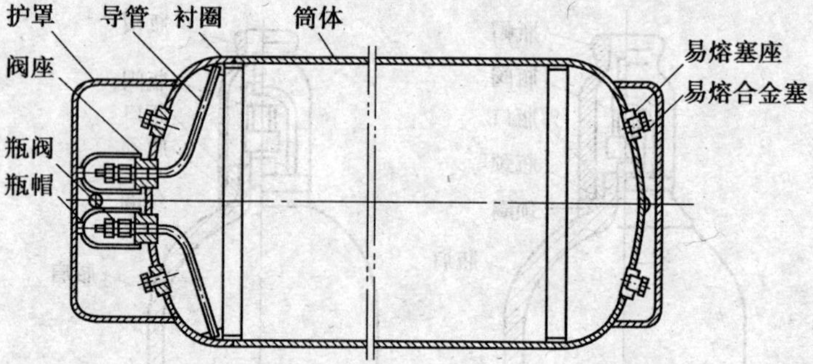

图 7—3 液氯气瓶典型结构

1994《焊接气瓶用钢板》的要求。筒体用钢板冷卷成型，封头的形状允许为椭圆形、碟形或半球形，但一般为椭圆形热压成型。

阀座的材质为碳钢，焊在上封头上，其内孔锥螺纹和无缝气瓶一样，也应符合 GB 8335—1998《气瓶专用螺纹》的有关要求，经检查合格的锥螺纹拧上瓶阀后，能保证在气瓶爆破前不会发生渗漏。

颈圈为可锻铸铁，热装在阀座上，外径有螺纹，可安装瓶帽。导管为 ϕ16 mm×4 mm 钢管，用焊接方法固定在如图 7—3 所示的位置，上导管可放出气体，下导管可放出液体。

环形垫板材料为碳钢，垫在单面焊的环焊缝背面。

为了保护瓶阀、易熔合金塞和直立的需要，钢瓶有大小两个护罩（亦可兼作提升零件），均由钢板卷制焊成，口部卷边，以增加其强度和刚度。大护罩应留缺口，以免直立时存水腐蚀瓶体。大小护罩均有吊装孔。

塞座由碳钢制成，焊在左右两个封头上，塞孔内车有锥螺纹以装配易熔合金塞。

液氯气瓶的附件，有瓶帽、瓶阀、防震圈和易熔合金塞。

（2）液化石油气钢瓶　GB 5482—1996《液化石油气钢瓶》标准中有三种规格，YSP—10、YSP—15、YSP—50 型。GB

15380—2001《小容积液化石油气钢瓶》标准中有三种规格，YSP—0.5、YSP—2.0、YSP—5.0 型。

YSP—10、YSP—15 如图 7—4 所示。瓶体由上、下两封头组成（即两件组装形式），中间有一环焊缝。采用缩口插入装配形式，即将一封头的端部缩径插入与之相焊接的另一封头的筒端，起榫插式对接环焊缝衬圈作用。YSP—50 型液化石油气钢瓶是三件组装形式。

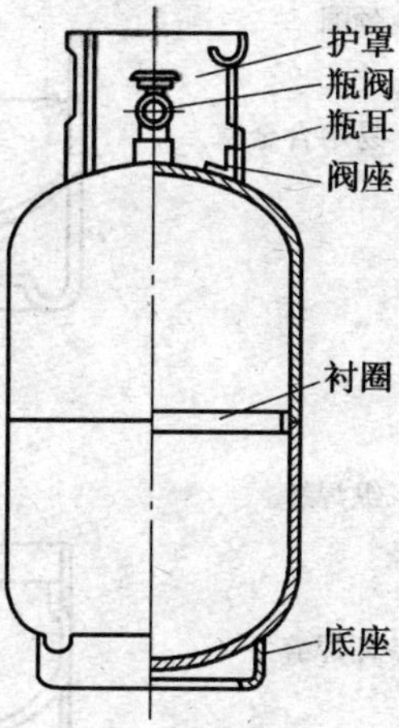

图 7—4　液化石油气瓶典型结构

阀座焊接在气瓶上封头上，用以装配瓶阀的零件。

瓶阀护罩与瓶体用焊接方法连接。

底座是为使气瓶能稳定站立、与瓶体固定连接的底圈式零件。底座上一定要钻孔或留有开口处，因为气瓶立于地面上，瓶与地平面有一空间，容易存有湿气以及由于昼夜温差而形成的水珠或露水。底座上有孔可以防止其由于上述现象而产生的腐蚀作用。

液化石油气钢瓶的附件有护罩和瓶阀。

为避免由于腐蚀而减弱瓶体强度，各国标准通常都要求气瓶使用特种形式的涂层。美国和欧洲一些国家要求气瓶必须镀锌。

其他国家则要求喷漆，我国采用的高压静电喷涂聚乙烯经高温固化处理后，在防止机械损伤和化学腐蚀方面比喷漆或电镀更好。

（3）溶解乙炔气瓶　溶解乙炔气瓶的焊接瓶体依据 GB 5100—1994《钢质焊接气瓶》设计制造。我国在市场上销售的溶解乙炔气瓶均为公称容积 40 L 的三件组装形式。而国外（如美国）多为无缝或两件组装形式。图 7—5 为溶解乙炔气瓶典型结构形式。

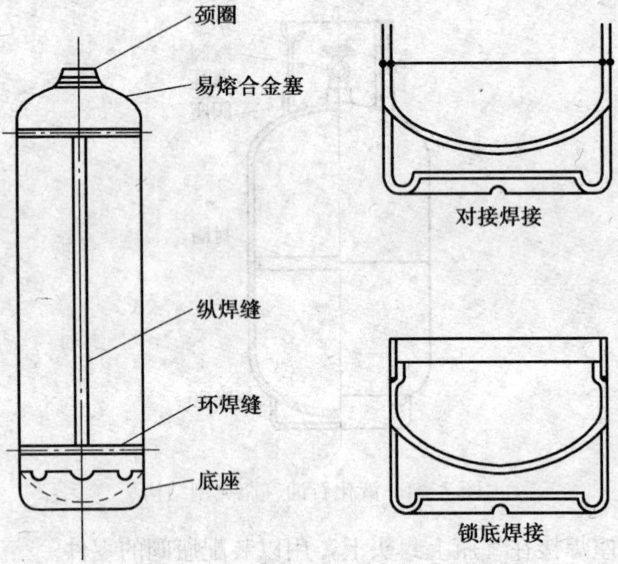

图 7—5　溶解乙炔气瓶典型结构

溶解乙炔气瓶的颈圈用低碳圆钢车制而成，是瓶帽与瓶体、瓶阀与瓶体连接的零件。易熔合金塞座也是用低碳圆钢车制而成，它是易熔合金与瓶体连接的零件，简称易熔塞座。

上封头、筒体和下封头是溶解乙炔气瓶的主要受压元件，其材质应符合 GB 5100—1994《钢质焊接气瓶》和 GB 6653—1994《焊接气瓶用钢板》的要求。

筒体纵焊缝一般采用双面埋弧焊，而环焊缝有的采用双面对接埋弧焊，也有的采用单面焊双面成形的气体保护焊，还有采用缩口形式，用单面埋弧焊施焊完成。

底座是非受压元件，与下封头焊接连接，但相接的焊缝不属于主体焊缝。

第二节　气瓶的主要技术参数

一、气瓶的公称工作压力与水压试验压力

我国气瓶的压力系列见表 7—1。表中气瓶水压试验压力是其公称工作压力的 1.5 倍，特殊情况按相应国家标准的具体规定。

表 7—1　　气瓶的压力系列

压力类别	高压（MPa）	低压（MPa）
公称工作压力	30　20　15　12.5　8	5　3　2　1
水压试验压力	45　30　22.5　18.8　12	7.5　4.5　3　1.5

气瓶的公称工作压力：对盛装永久气体的气瓶，是指在基准温度（一般为 20℃）时所盛装气体的限定充装压力；对于盛装液化气体的气瓶，是指温度为 60℃时瓶内气体压力的上限值(液化气体压力的上限值除和温度有关以外，还与充装系数有关)。

盛装高压液化气体的气瓶，其公称工作压力不得小于 8 MPa。

盛装毒性为极度和高度危害介质的液化气体气瓶，其公称工作压力的选用应适当提高。

常用气体气瓶公称工作压力见表 7—2。表 7—2 未列出的气体可通过计算求出，然后按表 7—1 规定的压力系列进行归整。

表 7—2　钢质无缝气瓶的公称工作压力

气体类别		公称工作压力（MPa）	常用气体
永久气体 T_c＜－10℃		30	空气、氧、氢、氮、氩、氦、氖、氪、甲烷、煤气、天然气、氟等
		20	
		15	空气、氧、氢、氟、氪、氖、甲烷、煤气、三氟化硼、四氟甲烷（R—14）、一氧化碳、一氧化氮、氘（重氢）、氪等
		20	二氧化碳、一氧化二氮（氧化亚氮）、乙烷、乙烯、硅烷、磷烷、乙硼烷等
		15	
液化气体 T_c≥－10℃	高压液化气体 －10℃≤T_c≤70℃	12.5	氙、一氧化二氮（氧化亚氮）、六氟化硫、氯化氢、乙烷、乙烯、三氟氯甲烷（R－13）、三氟甲烷（R－23）、六氟乙烷（R－116）、1，1－二氟乙烯（偏二氟乙烯）（R－1132a）、氟乙烯（R－1141）、三氟溴甲烷（R－13B1）等
		8	六氟化硫、三氟氯甲烷（R－13）、1，1－二氟乙烯（偏二氟乙烯）（R－1132a）、六氟乙烷（R－116）、氟乙烯（R－1141）、三氟溴甲烷（R－13B1）等
	低压液化气体 T_c＞70℃	5	溴化氢、硫化氢、碳酰二氯（光气）、硫酰氟等
		3	氨、二氟氯甲烷（R－22）、1，1，1－三氟乙烷（R－143a）等
		2	氯、二氧化硫、环丙烷、六氟丙烯、二氟二氯甲烷（R－12）、1，1－二氟乙烷（R－152a）、氯甲烷、二甲醚、二氧化氮、三氟氯乙烯（R－1113）、溴甲烷、氟化氢、五氟氯乙烷（R－115）等
		1	正丁烷、异丁烷、异丁烯、1－丁烯、1，3－丁二烯、一氟二氯甲烷（R－21）、四氟二氯乙烷（R－114）、二氟氯乙烷（R－142b）、二氟溴氯甲烷（R－12B1）、氯乙烷、氯乙烯、溴乙烯、甲胺、二甲胺、三甲胺、乙胺、乙烯基甲醚、环氧乙烷、八氟环丁烷（R－C318）、（顺）2－丁烯、（反）2－丁烯、三氟化硼（氯化硼）、甲硫醇（硫氢甲烷）、三氟氯乙烷（R－133a）等

注：T_c——临界温度，℃。

二、气瓶的容积、直径与介质质量

目前，我国已先后公布了钢质无缝气瓶、钢质焊接气瓶和液化石油气钢瓶等国家标准，其中对气瓶的容积和直径做出了明确的规定。

为了便于工作，我国将气瓶的公称容积划分为大、中、小三类：从 0.4 L 至 12 L 为小容积，从 100 L 到 1 000 L 为大容积，其余为中容积。

1. 钢质无缝气瓶的容积

钢质无缝气瓶的容积，以 40 L 气瓶为最常见，但也有小到 0.4 L 和大到 80 L 的气瓶。详见表 7—3。

表 7—3　　钢质无缝气瓶的水容积和外径

<table>
<tr><th>类别</th><th>水容积（L）</th><th>允许偏差（%）</th><th>外径 D_0（mm）</th><th>允许偏差（%）</th></tr>
<tr><td rowspan="15">小容积</td><td>0.4</td><td rowspan="15">+5
0</td><td>60、70</td><td rowspan="15">+1.25
−1.00</td></tr>
<tr><td>0.7</td><td>70</td></tr>
<tr><td>1.0</td><td rowspan="2">89</td></tr>
<tr><td>1.4</td></tr>
<tr><td>2.0</td><td>89、180</td></tr>
<tr><td>2.5</td><td>108、120、140</td></tr>
<tr><td>3.2</td><td rowspan="4">120、140</td></tr>
<tr><td>4.0</td></tr>
<tr><td>5.0</td></tr>
<tr><td>6.3</td></tr>
<tr><td>7.0</td><td rowspan="3">140、152</td></tr>
<tr><td>8.0</td></tr>
<tr><td>9.0</td></tr>
<tr><td>10.0</td><td>152、159</td></tr>
<tr><td>12.0</td><td>152、159、180</td></tr>
</table>

续表

类别	水容积（L）	允许偏差（%）	外径 D_0（mm）	允许偏差（%）
中容积	20.0	$^{+5}_{0}$	203、219	±1.25
	25.0			
	32.0			
	36.0			
	(38.0)*		219、229、232	
	40.0			
	45.0			
	50.0		245、273	
	63.0			
	70.0			
	80.0			

*括号内数值不推荐选用。

2. 钢质焊接气瓶的容积

钢质焊接气瓶的容积，作为溶解乙炔钢瓶，以 40 L 钢瓶最为普遍，液氨与液氯气瓶以 800 L 和 400 L 最为普遍。因为按液氯 1.25 kg/L 的充装系数计算，它们的介质质量正好为 1 t 和 0.5 t。

钢质焊接气瓶的公称容积 V_g 和公称直径 D_g（内径）按表 7—4 选取。

表 7—4　　焊接气瓶的 V_g 和 D_g

公称容积 V_g（L）	10	16	25	40	50	60	80	100	150	200	400	600	800	1 000
公称直径 D_g（mm）	200			250		300 (350)*			400		600 (700)		800 (900)	

*括号内数值不推荐采用。

3. 液化石油气钢瓶的容积

液化石油气钢瓶的容积，以 35.5 L 最多。因为，以 0.42 kg/L 充装系数计算，此类气瓶正好充装 15 kg 液化石油气，是一般家庭一个月的消耗量。

液化石油气钢瓶的规格，按表 7—5 选取。

表 7—5　　　　液化石油气钢瓶的规格参数

参数＼型号	YSP－10	YSP－15	YSP－50
钢瓶内径（mm）	314	314	400
钢瓶水容积（L）	⩾23.5	⩾35.5	⩾118
底座外径（mm）	240	240	400
护罩外径（mm）	190	190	
钢瓶高度*（mm）	535	680	1 215
充装质量（kg）	⩽10	⩽15	⩽50

*钢瓶高度是指从底座下端到护罩或瓶帽上端面的距离。

第三节　气瓶附件及其作用

气瓶附件是指瓶帽、瓶阀、易熔合金塞或爆破片和防振圈等。气瓶附件是气瓶的重要组成部分，对气瓶安全使用起着非常重要的作用。

一、瓶帽

保护瓶阀用的帽罩式安全附件统称瓶帽。其功能在于避免气瓶在搬运和使用过程中，由于碰撞而损伤瓶阀，甚至造成瓶阀飞出、气瓶爆炸等严重事故。瓶帽按其结构形式可分为固定式和拆卸式两种，如图 7—6、图 7—7 所示。

为防止气体泄漏，或由于超压泄放装置动作造成瓶帽爆炸，在瓶帽上要开有排气孔。为避免气体由一侧排出而产生的反作用力，使气瓶倾倒或横向转动，排气孔应是对称的两个。

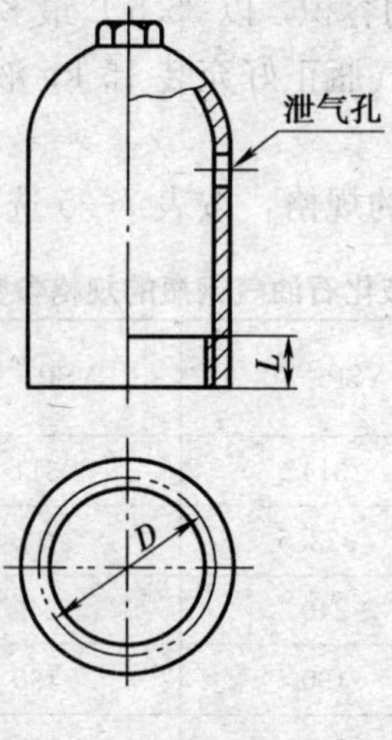

图 7—6　拆卸式瓶帽示意图

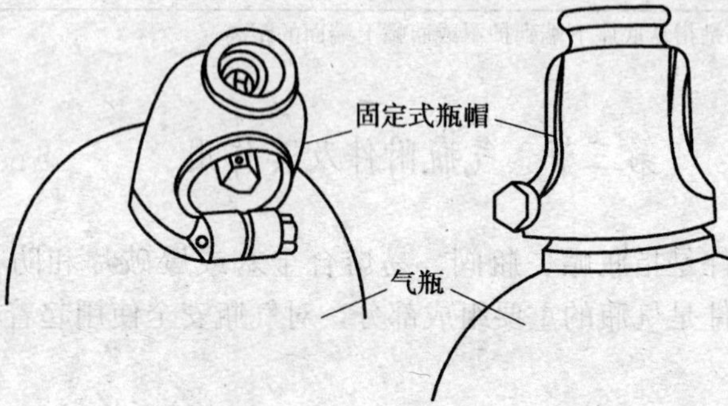

图 7—7　固定式瓶帽示意图

对瓶帽的要求：

1. 具有良好的抗撞击性能，禁止用灰口铸铁制造瓶帽。

2. 具有互换性，装卸方便且不易松动。

3. 同一工厂制造同一规格、型号的瓶帽，质量允差应不超过 5%。

拆卸式瓶帽帽口处车有内螺纹，与颈圈螺纹相配合。在使用或充气时要将瓶帽从气瓶上拆卸下来，在使用过程中或充气完毕后，应将其安装上。瓶帽螺纹应符合 GB 8335—1998《气瓶专用螺纹》的要求。

固定式瓶帽帽口处有的也车有内螺纹，但此螺纹不起紧固作用，其连接主要是靠帽口处的紧固螺栓。在安装充装卡具或减压器时，均可直接从固定式瓶帽的侧孔与瓶阀出气口相接，并借助于专用扳手，从固定式瓶帽的顶孔内开关瓶阀。

《气瓶安全监察规程》规定，如用户无特殊要求，一般应配戴固定式瓶帽。

二、瓶阀

瓶阀是控制气体进出的装置。

1. 对瓶阀的安全要求

（1）瓶阀材料应不与瓶内所盛装气体发生化学反应，也不允许影响气体的质量。

（2）瓶阀上与气瓶连接的螺纹，必须与瓶口内螺纹相匹配，并应符合相应标准的规定。瓶阀出气口的结构，应能有效地防止气体错装、错用。

（3）氧气和强氧化性气体气瓶的瓶阀、密封材料必须采用无油脂的阻燃材料。

（4）液化石油气瓶阀的手轮材料，应具有阻燃性能。

（5）瓶阀阀体上如装有爆破片，其爆破压力应为气瓶的水压试验压力。

（6）同一规格、型号的瓶阀，其质量允差不应超过 5%。

（7）非重复充装气瓶瓶阀必须采用不可拆卸方式与非重复充装气瓶装配。

（8）瓶阀出厂时，应逐只出具合格证。

所充装气体与气瓶、瓶阀的相容性，这是一个非常重要的问题。气瓶安装何种材质的瓶阀，取决于瓶内气体的性质，例如，氧气瓶阀无论什么型号均应采用铜阀，这是因为铜不会产生静电火花和机械火花的缘故，从而保证氧气瓶的使用安全。当气瓶盛装氨气、光气和某些其他气体时，由于这些气体与铜发生化学反应，使铜阀受到腐蚀，所以这些气瓶不能使用铜质阀门。乙炔与铜发生化学反应生成的乙炔铜具有爆炸性，而且铜又能促使乙炔发生分解爆炸，所以，乙炔瓶阀材料应选用碳钢或低合金钢。如选用铜合金，其含铜量必须小于70%。

瓶阀的侧面上有一个用来充装或释放气体的带有外或内螺纹的出气口。为了防止在充装和使用中发生意外事故，许多国家都规定了不同气体瓶阀的出口连接形式及其尺寸。其主要形式是双台阶的球面与斜面密封或双台阶的锥面O形圈密封。非互换连接尺寸有21种，由于螺纹有左、右旋之分，确定的非互换连接尺寸，实际有42组，这些组别尺寸分配给15类100多种气体，以保证其使用安全。

出气口的形式和尺寸，不但决定气瓶的安全使用，而且也决定着气体充装和使用效率。目前，我国只对液化石油气、氧气、乙炔气瓶的出气口尺寸做了简单要求，但并不系统；在出气口形式方面，现在实行的是盛装助燃和不可燃气体瓶阀的出气口螺纹为右旋，盛装可燃气体瓶阀的出气口螺纹为左旋。然而，我国相当数量的气体充装单位，在向空瓶内充气时，根本不用螺纹连接，而是采用卡具连接，故左、右旋的规定实际上已失去意义。为了防止因气体混装而发生气瓶爆炸事故，必须在充气卡具上采用双台阶尺寸变化方法，以消除气体错装、错用的危险隐患。

2. 瓶阀的种类

目前，经全国气瓶标准化技术委员会审查通过并已公布的气瓶瓶阀国家标准有：GB 7512—1998《液化石油气瓶阀》、GB 10877—1989《氧气瓶阀》、GB 10879—1989《溶解乙炔气瓶阀》、GB 13438—1992《氩气瓶阀》、GB 13439—1992《液氯瓶阀》、GB 17877—1999《液氨瓶阀》、GB 17878—1999《工业用非重复充装瓶阀》、GB 17926—1999《车用压缩天然气瓶阀》。

按结构瓶阀可分为销片式、套筒式、钩轴式、针形式、隔膜式和球压式六种。

三、超压（超温）泄放装置

气瓶上使用的泄放装置的形式主要有爆破片和易熔合金塞。

1. 爆破片式泄放装置

这种泄放装置中装有一片能耐瓶内气体浸蚀的金属膜片。当瓶内压力超过气瓶安全使用压力（1.2～1.5 倍公称工作压力）时，爆破片破裂，瓶内气体从泄压帽的小孔里排出，从而防止气瓶超压爆炸。

这种泄放装置结构简单，不易泄漏，但其动作压力不易控制，技术上不易掌握。爆破片的动作压力与其直径、厚度、材质、碾制工艺等因素有关。因此，带爆破片式泄放装置的瓶阀，应随机抽样 3～5 只进行爆破试验，试验合格后方可使用。

爆破片式泄放装置适用于盛装不可燃的永久气体或高压液化气体气瓶。

2. 易熔合金塞式泄放装置

易熔合金塞是超温泄压装置，其中浇铸有易熔合金，当气瓶受到外界热源的影响，瓶内气体压力骤然升高时，易熔合金由于温度的影响被熔化，瓶内气体即可从泄放装置的小孔排出，从而防止因超压而发生爆炸事故。

易熔合金塞动作温度（注意，不是易熔合金流动温度）或是以气瓶水压试验压力为基准（取 0.8 倍水压试验压力作为泄放压力，对应于泄放压力的介质温度便是易熔合金塞动作温度），或以充装系数为基准（以法定充装系数充装于气瓶内，随温度上升瓶内液体膨胀，气相空间变小。当液体充满整个气瓶，气相空间为零时的温度，即是易熔合金动作温度）。以我国气温为基础，同时考虑永久气体、液化气体和溶解气体的性质不同，将易熔合金塞动作温度统一规定为两类（100℃和 70℃）。

易熔合金塞式泄放装置制造技术简单易行，温度上升时动作敏捷，维修保养也方便。但该装置的使用有很大的局限性。其原因是它存在一些缺点，例如，受外部热源影响容易造成误动作，不能防止温度以外原因而造成的压力上升，动作温度下的内压有可能超过水压试验压力，易熔合金与塞体之间容易漏气等。

3. 其他泄放装置

除上述泄放装置外，还有弹簧式泄放装置、复合式泄放装置（在一个带有易熔合金的螺母上，压着一层爆破片）、并用式泄放装置（同时配备弹簧式和易熔塞式两种泄放装置）等。这三种类型的泄放装置在我国很少见。

四、防振圈

防振圈是指套装在气瓶筒体上的橡胶圈（也可用其他弹性物质制作），其主要功能是使气瓶免受直接撞击。气瓶是移动式压力容器，它在充气、使用，尤其是在搬运过程中，常常因滚动、振动而互相碰撞或与其他物体相碰撞，不但会使气瓶瓶壁产生伤痕或变形，而且还常常因其碰撞导致气瓶发生物理性爆炸事故。

防振圈的其他作用还有：

1. 气瓶配两个防振圈，在运输环节上有助于杜绝抛、滑、滚、碰瓶行为。

2. 保护气瓶的漆色标记。漆色标记是识别气瓶种类最方便的方法。没有防振圈，就会使气瓶的漆色脱落变成锈色，就会发生错装和混装气体。轻者影响充装气体的质量，重者导致气瓶发生化学性爆炸。

为保证防振圈的弹性，防振圈的厚度一般应不小于 25 mm，其套装位置必须符合要求，即与气瓶上下端部距离各为 200～250 mm。

第四节　气瓶的颜色标记和钢印标记

一、颜色标记

气瓶颜色标记是指气瓶外表的瓶色、字样、字色和色环。气瓶喷涂颜色标记的主要目的是方便辨别气瓶内的介质，即能非常明晰地从气瓶外表的颜色上迅速地辨别出盛装某种气体的气瓶和瓶内气体的性质（可燃性、毒性），避免错装和错用。此外，气瓶外表喷涂带颜色的油漆，还可以防止气瓶外表面生锈。

1. 字样

字样是指气瓶充装介质的名称、气瓶所属单位名称和其他内容的文字标志。介质名称一般用汉字表示，凡属液化气体，在介质名称前一律冠以“液化”或“液”字样。对于小容积的气瓶，介质名称可用化学式表示。其他内容包括安全或使用注意事项，如溶解乙炔气瓶的“不可近火”等。字样一律用仿宋体。对公称容积 40 L 的气瓶，其字体高度为 80～100 mm。对于其他规格的气瓶，字体大小应按相应比例放大或缩小。

字样在气瓶上的排列，对于立式气瓶，介质名称按瓶的环向（从左到右）横写，位于瓶高 3/4 处。单位名称按气瓶轴向竖写，位于介质名称居中的下方或转向 180°的瓶面。对于卧式气瓶，介质名称和单位名称均以气瓶的轴向从瓶阀端向右，分项横列于瓶身中部。单位名称位于介质名称之下，项间距为瓶身周长的 1/4 或 1/2。

2. 色环

色环是识别充装同一介质，但具有不同公称工作压力的气瓶标记。凡充装同一介质且公称工作压力比规定起始级高一级的气瓶加一道色环，高两级加两道，依此类推。

色环的宽度，对于公称容积 40 L 的气瓶，单环宽度为 40 mm；多环宽度为 30 mm；其他规格的气瓶，色环宽度宜按相应比例放宽或缩窄。多环的环间距离等于环宽度。

色环的喷涂位置，对于立式气瓶，应喷涂于瓶高 2/3 处，且介于介质名称和单位名称之间，如图 7—8 所示。对于卧式气瓶，应喷涂于距瓶阀端 1/4 瓶长处。和气瓶的瓶帽、防护罩等的胶圈之间留适当距离。气瓶的颜色标志及其喷涂过程的具体规定可以查阅 GB 7144—1999《气瓶颜色标志》。表 7—6、7—7 列出了一些介质的气瓶颜色标记。此外，气瓶的警示标签的式样、制作方法及应用，应符合 GB 16804—1997《气瓶警示标签》的规定。

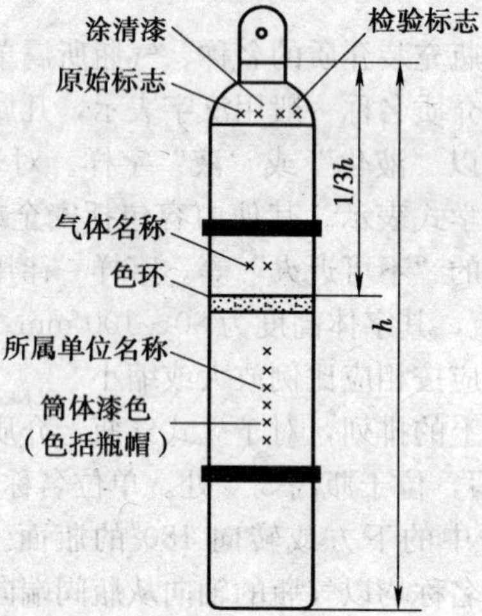

图 7—8　气瓶颜色标记喷涂位置

二、气瓶的钢印标记和检验色标

1. 气瓶的钢印标记包括：制造钢印标记和检验钢印标记。

2. 气瓶的钢印标记应符合下列规定：

（1）钢印标记打在瓶肩上时，其位置如图 7—9a 所示，打在护罩上时，如图 7—9b 所示。

（2）钢印标记的项目和排列，如图 7—10 所示。

表 7—6　　常用介质的气瓶颜色标记

序号	介质名称	化学式	颜色	字样	字色	色环
1	氢	H_2	淡绿	氢	大红	p=20 MPa 淡黄色环一道 p=30 MPa 淡黄色环二道
2	氧	O_2	淡蓝	氧	黑	p=20 MPa 白色环一道 p=30 MPa 白色环一道
3	氨	NH_3	淡黄	液氨		
4	氯	Cl_2	深绿	液氯	白	
5	空气		黑	空气		p=20 MPa 白色环一道 p=30 MPa 白色环一道
6	氮	N_2		氮	淡黄	
7	碳酰氯	$COCl_2$	白	液化光气	黑	
8	磷化氢	PH_3		液化磷化氢	大红	
9	溶解乙炔	C_2H_2		乙炔不可近火		
10	二氧化碳	CO_2	铝白	液化二氧化碳	黑	p=20 MPa 黑色环一道
11	二氯二氟甲烷	CF_2Cl_2		液化氟氯烷—12		
12	三氟氯甲烷	CF_3Cl		液化氟氯烷—13		p=12.5 MPa 深绿色环一道
13	四氟甲烷	CF_4		氟氯烷—14		
14	二氯氟甲烷	$CHFCl_2$		液化氟氯烷—21		
15	二氟氯甲烷	CHF_2Cl		液化氟氯烷—22		
16	三氟甲烷	CHF_3		液化氟氯烷—23		
17	二氯四氟乙烷	$CF_2Cl—CF_2Cl$		液化氟氯烷—114		
18	六氟乙烷	CF_3CF_3		液化氟氯烷—116		p=12.5 MPa 深绿色环一道
19	二氟溴氯甲烷	CF_2ClBr		液化氟氯烷—12B1		
20	三氟溴甲烷	CF_3Br		液化氟氯烷—13B1		p=12.5 MPa 深绿色环一道

续表

序号	介质名称	化学式	颜色	字样	字色	色环
21	二氟氯乙烷	CH_3CF_2Cl	铝白	液化氟氯烷－142	大红	
22	三氟乙烷	CH_3CF_3		液化氟氯烷－143		
23	偏二氟乙烷	CH_3CHF_2		液化氟氯烷－152a		
24	甲烷	CH_4	棕	甲烷	白	p=20 MPa 淡黄色环一道 p=30 MPa 淡黄色环二道
25	乙烷	C_2H_6		液化乙烷		p=15 MPa 淡黄色环一道 p=20 MPa 淡黄色环二道
26	丙烷	C_3H_8		液化丙烷		
27	环丙烷	C_3H_6		液化环丙烷		
28	正丁烷	n—C_4H_{10}		液化正丁烷		
29	异丁烷	i—C_4H_{10}		液化异丁烷		
30	乙烯	C_2H_4		液化乙烯	淡黄	p=15 MPa 白色环一道 p=20 MPa 白色环二道
31	丙烯	C_3H_6		液化丙烯		
32	1－丁烯	C_4H_8—〔1〕		液化丁烯		
33	异丙烯	i—C_4H_8		液化异丁烯		
34	1，3－丁二烯	C_4H_6—〔1，3〕		液化丁二烯		
35	氩	Ar	银灰	氩	深绿	p=20 MPa 白色环一道 p=30 MPa 白色环二道
36	氦	He		氦		
37	氖	Ne		氖		
38	氪	Kr		氪		
39	氙	Xe		氙		

续表

序号	介质名称	化学式	颜色	字样	字色	色环
40	三氟化硼	BF_3		氟化硼		
41	溴化氢	HBr		液化溴化氢		
42	氟化氢	HF		液化氟化氢		
43	一氧化二氮	N_2O		液化一氧化二氮		p=15 MPa 深绿色环一道
44	氯化氢	HCl		液化氯化氢		
45	四氧化二氮	N_2O_4		液化四氧化二氮	黑	
46	二氧化硫	SO_2		液化二氧化硫		
47	六氟化硫	SF_6		液化六氟化硫		p=12. 5 MPa 深绿色环一道
48	溴乙烯	CH_2═CHBr		液化溴乙烯		
49	六氟丙烯	C_3F_6	银灰	液化六氟丙烯		
50	液化石油气			液化石油气		
51	甲基乙烯基醚	CH_2═$CHOCH_3$		液化乙烯基甲醚		
52	氯甲烷	CH_3Cl		液化氯甲烷		
53	氯乙烷	C_2H_5Cl		液化氯乙烷		
54	氯乙烯	CH_2═CHCl		液化氯乙烯	大红	
55	三氟氯乙烯	CF_2═CFCl		液化三氟氯乙烯		
56	溴甲烷	CH_3Br		液化溴甲烷		
57	氟乙烯	CH_2═CHF		液化氟乙烯		

续表

序号	介质名称	化学式	颜色	字样	字色	色环
58	偏二氟乙烯	$CH_2=CF_2$	银灰	液化偏二氟乙烯	大红	p=12.5 MPa 淡黄色环一道
59	甲胺	CH_3NH_2		液化甲胺		
60	二甲胺	$(CH_3)_2NH$		液化二甲胺		
61	三甲胺	$(CH_3)_3N$		液化三甲胺		
62	乙胺	$C_2H_5NH_2$		液化乙胺		
63	甲醚	$(CH_3)_2O$		液化甲醚		
64	环氧乙烷	C_2H_4O		液化环氧乙烷		

注：①表中 p 为公称工作压力。
②瓶色包括瓶帽和护罩的颜色。

表 7—7　　　　表 7—6 中未列介质气瓶颜色标记

充装介质		瓶色	字色	色环
剧毒类		白	可燃气体：大红 不可燃气体：黑	
氟氯烷类		铝白		深绿
烃类	烷烃	棕	白	淡黄
	烯烃		淡黄	白
特种气体类		橘黄	深绿	
其他气体类		银灰	可燃气体：大红 不可燃气体：黑	无机气体：深绿 有机气体或混合气体：淡黄

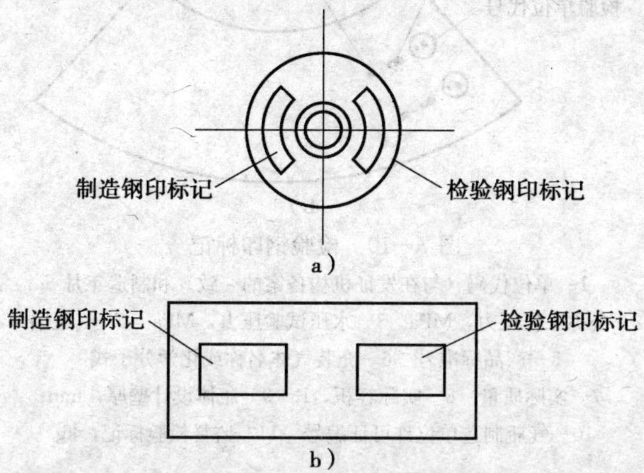

图 7—9　钢印标记位置

（3）制造钢印标记，也可在瓶肩部沿一条圆周线排列，如图 7—10a 所示。

（4）检验钢印标记，也可打在金属检验标记环上，如图 7—11 所示。

3. 钢印标记应排列整齐、清晰。钢印字体高度应为 5～10 mm，深度为 0.5 mm。

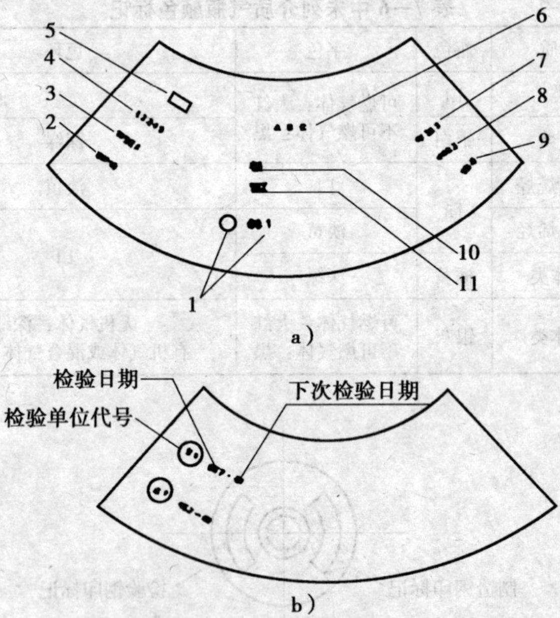

图 7—10　检验钢印标记

1—单位代码（与在发证机构备案的一致）和制造年月
2—公称工作压力，MPa　3—水压试验压力，MPa　4—气瓶编号
5—产品标准号　6—充装气体名称或化学分子式
7—实际质量　8—实际容积，L　9—瓶体设计壁厚，mm
10—气瓶制造单位许可证编号　11—监督检验标记，kg

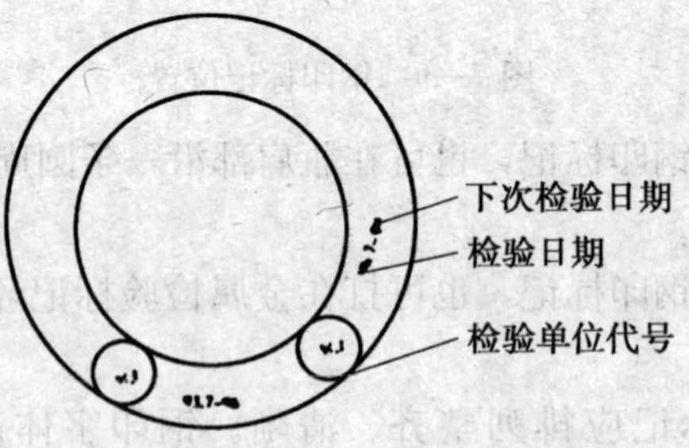

图 7—11　金属检验标记环上的钢印标记

4. 检验钢印标记上，还应按检验年份涂检验色标。检验色标的颜色和形状见表 7—8。

表 7—8　　检验色标的颜色和形状

检验年份	颜色	形状
2000	粉红色（RP01）	椭圆形
2001	铁红色（R01）	椭圆形
2002	铁黄色（Y09）	椭圆形
2003	淡紫色（P01）	椭圆形
2004	深绿色（G05）	椭圆形
2005	粉红色（RP01）	矩形
2006	铁红色（R01）	矩形
2007	铁黄色（Y09）	矩形
2008	淡紫色（P01）	矩形
2009	深绿色（G05）	矩形
2010	粉红色（RP01）	椭圆形

注：1. 括号内的符号和数字表示该颜色的代号。
2. 椭圆形的长轴约为 80 mm，短轴约为 40 mm；矩形约为 80 mm×40 mm。
3. 检验色标每 10 年为一个循环周期。

第五节　瓶装气体充装量

瓶装气体的充装量是涉及气瓶安全和经济使用的重要问题。由于气体在气瓶中的状态不同，即气体类别不同，其充装量的确定方法也不同，充装量的计量方式也不同。

一、气瓶充装量的控制

气瓶的充装量是指气瓶在单位容积内允许装入气体或液化气体的最大质量，所以也可称为最大充装量或安全充装量。

各类气瓶的充装量应该根据气瓶的许用压力和最高使用温度

确定。其原则是保证所装的气体或液化气体在最高使用温度下，其压力不能超过气瓶的许用压力。

气瓶的许用压力是为了保证气瓶安全，允许瓶内达到的最高压强。许用压力与气瓶公称工作压力或水压试验压力有一定的比例关系。由于设计条件及使用环境不同，各国对这一比值的规定也不尽相同。根据现行标准 GB 5099—1994《钢质无缝气瓶》的规定，气瓶许用压力与公称工作压力（或水压试验压力）的比值，对永久气体气瓶和高压液化气体气瓶也不一样：高压液化气体气瓶的许用压力等于气瓶的公称工作压力，永久气体气瓶的许用压力则为公称工作压力的 1.2 倍（即水压试验的 0.8 倍）。

气瓶最高使用温度是指气瓶在正常储存、运输和使用过程中受环境条件的影响，瓶内气体可能达到的最高温度。气瓶在整个运行过程中，温度是变化着的，除特殊情况外，温度的变化一般是受环境温度的影响。气瓶温度升高的情况，常见的是气瓶处于高温热源或在烈日下暴晒。气瓶靠近热源，按规定是禁止的，至于气瓶暴晒，也是不允许的，但是要使气瓶在运输和使用过程中绝对避免受太阳照晒，实际上是难以办到的。因此，为了安全起见，气瓶的最高使用温度应按它在烈日下暴晒所能达到的温度来考虑。现行的有关规程及标准规定气瓶的最高使用温度一律为 60℃。

二、永久气体的充装量（充装压力）

永久气体充装量的计量和测控方法与液化气体不同。它不是以气瓶单位容积内所装入气体的质量来计量，而是以气瓶的充装压力（充装终了时的压力）和充装温度（充装终了时的温度）来计量并测控的。这是因为永久气体是以气体状态灌入瓶内的，如果以称重法来计量和测控其充装量，既不方便，也可能存在较大的测量误差。因此，永久气体气瓶充装量的计量和控制就是根据气瓶的许用压力和充装温度来确定其充装压力，以保证在气瓶整个运行过程中，瓶内的压力都不高于气瓶的许用压力。

气瓶的充装温度既不是气瓶瓶壁的表面温度，也不是充气间内的环境温度，而是气瓶充装终了时瓶内气体的温度。充装温度可通过计算或实测求得。不同气体在不同充装温度下允许充装的压力是不同的。表 7—9 给出了常用永久气体在不同充装温度下的最高充装压力。

表 7—9　常用永久气体在不同充装温度下的最高充装压力

气体名称	充装温度（℃）	气瓶的许用压力（MPa）			
		15	16.5	18	24
		最高充装压力（MPa）			
氧气	5	11.8	12.8	14.0	18.2
	10	12.0	13.2	14.3	18.7
	15	12.3	13.5	14.7	19.2
	20	12.6	13.8	15.1	19.8
	25	12.9	14.1	15.4	20.3
	30	13.2	14.5	15.8	20.8
	35	13.5	14.8	16.1	21.3
	40	13.7	15.1	16.5	21.8
	45	14.0	15.4	16.9	22.4
	50	14.3	15.7	17.2	22.9
空气	5	11.9	13.1	14.1	18.5
	10	12.2	13.4	14.4	19.0
	15	12.5	13.7	14.8	19.5
	20	12.7	14.0	15.2	20.5
	25	13.0	14.3	15.5	20.0
	30	13.3	14.6	15.8	21.0
	35	13.6	14.9	16.1	21.5
	40	13.9	15.2	16.4	22.0
	45	14.2	15.5	16.7	22.5
	50	14.4	15.8	17.0	23.0
氮气	5	11.9	13.1	14.1	18.6
	10	12.1	13.3	14.5	19.0
	15	12.4	13.6	14.8	19.5
	20	12.8	13.9	15.2	19.9
	25	13.0	14.3	15.5	20.5
	30	13.3	14.6	15.9	21.0
	35	13.6	14.9	16.2	21.5
	40	13.9	15.2	16.5	21.9
	45	14.2	15.6	16.9	22.4
	50	14.5	15.9	17.2	22.9

续表

气体名称	充装温度（℃）	气瓶的许用压力（MPa）			
		15	16.5	18	24
		最高充装压力（MPa）			
氢气	5	12.6	13.8	14.7	19.7
	10	12.9	14.1	15.0	20.1
	15	13.0	14.3	15.3	20.4
	20	13.2	14.6	15.6	20.8
	25	13.5	14.8	15.9	21.2
	30	13.7	15.1	16.2	21.6
	35	13.9	15.3	16.5	22.0
	40	14.1	15.5	16.8	22.4
	45	14.4	15.7	17.1	22.8
	50	14.6	16.0	17.4	23.2
甲烷	5	10.8	11.6	12.9	16.5
	10	11.1	12.2	13.3	17.2
	15	11.7	12.7	13.8	17.8
	20	12.0	13.2	14.2	18.5
	25	12.4	13.7	14.7	19.2
	30	12.7	14.1	15.2	19.9
	35	13.1	14.4	15.6	20.5
	40	13.5	14.8	16.0	21.2
	45	13.9	15.2	16.5	21.8
	50	14.2	15.6	17.0	22.5
一氧化碳	5	11.8	13.0	14.0	18.3
	10	12.1	13.3	14.3	18.9
	15	12.3	13.6	14.7	19.4
	20	12.6	13.9	15.0	19.9
	25	12.9	14.3	15.4	20.4
	30	13.2	14.5	15.7	20.8
	35	13.5	14.8	16.1	21.3
	40	13.8	15.1	16.4	21.8
	45	14.1	15.5	16.8	22.3
	50	14.4	15.8	17.2	22.8

三、高压液化气体的充装量

高压液化气体，或者叫做低临界温度液化气体，是指临界温度低于 70℃的气体。这种液化气体在充装时因为温度较低（低于它的临界温度）而压力较高，因而往往都是以液态装入。但在装入瓶以后，在运输、使用或储存的过程中，因受到周围环境温度的影响，瓶内气体的温度就会高于它的临界温度。在这种情况下，瓶内的液化气体就全部汽化，压力迅速升高，这时瓶内气体的压力就不是它的饱和蒸气压，而是与永久气体一样，决定于它的充装量。所不同的是，永久气体的充装量是以充装终了的温度和压力来计量，而高压液化气体则因充装时还是液态，故只能以它的充装系数（即气瓶单位容积内所装入的质量）来计量。

高压液化气体的充装量也应与永久气体一样，必须保证所装入的液化气体全部汽化后在气瓶最高使用温度下的压力不超过气瓶的许用压力，也就是液化气体充装系数（单位容积内所装入的质量）不应大于它在温度为气瓶最高使用温度、压力为气瓶许用压力下的密度。表 7—10 给出了高压液化气体的充装系数（气瓶单位容积内允许装入的液化气体最高量）。

表 7—10　　高压液化气体的充装系数

序号	气体名称	化学式	气瓶在不同公称工作压力（MPa）下的充装系数（kg/L）不大于			
			20.0	15.0	12.5	8.0
1	氙	Xe			1.23	
2	二氧化碳	CO_2	0.74	0.60		
3	一氧化二氮（笑气）	N_2O		0.62	0.52	
4	六氟化硫	SF_6			1.33	1.17
5	氯化氢	HCl			0.57	
6	乙烷	C_2H_6［CH_3CH_3］	0.37	0.34	0.31	
7	乙烯	C_2H_4［$CH_2=CH_2$］	0.34	0.28	0.24	
8	三氟氯甲烷［R−13］	CF_3Cl			0.94	0.73
9	三氟甲烷［R−23］	CHF_3			0.76	
10	六氟乙烷［R−116］	C_2F_6［CF_3CF_3］			1.06	0.83

续表

序号	气体名称	化学式	气瓶在不同公称工作压力（MPa）下的充装系数（kg/L）不大于			
			20.0	15.0	12.5	8.0
11	1，1－二氟乙烯［R－1132a］	$C_2H_2F_2$ ［$CH_2=CF_2$］			0.66	0.46
12	氟乙烯（乙烯基氟）［R－1141］	C_2H_3F ［$CH_2=CHF$］			0.54	0.47
13	三氟溴甲烷（R－13B1）	CF_3Br			1.45	1.33
14	硅烷	SiH_4		0.3		
15	磷烷	PH_3		0.2		
16	乙硼烷	B_2H_6		0.035		

四、低压液化气体的充装量

低压液化气体，或者叫做高临界温度液化气体，是与高压液化气体或低临界温度液化气体相对而言的。由于它的临界温度高于气瓶最高使用温度，所以在整个使用过程中，只要充装量不超过规定，瓶内始终是气液两态共存。即瓶内的介质有一部分呈液态，有一部分呈气态。温度升高，除了瓶内气体的饱和蒸气压增大以外，瓶内的液体体积还要膨胀，所以随着温度的升高，瓶内液体所占的容积逐渐增大，原有气体所占的容积则逐渐减小，当温度升高到一定的程度以后，瓶内的容积有可能全被膨胀了的液体所充满，此时如温度继续增加，则由于液体体积的膨胀会使瓶内的压力急剧增高，甚至会因此造成气瓶破裂，发生爆炸事故。因此，为了避免气瓶因液体体积膨胀而产生过大的压力，必须使瓶内的所装液化气体量在气瓶可能达到的最高温度下也不会全部为液体所充满，也即是液化气体充装系数（单位容积内所充装的质量）不应大于所装介质在最高使用温度时液相的密度。为了保证安全，并考虑到量具等的误差，需要留有适当的裕量。我国有关标准规定，低压液化气体充装系数的确定，应符合这样的原则：即充装系数应不大于所装液化气体在最高使用温度时液相密度的97%，且应保证在温度高于气瓶最高使用温度5℃时，瓶内不满液。这样，即使气瓶在使用过程中瓶内的温度上升至最高使用温度，瓶内的液相也只能占有97%，还有3%的气相空间（实际上液体还没有占97%，因为气相部分还占有一定的质量），这就保证了气瓶的压力不会超过它所装液化气体在气瓶最高使用温度（60℃）时的饱和蒸气压。

表7—11给出了各种低压液化气体的充装系数。

表7—11　　低压液化气体的充装系数

序号	气体名称	化学式	充装系数（kg/L，不大于）
1	氨	NH_3	0.53
2	氯	Cl_2	1.25
3	溴化氢	HBr	1.19
4	硫化氢	H_2S	0.66
5	二氧化硫	SO_2	1.23
6	四氧化二氮	N_2O_4	1.30
7	碳酰氯（光气）	$COCl_2$ [O═C—Cl, C—Cl]	1.25
8	氟化氢	HF	0.83
9	丙烷	C_3H_8 [$CH_3CH_2CH_3$]	0.41
10	环丙烷	C_3H_6 [CH_2—CH_2, 两个CH_2均连CH_2，成环]	0.53
11	正丁烷	正—C_4H_{10} [$CH_3CH_2CH_2CH_3$]	0.51
12	异丁烷	异—C_4H_{10} [CH_3CHCH_3, 中间CH上连CH_3]	0.49

续表

序号	气体名称	化学式	充装系数（kg/L，不大于）
13	丙烯	C_3H_6 [$CH_2=CHCH_3$]	0.42
14	异丁烯（2—甲基丙烯）	异—C_4H_8 [$CH_2=C(CH_3)—CH_3$]	0.53
15	1—丁烯	C_4H_8—[1] [$CH_2=CHCH_2CH_3$]	0.53
16	1，3—丁二烯	C_4H_6—[1，3] [$CH_2=CHCH=CH_2$]	0.55
17	六氟丙烯（R—1216）	C_3F_6 [$CF_2=CFCF_3$]	1.06
18	二氯二氟甲烷（R—12）	CF_2Cl_2	1.14
19	一氟二氯甲烷（R—21）	$CHFCl_2$	1.25
20	二氟氯甲烷（R—22）	CHF_2Cl	1.02
21	四氟二氯乙烷（R—114）	$C_2F_4Cl_2$ [$CF_2Cl=CF_2Cl$]	1.31
22	二氟氯乙烷（R—142b）	$C_2H_3F_2Cl$ [CH_3CF_2Cl]	0.99
23	1，1，1—三氟乙烷（R—143b）	$C_2H_3F_3$ [CH_3CF_3]	0.66
24	1，1—二氟乙烷（R—152a）	$C_2H_4F_2$ [CH_3CHF_2]	0.79
25	二氟溴氯甲烷（R—12B1）	CF_2ClBr	1.62
26	三氟氯乙烯（R—1113）	C_2F_3Cl [$CF_2=CFCl$]	1.10
27	氯甲烷（甲基氯）	CH_3Cl	0.81
28	氯乙烷（乙基氯）	C_2H_5Cl [CH_3CH_2Cl]	0.80
29	氯乙烯（乙烯基氯）	C_2H_3Cl [$CH_2=CHCl$]	0.82
30	溴甲烷（甲基溴）	CH_3Br	1.57
31	溴乙烯（乙烯基溴）	C_2H_3Br [$CH_2=CHBr$]	1.37
32	甲胺	CH_3NH_2	0.60

续表

序号	气体名称	化学式	充装系数（kg/L，不大于）
33	二甲胺	$(CH_3)_2NH \left[\begin{matrix}CH_3 & \\ & \diagdown NH \\ CH_3 & \diagup\end{matrix}\right]$	0.58
34	乙胺	CH_5NH_2 $[CH_3CH_2NH_2]$	0.62
35	甲醚（二甲醚）	C_2H_6O $[CH_3OCH_3]$	0.58
36	三甲胺	$(CH_3)_3N \left[\begin{matrix} & CH_3 & \\ & \mid & \\ CH_3— & N & —CH_3\end{matrix}\right]$	0.56
37	乙烯基甲醚（甲基乙烯基醚）	C_3H_6O $[CH_2=CHOCH_3]$	0.67
38	环氧乙烷（氧化乙烯）	$C_2H_4O \left[\begin{matrix}CH_2—CH_2 \\ \diagdown O \diagup\end{matrix}\right]$	0.79
39	（顺）2－丁烯	C_4H_8	0.55
40	（反）2－丁烯	C_4H_8	0.54
41	五氟氯乙烷（R－115）	CF_5Cl	1.05
42	八氟环丁烷（RC－318）	C_4F_8	1.30
43	三氯化硼（氯化硼）	BCl_3	1.2
44	甲硫醇（硫氢甲烷）	CH_3SH	0.78
45	三氟氯乙烷（R－133a）	$C_2H_2F_3Cl$	1.18
46	硫酰氟	SO_2F_2	1.0

五、溶解乙炔气体的充装量

乙炔是一种化学性质极不稳定的气体，特别是在压力较高的状态下，更容易发生聚合或分解反应。因此，用气瓶充装乙炔既不能像充装永久气体那样进行压缩充装（乙炔如果加压到一个大气压以上时，一个大气压为表压，即使没有氧气或空气等助燃剂，也有可能发生爆炸），也不能像液化气体那样，经加压液化后装瓶（液化后的乙炔，稍遇到能量，如碰撞或震动等，就会引起爆炸），只能借助于一种安全媒介——溶剂强制其溶解的办法装瓶。

目前，最常用的乙炔气充装用的溶剂是丙酮，它具有乙炔溶解最大，化学性能稳定、价格比较便宜等优点。但用丙酮溶解乙炔气，不能单独将丙酮装入空瓶内，因为这会给气体充装和使用带来很大的麻烦。

为了便于乙炔气的充装和使用，乙炔瓶内装有多孔性填料（现在通用的是固态硅酸钙，过去也有用活性炭的），溶剂则充入填料的孔隙中，目的是利用多孔性填料的微孔结构来分散溶剂中的乙炔，防止乙炔发生分解或聚合反应，并由此造成气瓶爆炸的事故。

乙炔气是以加压的方式进行充装的。由于丙酮中的乙炔溶解量随着压力的升高而明显增加，因此，乙炔加压充装时，装瓶后的乙炔同样可以立即溶解于溶剂中，从而增大乙炔的充装量。这一充装过程，实质上就是乙炔气在加压条件下溶解入丙酮的过程。因此，瓶内丙酮的储存量、乙炔的充装量以及充气速度等都关系着乙炔气瓶的安全。

乙炔在丙酮中的溶解度见表 7—12。

表 7—12　　乙炔在丙酮中的溶解度　　g/kg

温度（℃）	总压（MPa，绝对压力）								
	0.1	0.2	0.3	0.5	1.0	1.5	2.0	2.5	3.0
0	58.0	109.5	158	241	526	912			
5	48.7	95.3	137	208	447	754	1 157		
10	41.1	83.0	122	182	384	636	958		
15	34.0	72.0	107	161	335	546	811	1 146	
20	27.9	62.4	94	142	293	472	689	960	1 297
25	22.4	53.6	82	126	259	413	597	822	1 099
30	17.9	45.7	72	113	230	364	521	710	940

第六节 气瓶的充装

气瓶的正确充装是保证气瓶安全使用的关键之一，因充装不当而发生的气瓶爆炸事故屡见不鲜。气瓶是一种盛装气体的移动式容器，由于移动和环境变迁，气瓶温度会随环境温度的变化而变化，瓶内介质温度也相应随环境温度而发生变化。由于瓶内容积有限且随温度变化很小，介质温度的升高导致压力的升高，从而有可能使气瓶处于不安全状态。这是气瓶安全使用的一个特殊而重要的问题。此外，气瓶的气体混装也是气瓶常见事故的原因之一。因此，为了使气瓶在使用过程中不造成超压运行，必须对气瓶的充装量和气体混装问题加以严格控制。

一、对气瓶充装单位的要求

气瓶充装单位应当经省级质量技术监督部门（以下简称发证机关）批准，取得气瓶充装许可证后，方可在批准的范围内从事气瓶充装工作。

气瓶充装许可证有效期为 4 年。气瓶充装单位需要继续从事气瓶充装活动，应当在气瓶充装许可证有效期满 6 个月前向原发证机关提出换证申请，按照本章规定程序，符合规定要求的换发新证。对于能够按照规定办理气瓶使用登记并且年度监督检查均合格的气瓶充装单位，经发证机关同意可以直接换发新证。

气瓶充装单位未按规定提出换证申请或者未获准换证，有效期满后不得继续从事气瓶充装工作。

二、气瓶充装工作质量要求

1. 充装前、后的检查

对充装气瓶逐只进行以下项目的检查，检查要求符合相应规定，记录齐全，符合要求。

（1）外观。

（2）定期检验情况。

（3）标志（颜色标志、钢印标志、警示标签）。

（4）充装介质及其压力（质量）。

（5）附件，包括瓶阀、防震圈。

对盛装易燃有毒介质的气瓶，在充装后，应当进行检漏。

针对近年来气瓶因混装导致化学爆炸的事故居高不下的问题，国家质检总局提出：各地应有针对性地采取有效的技术和管理手段，解决气瓶混装事故高发问题。逐步在氢、氯气体充装单位推广气瓶先抽空后充装的工艺，配备必要的抽空装置，以杜绝气瓶混装事故。

2. 充装工作质量

充装工作能够保证质量，要符合以下要求。

（1）充装过程能按规定进行操作，并有专人巡回检查。

（2）气瓶充装的温度、压力及其流速符合规定。

（3）溶解乙炔气瓶充装时间及静止时间符合要求，充装后逐瓶称重和检查压力。

（4）液化气瓶充装量符合有关规定，能够进行复称。

（5）永久气体充装压力符合规定。

（6）认真、及时填写充装过程记录。

（7）充装的气瓶都建立了档案。

三、永久气体气瓶的充装

永久气体是指在常温状态下加压至较高的压力甚至超过 10 MPa 仍未能液化的气体。一般是以常压状态下气体的临界温度来划分，即临界温度 $T_c < -10℃$ 的气体为永久性气体，如常用的空气（$T_c = -140.6℃$）、氧（$T_c = -184℃$）、氮（$T_c = -146.9℃$）、氢（$T_c = -239℃$）、甲烷（$T_c = -82.5℃$）等。永久气体在气瓶内只能以单一的气相存在。

在我国，永久气体气瓶爆炸事故时有发生，最主要的原因是由于充装造成的，特别是气瓶的错装。因此，永久气体气瓶在充装过程中，除必须按规定的充装量进行充装外，还应特别注意充装前对气瓶的检查。

1. 充装前的检查

充装气体前对气瓶进行检查，是避免或减少气瓶爆炸事故极为重要的环节。实践证明，许多因充装不当而发生的气瓶破裂爆炸事故，都是由于充装前没经检查或检查不严而造成的。

（1）主要目的

1）检查是否存在两种或两种以上不可以混合的气体（混合后极易发生燃烧爆炸的两种不同气体）同时出现在一个气瓶内。例如，用氧气瓶、空气瓶充装可燃气体或用可燃气体气瓶充装氧气、空气。

2）检查是否有用低压瓶充装高压气体的情况。

3）检查是否有待充气气瓶存在严重缺陷或已过检验期限，甚至是已经被评定为报废的情况。

4）检查是否出现瓶内混入可能与所装气体产生化学反应的物质。根据质检总局要求，对于氯气、氢气还要采用先抽空后充装的工艺。

（2）主要内容　充装前的气瓶应由专人负责逐只检查，检查内容主要包括以下几个方面。

1）气瓶来源必须可靠，符合下列要求。

①国产气瓶必须是具有“气瓶制造许可证”的单位生产的产品。

②气瓶必须是合格品，即不属于制造单位或有关主管、安全监察部门宣布报废或规定停用的产品。

③气瓶的原始标志必须符合标准和规程的要求，钢印字迹清晰可辨。

2）气瓶的性能或状况必须与所装气体的要求相符，满足下列要求。

①气瓶的材质不能与所装气体有相容性。例如，氯、溴化氢、氯甲烷、溴甲烷等气体不能用铝合金制气瓶充装。

②气瓶的结构必须符合盛装气体压力的要求。例如，充装永久气体或高压液化气体的气瓶必须采用无缝结构，而不能用焊接气瓶。

③气瓶外表的颜色和标记（包括字样、字色、色环）必须与所装气体的规定标记相符。

④气瓶内若有残余气体，残余气体必须与所充装气体相符（通过定性分析鉴别）。

3）气瓶不能存在表面缺陷或其他隐患，主要包括下列几项内容。

①气瓶表面应无裂纹、无严重腐蚀、无明显变形及其他外部损伤缺陷。

②盛装氧气或强氧化性气体的气瓶，其瓶体、瓶阀等不能沾染油脂或其他可燃物，溶解乙炔气瓶的瓶阀出气口处不能有炭黑等异物。

③气瓶原始标志或检验标志上标示的公称压力必须与所充装的压力相符。

④气瓶内不能混入水、铁屑或其他杂物。

⑤气瓶必须处于规定的检验期限内。

4）气瓶的附件必须齐全可靠，符合安全要求，主要检查下列几项。

①气瓶的安全附件（包括瓶帽、防震圈、护罩、易熔合金塞等）必须符合规定，没有残缺不全或其他缺陷。

②气瓶瓶阀的出口螺纹必须与所装气体的规定螺纹相符。可燃性气体用的瓶阀，出口螺纹应是左旋；非可燃性气体用的瓶阀，出口螺纹应是右旋。

③瓶阀的材质必须与所装气体相容。例如，氧气瓶阀应用铜阀而不用钢阀，液氨瓶阀应用钢阀而不用铜阀，溶解乙炔瓶阀应用含铜量低于70%的铜合金阀。

（3）检查结果的处理　根据以上内容，对检查出的不符合充装要求的气瓶，应采取如下相应措施进行适当的处理。

1）禁止充气的气瓶在检查中发现气瓶具有下列情况之一时，禁止进行充装。

①气瓶是不具有“气瓶制造许可证”的单位生产的。

②气瓶的颜色标志不符合 GB 7144—1999《气瓶颜色标志》的规定或其颜色标志被严重污损、脱落、难以辨认。

③气瓶上标有报废标志。

④气瓶超过规定的检验期限。

⑤气瓶的附件不全、损坏或不符合规定。

⑥氧气瓶或强氧化性气体气瓶的瓶体或瓶阀上沾有油脂。

⑦气瓶的原始标志不符合规定或气瓶的钢印标志模糊不清，无法辨认。

⑧气瓶生产国政府已宣布报废的气瓶。

2）有问题且经检查不合格（包括待处理）的气瓶，应分别存放，并做出明显标记，防止与合格气瓶相互混淆。对检查中发现的气瓶虽合格，但不符合充装要求时可做如下处理。

①颜色或其他标记以及瓶阀出口螺纹与所装气体的规定不相符的气瓶，除不予充气外，还应查明原因，报上级主管部门或当地质量技术监督部门进行处理。

②对无剩余压力的气瓶，充装前应将瓶阀卸下，进行内部检查，经确认瓶内无异物，并按规定处理（如清洗进行置换处理等）后方可充气。

③新投入使用或经内部检查后首次充气的气瓶，除压缩空气气瓶外，充气前都应按规定先置换净瓶内的空气，经分析合格后方可充气。

④检验期限已过的气瓶应先进行检验。对外观检查发现有重大缺陷或对内部状况有怀疑的气瓶，应先送检验单位按规定进行技术检验与评定。

⑤气瓶的安全附件不齐全、损坏或不符合规定时，应予配齐

或修理、更换。

⑥凡发现氧气瓶或强氧化性气体气瓶的瓶阀及其附近沾染油脂时，严禁充气，并送交气瓶检验单位按规定进行处理。若仅瓶肩以下瓶体沾有油脂时，在确认瓶阀及其附近无油脂的情况下，可以用清洁的布、棉纱或棉花稍蘸酒精、丙酮将其擦洗干净。

⑦发现氧气瓶内有积水时，充气前应将气瓶倒置，开启瓶阀完全排除积水后方可充气。

凡通过充装前检查的气瓶，都必须填写气瓶充装前检查记录表。充装前检查记录可参照表7—13的格式和要求制表，但由于气瓶构造不同和对气体的不同要求，表7—13内的登记项目可根据实际情况予以增减。填写记录时，符合要求的画“√”，不符合要求的画“×”或写明缺陷情况。

表7—13　　气体充装前检查记录

气体名称　　　　　　　　　　　　　　年　月　日

气瓶所属单位	瓶号	漆色	油污	防震圈	瓶帽	泄压装置	充装压力	检验日期	余气	瓶内气体性质	外表缺陷情况	检查者	备注

2. 充装量

永久气体的充装量是指气瓶在单位容积内允许装入气体的最大质量。由于永久气体充装时是单一的气态，因此，永久气体充装量的计量和测控是以气瓶的充装压力（充装终止时的压力）和充装温度（充装终止时的温度）来计算并测控的。

（1）充装量的确定　永久气体充装量的确定原则是，气瓶内气体的压力（充装终止时的压力）在基准温度（20℃）下应不超过其公称工作压力；在最高使用温度60℃下应不超过气瓶的许用压力（根据GB 5099—1994《钢质无缝气瓶》的规定，国产气瓶的许用压力为水压试验压力的0.8倍）。

各种永久气体根据气瓶的公称压力按不同的充装（终止时）温度确定不同的充装压力。用国产气瓶充装的各种常用永久气体，在各种充装温度下的最高充装压力见表7—9。

其他永久气体（由两种以上的永久气体组成的混合气体）的最高充装压力应按下列公式计算的压力值确定。

$$p \leqslant p_0 TZ/(T_0 Z_0)$$

式中 p——充装压力（绝对）的极限值，MPa；

T——气瓶的充装温度，K；

Z——在压力 p、温度 T 时，气体的压缩系数；

p_0——气瓶的许用压力（绝对），MPa；

T_0——气瓶的最高使用温度，333 K（即60℃）；

Z_0——在压力 p_0、温度 T_0 时，气体的压缩系数。

对有特殊要求的气体，按有关的专门技术条件的规定来确定。

（2）充装温度　指充装终止时瓶内气体的温度。这个温度是难以直接测量出来的，因为它不是瓶壁的温度而是瓶内气体的温度。一般情况下两者存在一定的温差，故充装温度的确定可由充装单位根据经验和各自的实际情况按以下两种方法确定。

1）在控制一定的充装速度的条件下，取气体储罐（指气压机出口，并紧靠充装处的气体储罐或储瓶）内气体实测温度为气瓶充装温度。

2）取充气间的环境室温加上充气温差（指在测温试验时实际测定得出的气瓶充装温度与室温之差）作为气瓶的充装温度。充气温差应在规定的充气速度下由实验确定。

3. 注意事项

（1）充装系统用的压力表，应按有关规定进行定期检定，且压力表的精度应不低于1.5级，表盘直径应不小于150 mm。

（2）充装气瓶气体中的杂质含量应符合相应气体标准的要求，出现下列情况的气体禁止装瓶：

1）氧气中的乙炔、乙烯及氢的总体积分数达到或超过 2%或易燃性气体的总体积分数达到或超过 4%。

2）氢气中氧的体积分数达到或超过 0.5%。

3）其他易燃性气体中氧体积分数达到或超过 4%。

（3）充气前必须认真检查气瓶，并确认气瓶是经过检查合格或妥善处理的。

（4）若充装装置是以卡子代替螺纹连接进行充装的，则必须仔细检查确认瓶阀出气口的螺纹与所装气体规定的螺纹形式相符。

（5）开启瓶阀时应缓慢操作，并注意监听瓶内有无异常音响。

（6）充装易燃气体的操作过程中，禁止用扳手等金属器具敲击瓶阀或管道。

（7）充气过程中，在瓶内气体压力达到充装压力的 1/3 以前，应逐只检查气瓶的瓶体温度是否大体一致，瓶阀的密封是否良好，发现异常时应及时妥善处理。

（8）向气瓶内充气，速率不得高于 8 m^3/h（标准状态气体），且充装时间应不少于 30 min。

（9）用充气排管按瓶组充气瓶时，在瓶组压力达到充装压力的 10%以后，禁止再插入空瓶进行充装。

（10）凡充装氧气或强氧化性质介质的人员，其手套、服装、工具等均不得沾有油脂，也不得使油脂沾染到阀门、管道、垫片等一切与氧气接触的装置物件上。

（11）气瓶充装时，应由专人负责填写气瓶充装记录。充装记录的内容至少应包括充气日期、瓶号、室温（或储气罐内气体实测温度）、充装压力、充装起止时间、充气过程中有无发现异常现象等。持证操作人员和充气班长均应在记录上签字或盖章。充气单位应负责妥善保管气瓶充装记录，保存时间应不少于半年。

（12）气瓶充装后必须在每只气瓶上粘贴符合 GB 16804—1997《气瓶警示标签》的警示标签和充装标签，以方便识别每只气瓶及瓶内气体，同时提供如易燃、有毒、腐蚀性等危险警示。

4. 充装后的检查

充装后的气瓶，应有专人负责，逐只进行检查，不符合要求的不能出充气站，并进行妥善处理。检查内容和要求主要包括下列项目。

（1）瓶内压力必须在规定范围内。

（2）瓶内气体纯度必须在规定的范围内。

（3）瓶阀及其与瓶口连接的密封必须良好、无泄漏。

（4）气瓶充装后，不能出现鼓包变形或泄漏等严重缺陷。

（5）瓶体温度不能有异常上升的迹象。

（6）检查瓶阀出口螺纹旋向，必须与所装气体所规定的相符。

对于瓶内气体纯度分析和压力测定，最好是安排在充装结束2 h后，即在气瓶内外温度相近和瓶内充装前后气体均衡后进行，以取得较实际的分析和测定结果。

通过以上检查，对发现问题的气瓶必须做相应处理，严禁流出充气站。对检查发现超压充装的气瓶，务必通过充装台将超装的气体导入待充装的气瓶，或通过回流阀送回气柜；对于充装压力低于标准的气瓶，如情况允许，可再次充装。

检查中发现气瓶密封不良、泄漏或变形、鼓包等严重缺陷时，可参照以上方法排空瓶内气体，再对气瓶按规定进行处理。

对检查中发现气体纯度不符合规定或瓶阀出口螺纹的旋向与所装气体规定的螺纹形式不相符的，严禁按以上方法将瓶内气体导入其他待装气瓶或送回气柜，应对瓶内气体按相应规定进行处理后再进行置换、取样分析等处理。

四、液化气体气瓶的充装

由于液化气体不是永久气体那样的单一气相，而是气、液并存且以液相为主，因此，液化气体与永久气体充装计量的方法不同。永久气体气瓶的充装量是由充装温度和压力确定的，而液化气体气瓶的充装量是以气瓶单位容积容纳液化气体的质量来确定的。

液化气体气瓶较易出现过量充装，气瓶事故统计资料表明，液化气体气瓶发生的事故，大多数是由于不正确充装引起的，主要表现在充装前未能进行认真的检查，充装过程中由于计量方面的错误、器具不准确以及违章作业等造成的过量充装。因此，液化气体气瓶在充装过程中，应特别注意防止过量充装。

1. 充装前的检查

液化气体气瓶充装前的检查内容及对不符合充装要求的气瓶的处理方法与永久气体气瓶的基本相同。它们的主要区别在于判断瓶内气体性质的方法不同，液化气体气瓶在充装前需称瓶内剩余气体的质量。

液化气体气瓶经过充装前检查后，必须将其检查结果按表7—14的要求做好记录。

表 7—14　　液化气体气瓶检查记录

气体名称　　　　年　月　日

气瓶所属单位	瓶号	漆色	油污	防震圈	瓶帽	泄压装置	充装压力	检验日期	余气	瓶内气体性质	外表缺陷情况	检查者	备注

2. 充装量

液化气体的充装量虽然都以充装的介质质量来计量，但液化气体中高压液化气体和低压液化气体的充装量的确定方法是不一样的。

（1）高压液化气体《液化气体气瓶充装规定》中规定，高压液化气体充装系数的确定，应符合下列原则：

1）瓶内气体在气瓶最高使用温度下所达到的压力，不超过气瓶的许用压力。

2）在温度高于最高使用温度 5℃时，瓶内气体压力不超过气瓶许用压力的 20%。

常用高压液化气体气瓶的充装系数见表 7—10。

其他高压液化气体（包括两种以上的液化气体混合组成的高压液化气体）的充装系数，可用下列公式确定其最大极限值。

$$F_r = pM/ZRT$$

式中 F_r——高压液化气体充装系数，kg/L；

T——气瓶最高使用温度，333 K；

M——气体相对分子质量；

R——气体常数，8.314 MPa·L/(kg·K)；

Z——气体在压力 p、温度 T 时的压缩系数；

p——气瓶许用压力（绝对），按有关标准规定，取气瓶的公称工作压力为许用压力，MPa。

（2）低压液化气体《液化气体气瓶充装规定》中规定，低压液化气体充装系数的确定应符合下列原则。

1）充装系数应不大于在气瓶的最高使用温度下，液体密度的 97%。

2）在温度高于气瓶最高使用温度 5℃时，瓶内不满液。

根据以上规定，即使所装入的介质的温度达到 60℃，瓶内液体所占的容积也只有 97%，仍有 3%的气相空间，可保持瓶内的气、液平衡，即保证气瓶内的压力不会超过它所装液化气体在 60℃下的饱和蒸气压力。

常用低压液化气体的充装系数见表 7—11。

除表 7—11 中所列的常用低压液化气体外，其他低压液化气体气瓶的充装系数，不得大于下列公式计算确定的值。

$$F_r = 0.97\rho\ (1 - C/100)$$

式中 F_r——低压液化气体充装系数，kg/L；

ρ——低压液化气体在最高液相介质温度下的液体密度，kg/L；

C——液体密度的最大负偏差，%。

由两种以上的液化气体混合组成的介质，应由实验确定其在最高使用温度下的液体密度，并按上式确定充装系数的最大极限值。

对于液化石油气瓶的充装量，因为国内所用的液化石油气组分差异较大，所以不按充装系数计量和控制，而以气瓶型号中用数字表示的公称容量（以 kg 计）作为其最大充装量。

3. 注意事项

（1）充装计量用的称重衡器应保持准确，其最大称量应为常用称量（一般为气瓶实重，包括自重与装液质量）的 3 倍，不小于 1.5 倍。称重衡器按有关规定定期进行检定，每班应对衡器进行一次核定。称重衡器必须设有超装警报或自动切断气源的装置；非自动衡器的精度应符合 JJG 1003—2005 中规定的准确度等级要求；固定式电子衡器的精度应符合 GB/T 7723—2002 中规定的 3 级要求。

（2）液化气体的充装量必须严格控制和精确计量，严禁过量充装。充装量包括瓶内原有余气（余液），不得把余气（余液）的质量忽略不计。充装时，严禁用储罐减量法（即根据气瓶充装前后储罐存液量之差）来确定充装量。实行充装逐瓶复验制度，充装超量的气瓶不准出厂（充气站），应及时将超装部分抽出。采用连续自动称重进行充装时，以抽检代替逐瓶复验，应有相应的抽检制度，并经充装注册机构核准。

（3）严禁从液化石油气储罐或罐车直接向气瓶充装，不允许瓶对瓶直接倒气。

（4）充装前必须检查确认气瓶是经过检查合格或妥善处理的气瓶。气瓶的质量标志、标注不清或已经腐蚀磨损而难以确认的不准充装。

（5）易燃液化气体中的氧含量达到或超过下列规定值时，禁止装瓶：

1）乙烯中的氧体积分数为2%。

2）其他易燃气体中的氧体积分数为4%。

（6）用卡子连接代替螺纹连接进行充装时，必须认真检查瓶阀出口螺纹与所装气体规定的螺纹形式（旋向）是否相符。

（7）充装易燃气体的操作过程中，禁止用扳手等金属器具敲击瓶阀或管道。

（8）在充装过程中，应加强对充装系统和气瓶密封性的检查。根据所装气体的特性，采用相应的检漏方法检查充装系数及气瓶（包括瓶体焊缝、瓶阀、阀杆、阀根等部位）有无泄漏或渗漏，发现泄漏或渗漏时，应停止充装，进行妥善处理。

（9）充装操作人员应相对稳定，由企业考核后持证上岗，并定期进行安全教育。

（10）充装单位应由专人负责填写气瓶充装记录。记录内容至少应包括充装日期、气瓶编号、气瓶容积、室温、气瓶标记质量、实际充装量、有无发现异常情况、检查者、充装者和复称者姓名或代号等。充装记录应妥善保存、备查，保存时间一般不少于一年。

4. 充装后的检查

液化气体充装后，应有专人负责对充装后的气瓶逐只进行检查。对不符合要求的，应进行妥善处理。检查内容包括如下几项。

（1）充装量是否在规定范围内（充装时的复验不能代替充装后的检查）。

（2）瓶内气体的纯度是否在规定范围内。

（3）瓶阀及其与瓶口连接的密封是否良好，瓶阀出口螺纹的旋向与所装气体规定的螺纹旋向是否相符，瓶体的温度是否有异常升高的迹象。

(4) 瓶体是否出现鼓包、变形或泄漏等严重缺陷。

凡经过充装后检查发现问题的，严禁出厂（充装站）。对液化气体气瓶的充装质量复测，在充装结束后即可进行，但对其纯度分析，最好能安排在 2 h 后进行。在检查中发现超装的气瓶，应将其置于衡器上，用气泵将超装液体排出。对充装量不足的气瓶应进行补装。

五、乙炔气瓶的充装

乙炔气瓶的充装有其特殊性。因此，对充装单位的要求除了与其他气体充装时的基本要求一样外，还必须配备熟悉乙炔瓶充装安全的技术管理人员和经过专业培训的操作人员，并实行固定充装单位制度。档案不在本充装单位的乙炔瓶，不得回收和充装。乙炔瓶必须逐只建立档案，档案内容包括乙炔瓶编号、产品合格证、质量证明书、定期检验记录、充装记录等。

1. 充装前的检查与准备

(1) 乙炔瓶的检查　乙炔瓶充装前，充装单位应有专职人员对乙炔瓶进行检查，将检查结果填写在充装记录中，并由检查人员签字。

1) 检查中发现有下列情况之一的，严禁充装。

①无制造许可证单位生产的乙炔瓶。

②未经省级以上（含省级）质量技术监督部门检验机构检验合格的进口乙炔瓶。

③档案不在本充装单位保存，又未办理临时充装变更手续的乙炔瓶。

2) 属于下列情况之一的应先进行处理或检验，否则严禁充装。

①钢印标记不全或不能识别的。

②超过检验期限的。

③颜色标记不符合 GB 7144—1999 规定的或表面漆色脱落严重的。

④附件不全、损坏或不符合规定的。

⑤瓶内无剩余压力或怀疑混入其他气体的。

⑥瓶内溶剂质量不符合 GB 13591—1992《溶解乙炔充装规定》要求的。

⑦经外观检查，存在明显损伤，特别是瓶体腐蚀、机械磨损等表面缺陷严重，需进一步进行检验或按有关标准应报废的。

⑧易熔合金塞熔化、流失、损伤的。

⑨瓶阀侧接嘴处积有炭黑或焦油等异物的。

⑩对瓶内的填料、溶剂的质量有怀疑的。

⑪首次充装或经装卸瓶阀、易熔合金塞后，必须对瓶内溶剂进行复核。

⑫有其他影响安全使用缺陷的。

（2）剩余压力和溶剂补加量的检查　乙炔瓶在充装前除应按上述的要求进行外观检查和处理外，重点是检查、确定瓶内的剩余压力和溶剂补加量。

乙炔瓶内必须有足够的剩余压力，以防混入空气。因此，气瓶在充装前必须用压力表逐瓶测定瓶内剩余压力。表 7—15 列出了在不同环境温度下乙炔气瓶的最小剩余压力值。在对乙炔瓶检查中，剩余压力小于表 7—15 值的，必须逐瓶分析瓶内剩余气体的纯度。对于混入空气或其他非乙炔气体的乙炔瓶，必须先用氮气置换，经分析合格后，再用乙炔气置换。

表 7—15　　乙炔气剩余压力与环境温度关系

环境温度（℃）	<0	0～15	15～25	25～40
剩余压力（MPa）	0.05	0.1	0.2	0.3

乙炔瓶充装前，必须逐瓶按 GB 13591—1992《溶解乙炔充装规定》测定溶剂补加量。乙炔瓶补加溶剂后，必须对瓶内溶剂量进行复核。

（3）溶剂的充装　目前，乙炔瓶采用丙酮作为溶剂。丙酮在乙炔瓶的使用过程中，常常随着乙炔气体的放出而散失。因此，气瓶充装前应逐瓶测定实际质量，检查丙酮的逸损情况，以确定丙酮的补加量。丙酮的补加量可按下列公式计算。

丙酮补加量＝乙炔瓶净重＋剩余乙炔量－实际质量

乙炔瓶净重是指它的原始质量，包括瓶体、瓶阀、瓶帽、多孔性填料以及丙酮的质量，以代号 Tm 刻印在气瓶的肩部。

剩余乙炔量可根据实测的剩余压力（当室内外温差大于 30℃时，乙炔瓶应在室内静置 8 h 后，再测定剩余压力），按下列公式计算。

$$G_s = 0.38\delta VB$$

式中 G_s——乙炔瓶内剩余乙炔量，kg；

δ——填料孔隙率，%；

V——气瓶的实际容积，L；

B——乙炔在丙酮中的溶解度，kg/kg。

乙炔瓶填料孔隙率 δ 和气瓶的实际容积 V 可以从乙炔瓶的肩部的原始钢印标记查出，溶解度 B 随温度和压力变化而不同。表 7—16 为不同温度和压力下的 B 值。

表 7—16　　乙炔在丙酮中的重量溶解度 *B*　　kg/kg

B 压力 温度(℃)	单位：MPa				
	0.1	0.2	0.3	0.4	0.5
−20	0.116 5	0.169 29	0.248 57	0.342 86	0.428 57
−15	0.096 5	0.147 86	0.221 43	0.296 43	0.371 43
−10	0.080 5	0.128 57	0.192 86	0.257 14	0.321 43
−5	0.067 5	0.114 28	0.171 43	0.221 48	0.278 58
0	0.057 24	0.108 07	0.156	0.189	0.237 85
5	0.048 06	0.094 05	0.135 21	0.174 9	0.205 28
10	0.040 56	0.081 90	0.120 4	0.152 5	0.179 6
15	0.033 56	0.071 06	0.105 8	0.131 5	0.158 9
20	0.027 54	0.061 6	0.093 0	0.118 5	0.140 44

续表

B 压力 温度(℃)	单位：MPa				
	0.1	0.2	0.3	0.4	0.5
25	0.022 1	0.052 8	0.081 13	0.104 2	0.124 9
30	0.017 67	0.045 1	0.071 16	0.088 5	0.111 52
35	0.013 9	0.038 5	0.061 5	0.081 5	0.099 5
40	0.010 26	0.032 57	0.053 3	0.073 5	0.091 3

丙酮的充装压力应小于0.8 MPa。采用气体直接压装丙酮时应选用氮气作为压装气体。

气瓶补加丙酮后，必须逐瓶对丙酮的充装量进行复核。对于公称容积为40 L以上的气瓶，如果多装丙酮0.5 kg，或不足量超过3 kg者，应作为不合格气瓶处理。

2. 乙炔瓶的充装

乙炔气瓶在充装过程中，必须遵循如下操作原则。

(1) 严格控制充装速度，充装容积、流速应适当控制，一般应小于0.015 $m^3/(h \cdot L)$。

(2) 乙炔瓶充装时瓶壁温度不得超过40℃。充装时可以用自来水喷淋冷却，也可以强制冷却，以防乙炔温度过高发生分解反应。

(3) 乙炔瓶的充装一般分两次进行，两次充装之间的间隔时间（静置时间）不得少于8 h，静置期间应关闭瓶阀。

(4) 乙炔瓶的充装压力，在任何情况下都不得大于2.5 MPa。

(5) 充装中，每小时至少检查一次瓶阀出气口、阀杆及易熔合金塞等部位有无泄漏。发现漏气应立即妥善处理。

(6) 因故中断充装乙炔瓶，需要继续充装时，必须保证充装主管道内乙炔气压力不小于乙炔瓶内压力，才可以开启瓶阀和支管切换阀。

3. 充装后的检查

乙炔瓶充装后必须先静置 24 h（静置 8 h 后瓶内压力符合相应国家标准的规定），使其压力稳定，温度均衡，然后按下列规定进行检查，凡检查结果不合格的气瓶严禁出厂（充装站）。

（1）应符合有关标准规定，并在检验有效期限内的称重衡器上逐只测定乙炔的充装量。乙炔的限定充装量可按下列公式计算：

$$m_{Amax}=0.2\delta V$$

式中 m_{Amax}——乙炔限定充装量，kg；

δ——填料孔隙率，%；

V——气瓶的实际容积，L。

乙炔充装量超过最大允许充装量时，应将乙炔瓶置于衡器上，借回收装置将瓶内超装的乙炔回收，直到符合上式的要求。

（2）乙炔充装后，必须按 GB 6819—2004 规定的验收规则、试验方法、技术要求分析瓶内乙炔质量并验收。

（3）充装静置 8 h 后，从同一充装台充装的气瓶中，随机抽取两只乙炔瓶，进行充装压力测定。压力的测定值应不超过表 7—17 中的不同环境温度下乙炔瓶静置后的限定压力值。只要发现有一只瓶超过该限定压力值，则其同一批的乙炔瓶必须逐只进行测定。对于超过表 7—17 规定值的乙炔瓶，严禁出厂或流出充装站，必须及时对其进行妥善处理。

表 7—17　　不同环境温度下乙炔瓶的限定压力

环境温度（℃）	0	5	10	15	20	25	30	35	40
瓶的限定压力（MPa）	0.90	1.05	1.20	1.40	1.60	1.80	2.00	2.25	2.50

（4）用涂液法逐只检查瓶阀和易熔合金塞是否漏气。如有泄漏，必须妥善处理，否则严禁出厂。

乙炔瓶的充装和充装后的检查，必须按工艺要求认真填写充装记录。充装记录的内容至少应包括充装日期、充装时的室温、乙炔瓶编号、气瓶实际容积、净重、实际质量、剩余压力、剩余乙炔量、丙酮补加量、充装后质量、乙炔充装量、静置后压力、溶解乙炔质量、操作者姓名、发生的问题和处理结果等。乙炔瓶充装记录应至少保存 12 个月。

第七节　气瓶的安全管理

气瓶使用广泛、数量大、流动性强、使用环境恶劣，大部分使用者缺乏安全常识。气瓶充装的介质大都具有易燃、易爆、剧毒、强腐蚀等性质，一旦发生泄漏或爆炸，往往会造成财产损失、人身伤亡等重大灾难性事故，对社会安全造成巨大影响。

一、气瓶使用安全管理

1. 气瓶的使用单位应根据国家有关规定，对气瓶使用人员进行安全技术教育。作业人员应取得特种作业人员证书，方准进行操作。

2. 气瓶应做到专瓶专用，不得私自改装其他气体。

3. 在使用中如发现气瓶附件出现故障，例如瓶阀、易熔合金塞漏气，瓶阀开关失灵等，应立即将瓶送到气体充装单位或气瓶定检单位处理，严禁自己维修和更换附件。

4. 对漆色标记脱落影响识别气体种类的气瓶，应按原来的漆色标记重新涂装，涂装应由气瓶定检单位作业，气瓶使用单位不得自行涂装。

5. 报废气瓶的破坏性处理应由气瓶定检单位承担，气瓶使用单位不得自行做破坏处理。

6. 气瓶使用前应进行检查，如发现气瓶漆色标记不符合有关规定，钢印识别不清，瓶阀出气口结构与所装气体不符，超过检验期限，气瓶明显变形，气瓶损伤超过规定，气体质量与标准规定不符等情况时，应拒绝领用。

7. 气瓶在使用处的放置地点，不得靠近热源。盛装可燃或助燃气体的气瓶与明火距离以及两种气瓶之间的距离不得小于 10 m，这一距离如有可靠的防护措施可适当缩短。盛装易发生聚合反应或分解反应的气体的气瓶，应远离放射线、电磁波、振动源。

8. 气瓶在夏季使用时，应防止暴晒、雨淋和水浸。

9. 气瓶在工地使用时，应将气瓶放在专用车辆上或将其固定后使用。

10. 气瓶使用时，一般应立放（乙炔瓶和液化石油气钢瓶必须立放）。装有导管的大容积液化气体气瓶卧放使用时，气体导管应朝上，液体导管应朝下。

11. 瓶内无导管的液化气体气瓶，在使用时应备有足以使气瓶倒立而不倒的支架。需要液化气体时，瓶阀朝上直立使用，需要液体时，瓶阀朝下立于支架上。瓶内装置长导管的液化气体气瓶，需要气体时，可将瓶阀朝下直立于支架上，需要液体时，瓶阀朝上直立使用。

12. 使用可燃性气体气瓶时，必须备有与气体性质相适应的消防器材。使用毒性气体气瓶时，必须备有防毒面具和解毒药品。工作间应保证有良好的通风。

13. 使用氧化性气体气瓶时，操作者应仔细检查自己的双手、手套、工具、减压器、瓶阀等有无沾染油脂，凡沾有油脂的，必须用脱脂棉擦干净后，方能操作。这是因为，油脂与压缩氧接触后会自燃。

14. 氧化性气体气瓶与减压器或汇流排管管道之间的密封垫，不得采用可燃性材料。

15. 使用前应检查卡具或接头的螺纹质量，以免工作时脱扣造成事故。

16. 为防止发生混用，减压器、压力表、接头、管道应按气体使用的原则，涂上与气瓶一样的颜色。

17. 开启或关闭瓶阀（或汇流排管管路上口截止总阀）时，只能用手或专用扳手缓慢进行，防止产生静电。不准使用锤子、凿子、管钳、克丝钳、长柄螺钉扳手等工具开闭，以免损坏阀件或使压力表受冲击失灵。启闭不应过急过猛，以免毁坏瓶阀或减压器，在氧气系统上操作过急过猛甚至会导致阀门燃烧。

18. 当发现瓶阀漏气，放不出气，或存在其他缺陷时，应将瓶阀关闭，然后送气瓶检验单位处理。

19. 当开启瓶阀，发现有烟或火喷出时，应立即关闭瓶阀（或与之相连的汇流排管截止总阀），把气瓶卸下运至室外，然后检查原因，或送至气瓶检验单位处理。

20. 为了确保安全，操作者在室内工作时，气瓶最好放在车间的墙外，输气管可通过管道引入车间。

21. 使用可燃气体或氧气时，如使用中感到气体不纯，必须特别小心，应考虑瓶内形成爆鸣气体的可能性。此时，应对此瓶和同批充气的气瓶进行气体鉴别。

22. 按照规定正确可靠地连接减压器、回火防止器、输气橡皮软管、缓冲器、汽化器、焊割具等，确认系统没有漏气现象后，方可工作。

23. 装卸气瓶应轻装轻卸，严禁用抛、滑、摔、滚、碰等野蛮方式装卸气瓶。应避免气瓶碰撞造成瓶体损伤。禁止敲击气瓶，以免产生火花或敲坏瓶阀，缩短气瓶使用寿命。严禁在气瓶上进行电焊引弧。

24. 使用中如果瓶阀或减压器冻结，只能用温度不超过 40℃ 的热水浇在包住瓶阀或减压器的布上使其解冻。严禁用温度超过 40℃的热水直接浇洒气瓶或用火焰烧烤。

25. 在可能造成回流的使用场合，必须配置防止倒灌的装置，如单向阀、止回阀等，以防止其他种类的物料，特别是与瓶内气体化学性质相抵触的物料逆流进入气瓶，造成化学爆炸。

26. 利用气瓶内的气体作为原料通入反应设备时，必须在气瓶与反应设备之间安装缓冲罐，其容积应能容纳倒流的全部物料。

27. 更换气体时，必须将导管内的残气用惰性气体置换，如有必要可采用抽真空的方法清除残气。

28. 瓶内气体不得用尽，必须留有剩余压力。永久气体气瓶的剩余压力应不小于 0.05 MPa；液化气体气瓶应留有不小于 0.5%～1.0%规定充装量的剩余气体；溶解乙炔气瓶亦应按规定保留剩余气体压力。气瓶保留余压的目的，一是防止倒灌，二是便于气体充装单位检验。

29. 使用到期的气瓶应送到当地气瓶检验单位检验。

30. 液化石油气钢瓶的用户，不得将气瓶内的液化石油气向其他气瓶倒装或从罐车上直接充装钢瓶，也不得自行处理气瓶内的残液。

31. 气瓶投入使用后，不得对气瓶进行挖补和焊接修理。

32. 严禁使用叉车、翻斗车或铲车搬运气瓶。

33. 气瓶搬运中如需吊装时，严禁使用电磁起重设备。用机械起重设备吊运散装气瓶时，必须将气瓶装入集装箱、紧固的吊笼或吊筐内，并妥善加以固定。严禁使用链绳、钢丝绳捆绑或钩吊瓶帽等方式吊运气瓶，以避免吊运过程中气瓶脱落而发生事故。

二、气瓶长途运输安全管理

1. 长途运输气瓶，首先要检查、确认瓶阀无泄漏，瓶体无损伤。气瓶应戴瓶帽和防震圈，装运气瓶时应在车厢的卸瓶部位垫橡胶垫子，以免撞击或擦伤。

2. 为了防止气瓶在途中移位和撞碰，底层气瓶的下面应放置带凹槽的底垫或塞上制动垫木。如果途中道路不平或需要经过山道和坡度较大的桥梁时，还必须用绳索捆扎固定。

3. 除直径较大、瓶体较短（车厢高度应在瓶高的 2/3 以上）的外，车上气瓶应一律顺车厢横向卧放，瓶帽朝向应一致，且不得朝向汽车油箱的一侧。气瓶在车上摆放的高度不得超过车厢挡板，且不准超过 5 层（马车运输摆放不准超过 3 层）。

4. 小容积气瓶应将其装入带有松软件包填充物的箱子里

运输。

5. 运输可燃性、助燃性永久气体的气瓶容量超过 300 m^3，毒性气体的气瓶容量超过 100 m^3，运输同类化学性质液化气体的气瓶容量分别为 3 000 kg 或 1 000 kg 时，必须有押运人员押运。

6. 运输可燃性、助燃性或毒性气体时，其运输里程超过 400 km时，必须配备两名司机轮换驾驶，以防因疲劳酿成交通事故，危及气瓶安全。

7. 化学性质相抵触的气体（如氧气或氯气与氢气，乙炔气和液化石油气）不得同车运输，氧化或强氧化性气体气瓶不准和易爆品、油脂及沾有油脂的物品同装在一辆车上，以防止着火爆炸。

8. 运送气瓶的汽车上严禁烟火，车上要配备相应的灭火器材和防毒防护用具。运输可燃性气体的车辆排气口应戴有阻火器，并保证排气管不排出明火。

9. 夏季运输气瓶时，为避免阳光照射，车上必须具有遮阳设备。炎热地区应遵守当地政府关于夏令季节装运气瓶的有关安全规定，避免白天运送气瓶（特别是低压液化气体气瓶）。

10. 气瓶属于危险化学品，必须符合 GB 13392—2005《道路运输危险货物车辆标志》的有关规定，车上应插置标志旗以引起过往车辆的注意，保持安全距离。

11. 严禁使用自卸汽车、挂车或长途客运汽车捎带气瓶，同时也不允许装运气瓶的货车载客。

12. 车辆起车与停车应缓慢，行进中要避免紧急刹车和急转弯。运送气瓶的车辆还应遵守公安交通部门有关危险品运输的安全规定，例如，沿指定路线行车，在重要机关、居民密集处不准停留等。停靠时，司机和押运人员不得同时离开。

13. 司机和押运人员均须明确所运气体的性质、安全注意事项和紧急处置措施。

14. 到达运输目的地后，要取得交通运输管理部门颁发的相应证件，并确认打开车厢板或解开绳索时气瓶不会坠落，方可卸车。

15. 装有液化石油气的钢瓶不应长途运输。

16. 气瓶经铁路、水路和航空运输时，应遵守交通部发布的《危险货物运输规则》以及铁路、水路、民航部门的有关规定。

三、气瓶储存安全管理

1. 气瓶库房的建设必须经环保、公安消防和安全监察部门的批准。

2. 库房的建筑必须按国家有关标准、规范的要求进行，其中气瓶库房的耐火等级层数和面积，应严格执行 GBJ 16—1987《建筑设计防火规范》的有关规定，属于爆炸危险的甲乙类和高压气瓶的库房，不应设在建筑物的地下室和半地下室内；存放易燃、可燃液化气体气瓶的库房，应设置防止液态气体流散的设施，库房内应无地沟暗道。

3. 气瓶库房的安全出口不得少于两个（面积小的库房可只设一个），库房门窗均需向外开，以便人员疏散和泄爆；门窗上的玻璃应采用毛玻璃，或在透明玻璃上涂上白漆，或挂上白色窗帘，以防止气瓶被阳光直射，或催化其他化学反应。

4. 库房应有足够的泄压面积，以减少爆炸事故发生时的损失；存放氢气等甲类火灾危险气瓶的库房，其泄压面积与库房容积之比应达到 0.05～0.1 m^2/m^3。

5. 储存气瓶的库房必须是单层建筑，其高度应不低于 4 m，屋顶应为轻型结构，并应有天窗或自然排风筒。对于可燃或有毒气体的气瓶库房，应采用强制通风换气装置，其风量应以事故排气量为基数，每小时换气量应为基数的 7 倍以上，必要时应配备喷淋冷水的装置。

6. 库内地面应平坦而不打滑。储存可燃气体气瓶的库房，其地面可采用铝板、沥青、水泥或木砖，但从导电情况和防止撞击火花方面考虑，采用铝板更合适一些；层墙的间壁及房顶应用防火或半防火材料建造。

7. 储存可燃气体气瓶的库房，其照明、换气装置等电气设备，均需采用防爆型；电气开关和熔断器应装在房外。

8. 库房内温度应根据气瓶内的介质确定。一般应在5℃以上，35℃以下；当高于35℃时，应采取降温措施。冬季严禁使用煤炉、电热器或其他明火取暖设施。

9. 储存可燃气体气瓶的库房如不在避雷装置保护区域内，则必须装设避雷装置。

10. 对于有毒、可燃或窒息性气体的气瓶库房，可装设与之相适应的自动报警装置。

11. 气瓶库房最大存瓶数不得超过3 000只。如库房用密闭防火墙分隔成单室，则每室存放可燃、有毒气体气瓶不得超过500只；存放不燃无毒气体气瓶不应超过1 000只（以40 L气瓶计）。

12. 气瓶库房与其他建筑物应保持一定的安全距离，气瓶库房与公共场所、民用住宅的最小安全间距为100 m。

13. 为了便于气瓶装卸和减少气瓶损伤，一般应设置装卸平台，其宽度为2 m，高度按气瓶主要运输工具的高度确定。

14. 气瓶库房管理员应经过安全技术培训；熟悉气体的性质，能够识别气瓶盛装气体的种类；了解气瓶及其安全附件的结构与操作要领；能够熟练使用消防器材；熟悉有关规章制度，并能认真贯彻执行。

15. 入库气瓶应按照气体的性质、公称工作压力及空瓶和实瓶分类存放；性质相抵触的气瓶必须分隔存放，以防泄漏和性质抵触的气体相遇引起火灾、爆炸和中毒；盛装可燃性气体的气瓶不准与氧化性气体气瓶同库储存；氯、氧、氯化氢、氯甲烷、氧化氮、二氧化硫、六氟化硫气瓶，不准与氨气瓶同库储存；甲烷、一甲胺、二甲胺、三甲胺、氟化硼气瓶，不准同氯气瓶同库储存；氟磷化氢（磷烷）、硫化氢，不准与一甲胺、二甲胺、三甲胺气瓶同库储存。

16. 对于盛装特殊危害气体气瓶，检查瓶阀泄漏必须用气体检测器或用试验液测试，例如，用浸过氨水的棉花团检验氯气或氯的化合物气体泄漏（产生白雾），用试纸检验氨、砷烷、磷烷（试纸变色），不得用人体器官测试。

17. 对于限期储存的介质，如光气（3 个月）、溴甲烷、二氧化硫（6 个月）以及不宜长期存放的氯乙烯、氯化氢、甲醚等气体，应注明储存期限。盛装容易起聚合反应或分解反应的气体（例如四氟乙烯）的气瓶，应远离电磁波、放射线、振动源，必须规定并注明储存期限。

18. 可燃性气体气瓶要放在绝缘体上存放，以防静电事故。

19. 应定期测试和记录库内温度和湿度。库房最高允许温度应根据储存气体性质而定。例如，储存乙胺，库温应低于 10℃；储存光气、氯甲烷、溴甲烷、氯乙烯、乙烷、甲醚、丁烯、丁二烯、一甲胺、二甲胺、三甲胺等气体，库温应低于 30℃；储存环氧乙烷，库温应低于 32℃；储存氯乙炔、氟化氰、二氧化硫气体，库温应低于 35℃。库房的相对湿度应控制在 80%以下。

20. 气瓶在库房内应整齐，并留有适当宽度的通道。库房应有明显的“禁止烟火”、“当心爆炸”等各类必要的安全标志。

21. 库房还应有运输和消防通道，设置消防栓和消防水池，在固定地点备有专用灭火器、灭火工具和防毒用具。气瓶库房周围 10 m 距离内禁止存放任何易燃物品，也禁止进行任何有明火的作业。

四、事故与预防措施

气瓶发生事故的原因主要有两个方面：充装不当和使用不当。

1. 充装不当

气瓶发生的爆炸事故除少数是由于气瓶本身缺陷的原因造成

外，大部分是由于充装不当造成的。气瓶的混装和超装是主要的隐患。

（1）混装　气瓶的混装或错装，是指一个原来盛装某种气体的气瓶被错误地用来盛装另一种气体，如果这两种气体在一定的条件下会发生化学反应，由于气瓶充装、运输、使用等条件的不可确定性，很可能随时达到这种化学反应所需要的条件，而发生剧烈的化学反应，产生高温、高压造成气瓶破裂爆炸。其中最危险而又最常见的事故，涉及氧气或空气等助燃气体与氢、甲烷等可燃气体的混装。

从对气瓶混装爆炸事故的调查分析中可看出，气体充装单位在充装前没对气瓶进行严格检查即盲目充装是造成事故的重要原因。因此，为防止气瓶因混装而发生爆炸事故，应做好以下两方面工作。

1）充装前必须对气瓶进行严格的检查。

2）使用防止混装的充气连接结构。

（2）超装

1）气瓶超装　是指气瓶充装过量，主要是液化气体的过量充装。充装过量也是气瓶破裂爆炸的常见原因，特别是低压液化气体气瓶，其破裂爆炸绝大多数是由于充装过量引起的。

2）超装的预防措施　气瓶超装的预防必须从充装站（点）抓起，各充装站（点）应切实按国家有关的法律法规、标准和规程的规定和要求，抓好气瓶充装的各项管理工作，特别是充装过程的管理和充装后的检查。

2. 使用不当

气瓶充装后在搬运、销售运输、使用等各环节有不符合规定和要求的，也会直接或间接造成爆炸、起火或中毒伤亡事故。

（1）气瓶在运输过程中发生爆炸事故的主要原因是气瓶受到震动或碰撞冲击，有时会使气瓶发生爆炸，也有的因为碰撞冲击使瓶阀撞坏或撞断，气瓶喷出的可燃气体起火燃烧或毒性气体污染环境。

（2）气瓶在储运或使用过程中置于烈日下长时间的暴晒，或将气瓶靠近高温热源，也是气瓶爆炸的常见原因。当气瓶仅局部受热时，尽管瓶内介质的受热膨胀不至于发生气瓶爆炸，但却会造成气瓶上的安全泄压装置开始动作排气泄压，使瓶内的可燃气体或有毒气体喷出而造成起火或中毒事故。

（3）气瓶操作不当常会发生起火或破坏气瓶附件等事故。当开启气瓶的瓶阀时，若开得太快，减压器或管道中的压力迅速增大，温度也会大幅升高，严重时会损坏减压器，使瓶阀的橡胶垫圈等内件烧毁。

此外，气瓶管理不当也会引发起火事故。例如，瓶阀平时疏于检查和记录，充装气体后会出现瓶阀泄漏。若瓶内的气体是可燃气体，便会发生起火燃烧事故。氧气和其他氧化性气体气瓶瓶阀或附件沾有油脂等有机物时，瓶阀泄漏就会直接引发起火燃烧事故。

为预防气瓶由于使用管理不当而发生事故，必须严格做到合理搬运、防止受热、正确操作、加强维护。

第八章

压力容器安全运行与管理

第一节　压力容器安全运行

正确合理地操作和使用压力容器，是保证容器安全运行的一项重要措施。压力容器投入使用后，往往会因工作条件的苛刻、操作不当、修理不利等原因，引起材质劣化、设备故障而降低其使用性能甚至发生灾害事故。因此，压力容器的安全问题与容器使用者关系极大。容器的使用单位除应设置专门管理机构和专职管理人员对容器进行安全技术管理，建立和健全安全管理制度外，还应对容器的操作人员提出具体要求，并在容器运行过程中从使用条件、环境条件和维修条件等方面采取控制措施，以保证压力容器安全运行。

一、压力容器的投用

1. 投用前的准备工作

由于工艺条件的不同，不同压力容器的操作内容、方法、程序与注意事项也不尽一致。通常，人们把压力容器及装置的操作划分为：机泵操作、罐区装卸操作、设备工艺操作三大部分。每种操作又可划分为若干项小单元操作，每项小单元的操作都有一定的操作规程和操作程序，都需要做特定的投用前的准备工作。做好投用（或称开工）前的准备工作，对完成单元容器操作，保证整个生产过程安全运行有着重要的意义。压力容器投用前要做好如下准备工作。

（1）压力容器及其装置全面检查验收工作。检查验收的内容包括：压力容器及其装置的设计、制造、安装、检修等质量是否符合国家有关技术法规、标准的要求，扩建、技术改造后的运行是否能保证预定的工艺生产要求，施工用脚手架、临时电线应全部拆除，施工机具全部远离现场，操作台上的梯子、平台、栏杆完好，安全装置齐全、灵敏、可靠，照明正常，地沟盖板及下水井盖全部盖好，道路畅通，消防设备齐全完好，地面平整清洁，门窗完整，玻璃明亮，操作及维修用备件齐备，水、电、蒸汽、风、氧气、通风正常等。符合上述条件和要求者方可验收并准予开工，否则不得投入运行。

（2）写好压力容器及装置的开工方案，呈请有关部门批准。开工方案应包括如下内容：

1）压力容器吹扫及贯通试压工作。

2）单元容器的试运，有衬里的压力容器烘干及新管线脱脂钝化工作。

3）系统置换驱赶空气。

4）拆下盲板。

5）引进工艺介质及物料，建立循环。

6）转入正常生产。

压力容器开工方案，一般应由车间主任、工艺、设备、安全技术人员以及有经验的操作人员共同编制。应组织操作人员学习开工方案，尤其应向操作人员详细介绍安装、检修后的设备技术状况、工艺变更部分和新增技术措施项目，使他们熟悉流程、了解设备和工艺条件。

（3）操作人员在操作前应做好以下准备工作：

1）操作人员在上岗操作前，必须按规定着装，带齐操作工具，特别是应随身携带专用的操作工具。进入有毒有害气体车间或场地前，要戴好防尘防毒面具等劳动保护用品。

2）操作人员上岗操作前，必须按规定认真检查本岗位或本工段的压力容器、机泵及工艺流程中的进出口管线、阀门、电气设备、安全阀、压力表、温度计、液位计等各种设备及仪表附件的完善情况，检查岗位或工段的清洁卫生情况。

3）操作人员在确认压力容器及设备能投入正常运行后，才能使系统投入运行。

2. 压力容器及其装置开工

对于新安装、扩建或经过停工检修的压力容器及其装置的开工，必须严格执行开工方案。车间领导应负责开工统一指挥，其他人员不得直接向岗位操作人员下达操作命令。开工过程中，要严格按工艺卡片的要求和操作规程操作。

(1) 压力容器吹扫、贯通、试压或在装置内安装、检修时，不能遗留焊渣、焊条头、铁屑、氧化皮、破布、工具、螺母、螺钉等，防止这些杂物堵塞管道、阀门，损坏机泵等设备，影响正常开工或导致事故发生。在吹扫、贯通、试压时，必须做好以下几项工作：

1）按照抽堵盲板图表，逐个抽出检修时所加的盲板，装好正常生产时需要加的盲板。加装盲板处要保证密封不泄漏。

2）进行联合质量检查和设备试运行。压力容器及其工艺管道需按规定经过蒸汽吹扫、贯通，并经水或氮气试压合格，检查整体系统畅通情况和严密性。试压用的压力表要经过校验，保证准确。容器及工艺管道引入蒸汽或进行吹扫前，应先将容器及管道试压用水放净，蒸汽也要脱水，防止发生水击、损坏设备和管道。

3）按工艺流程逐个审查系统中的压力容器、机泵、阀门及安全附件，确认无误。要做到开工时不串物料、不串汽、不憋压。

4）开工时需驱赶空气的压力容器及其装置或系统，应按规定的置换介质逐步进行。不准留死角，从容器顶部排除空气，直到符合规定的指标为止。

5）在试运行或开工过程中，阀门启动频繁，操作人员由于紧张疲劳易有疏漏。因此，应坚持阀门操作复查制度，即岗位操作完毕应及时报告班长，由班长对阀门操作是否正确进行复查，保证不出差错。

（2）加强压力容器试运行中的检查。当压力容器经吹扫、贯通、试压合格后，投入试运行前还要做好如下检查工作：

1）压力容器及其管道升温过程中的检查。当升温到规定温度时，应停止对压力容器及其管道、阀门、附件等进行恒温热紧。这些装备检修时是在冷态下紧固的，升温过程中易发生泄漏。热紧的目的是保证压力容器及其设备适应长周期运行的要求。热紧时对螺栓用力要适当，防止螺栓断裂造成事故。

2）冷换容器启用时，应先缓慢地引进冷流后引进热流，以防这类容器内外冷热不均而泄漏。冷换容器外部泄漏容易发觉，内部泄漏不易发现，特别要注意检查压力高的部位向压力低的部位泄漏，如有这种现象要设法消除。在升温和施压状况下，阀门盖帽、法兰或其他连接部位发生泄漏时，不准拆下螺栓或卸下压盖盘根，以防出事故。

3）必须检查备用设备，保证其处于良好状态，能随时启用。在试运行中，检修人员应与压力容器操作人员密切配合，共同加强巡回检查。

（3）压力容器及其装置进料

1）压力容器及其装置进料前要关闭所有的放空阀门，然后按规定的工艺流程，经操作人员、班组长、车间值班领导三级检查确认无误后，才能启动机泵进料。在进料过程中，操作人员要沿工艺流程线路跟随物料进程进行检查，应特别注意泄漏问题，防止物料泄漏或走错流向。

2）操作人员在操作调整工况阶段，应注意检查阀门的开启度是否合适。此时，压力容器及其装置虽已开工，但不等于隐患均充分暴露，操作人员应密切注意运行的细微变化，严格执行工艺操作规程，做到精心、平稳地操作，使压力容器及其装置的运行逐步走向正常。

二、运行中工艺参数的控制

压力容器从设计、制造、运行到服役期满的全过程中，运行是其主要环节。每台容器都有特定的设计参数。制造质量合格的容器，在设计参数内运行是安全的。超设计参数运行，可能发生事故，甚至发生断裂等恶性事故。同时，合乎制造质量标准的容器，也不可避免地存在某些质量标准允许存在的及检测手段难以发现的缺陷。另外，还可能存在漏检情况。容器在长期运行中，由于压力、温度、介质腐蚀等复杂因素的综合作用，已有缺陷可能进一步发展，还可能形成新的缺陷。故此，运行中对工艺参数的安全控制，是压力容器安全操作的主要内容，目的是使缺陷的发生和发展被控制在一定限度之内。工艺参数主要是指温度、压力、流量、液位及物料配比等。防止超温、超压和介质泄漏，是防止事故发生的根本措施。

1. 温度控制

温度是介质或反应物在压力容器中的主要控制参数之一。温度过高可能导致剧烈反应而使压力突增，造成冲料或容器爆炸或反应物的分解着火等。同时，过高的温度还会使容器材料的机械性能（如高温强度）减弱，承载能力下降，容器变形。温度过低则有可能造成反应速度减慢或停滞，当回升到正常反应温度时，往往会因待反应物料过多反应剧烈引起爆炸。温度过低还会使某些物料冻结，造成管路堵塞或破裂，致使易燃物泄漏而发生火灾和爆炸。为严格控制温度，应从以下方面采取有力措施。

（1）防止反应中换热突然中断　化学反应中的热量平衡是保证反应正常进行所必需的条件。放热反应中，过多热量的及时排出往往是预防超温超压事故的前提。若在生产工艺控制中不能保证换热系统正常工作，就必须具备在中断换热的同时中断化学反应的手段。

（2）正确选择传热介质　常用的热载体有水蒸气、水、矿物油、三联苯、熔盐、柔和熔融金属、烟道气等。正确选择热载体对加热过程的安全有十分重要的意义。应尽量避免使用与反应物料性质相抵触的物质作为热载体。例如，环氧乙烷容易与水发生剧烈反应，甚至有极微量的水渗进液体环氧乙烷中，也会引起自聚发热而爆炸。冷却或加热这种物质，不能直接用水和水蒸气，而应该使用液体石蜡等作为传热介质。

（3）加强保温措施　合理的保温对工艺参数的控制、减少波动、稳定生产都有好处，同时，也可防止高温设备和管道对周围易燃易爆物质构成着火爆炸的威胁。进行保温时，宜选用防漏防渗的金属薄板做外壳，减少外界易燃物质泄漏或渗入保温层中积存而产生危险。

2. 投料控制

对于放热反应装置，投料量与速率不能超过设备的传热能力，否则，物料温度将会急剧升高，引起物料分解、突沸而发生事故。加料温度如果过低，往往造成物料积累过量，温度一旦适宜便会加剧反应，加之热量不能及时导出，温度及压力都会超过正常指标，从而造成事故。反应物料的配比应严格控制，参加反应物料的浓度、流量等要准确分析和计量。对连续化程度较高、危险性较大的生产，更应特别注意。

许多聚合物的生产过程，特别是涉及可燃物质的生产过程，常用氧化剂（过氧化物）做催化剂。若控制不当，将发生剧烈反应，引起爆炸。高压聚乙烯反应器的爆炸事故，多由物料配比失调所致。在有可能有爆炸性混合物形成的生产过程中，必须将物料严格控制在爆炸极限范围之外，如果工艺条件允许，可添加惰性气体进行稀释保护（如丁烯，氧化脱氢制配丁二烯的反应）。

投料中另一个值得注意的问题是投料顺序。石油化工生产中的投料顺序，是按物料性质、反应机理等要求确定的。例如，HCl 的合成应先投氢气或投氯，三氯化磷的生产，应先投磷或投氯，均不能二者同时投入，否则有可能发生爆炸。在许多化学反应过程中，由于反应物料中危险性杂质的增加会导致副反应、过反应的发生而造成燃烧或爆炸。因此，生产原料、中间产品及成品都应有严格的质量检验，保证其纯度。

3. 充装量的控制

盛装液化气体的压力容器，应严格规定充装质量，以保证在设计温度下压力容器内部存在气相空间。压力容器的设计压力，就是按液化气体在使用过程中可能达到的最高温度所对应的饱和蒸气压确定的。若充装过量则会出现如下情况：由于液化气体的温度随环境温度的上升而上升，液体的比容也相应增加，此时相同质量液化气体的液相就要占据较多的压力空间，当温度上升到某一数值后，容器内的压力空间将全部被液相介质所占据。此时，容器内气液两相的平衡状态就会遭到破坏。

4. 压力、温度的波动控制

压力容器在反复变化的载荷作用下可能产生疲劳破坏。疲劳破坏是从压力容器的高应力区域开始的。压力容器的接管、焊缝、开孔、转角、支撑部位都存在局部峰值应力。工艺上间断的开车操作，会造成压力、温度的大幅度波动。对于有衬里的容器，在操作上要更加注意。

5. 环境条件的控制

压力容器工作环境，也是影响压力容器使用安全性能的重要因素。因此，在其使用过程中实行环境条件的控制至关重要。一方面是压力容器的介质环境，另一方面是压力容器力学（主要指交变载荷）环境。

（1）介质腐蚀性的控制　从理论上讲，钢材受介质腐蚀是不可避免的。压力容器在设计时，必须考虑介质的腐蚀性能及使用温度等，以选用适合容器使用条件的金属材料，并按规定给予一定的腐蚀裕量。各种钢材的耐腐蚀性能不同，介质的腐蚀性也千差万别。因此，减缓腐蚀速度，延长使用寿命，也是压力容器使用环节必须注意的重要问题。解决压力容器的腐蚀问题，必须从以下两个方面做起。

1）介质杂质含量的控制　在特定条件下，杂质的存在会造成严重的腐蚀。通常影响较为严重的杂质有氯离子、氢离子及硫化氢等。在液化石油气球形储罐开罐检查中，发现的诸多危及安全使用的问题中，除制造质量外，介质中的硫化氢含量高也是一个很重要的因素。一些储存容器中，杂质因密度不同，会在容器上部液面或容器底部积聚，产生浓度差电池腐蚀效应。这是容器液面附近或容器底部易被腐蚀的重要原因之一。

2）含水量控制　气体、液化气体中水分的存在，对于加速介质对容器壁的腐蚀起着重要的作用。水能溶解多种介质而形成电解质溶液，导致电化学腐蚀环境的形成，产生电化学腐蚀。如无水氯介质对容器不构成腐蚀，而在少量水存在的情况下，水中的氯离子浓度值、酸度值对容器就构成极大的腐蚀威胁，使容器产生强烈的腐蚀。尤其是对奥氏体不锈钢材料容器，含水的氯更易造成晶间腐蚀。

（2）交变载荷的控制　在反复交变载荷的作用下，金属将产生疲劳破坏。压力容器的疲劳破坏绝大多数属于金属的低周疲劳。其特点是，所承受的交变应力较高而应力交变的次数并不太多。这些条件在很多压力容器中存在。

低周疲劳的条件之一是，应力接近或超过材料的屈服极限。在压力容器的某些部位，如接管、开孔、转角等几何不连续的地方以及焊缝附近，存在程度不同的应力集中，有的往往比设计应力大好几倍，完全有可能达到甚至超过材料的屈服极限。这些高水平的局部应力如果仅仅作用几次，并不会对容器使用的安全性、可靠性构成威胁。但是，如果反复加载、卸载，将会使受力最大的晶粒产生塑性变形并逐渐发展成微小裂纹。随着应力的周期变化，裂纹逐渐扩展，最终导致压力容器破坏。

压力容器器壁上的交变应力，主要来源于以下五个方面。

1）间歇操作的容器经常开停车（即反复加压、卸压）。

2）容器在运行中压力在较大幅度的范围（例如超过 20%）内变化和波动。

3）容器操作温度发生周期性较大幅度的变化，引起容器壁温度应力的反复变化。

4）容器有较大的强迫振动并由此产生较大的局部应力。

5）容器受到周期性的外载荷作用。

为了防止容器发生疲劳破坏，在容器使用过程中，应当尽量避免不必要的频繁加压、卸压和过分的压力波动及过大的温度变化。

三、压力容器的安全操作要求

尽管不同压力容器的技术性能、使用工况不尽相同，但它们却有共同的安全操作要求。操作人员必须按规定的程序和要求进行操作。压力容器的安全操作要求主要有：

1. 压力容器操作人员必须取得当地质量技术监督部门颁发的《特种设备作业人员证》后，方可独立承担压力容器的操作。

2. 压力容器操作人员要熟悉本岗位的工艺流程，熟悉容器的结构、类别、主要技术参数和技术性能。严格按操作规程操作，掌握处理一般事故的方法，认真填写有关记录。

3. 压力容器要平稳操作。容器开始加载时，速度不宜过快，特别是承受压力较高的容器，加压时需分阶段进行并在各阶段保持一定时间后再继续增加压力，直至规定压力。高温容器或工作温度较低的容器，加热或冷却时都应缓慢进行，以减小容器壳体温差应力。有些间断操作的容器会造成温度、压力的大幅度变化，这些是工艺要求决定的，在设计时虽做了考虑，但操作时应力求缓慢进行。另外，对于有衬里的容器，若降温、降压速度过快，有可能造成衬里鼓包；对固定管板式热交换器，温度大幅度急剧变化，会导致管子与管板的连接部位受到损伤。

容器运行期间，还应尽量避免压力、温度的频繁和大幅度波动。压力、温度的频繁波动，会造成容器的疲劳破坏。尽管设计上要求容器结构连续，但接管、转角、开孔、支承部位、焊缝等处是不连续的。这些区域在交变载荷作用下产生的局部峰值应力往往超过材料的屈服极限，产生塑性变形。尽管一次的变形量极小，但在交变载荷作用下，会萌生裂纹或使原有裂纹扩展，最终导致疲劳破裂。

4. 严格控制工艺参数。严禁容器超温、超压运行。为防止操作失误而造成容器超温、超压，可实行安全操作挂牌制度或装设联锁装置。容器装料时避免过急过量；使用减压装置的压力容器应密切注意减压装置的工作状况；液化气体严禁超量装载，并防止意外受热；随时检查容器安全附件的运行情况，保证其灵敏可靠。

5. 严禁带压拆卸压紧螺栓。

6. 坚持容器运行期间的巡回检查，及时发现操作中或设备上出现的不正常状态，并采取相应的措施进行调整或消除。

7. 正确处理紧急情况。

四、压力容器的运行检查

压力容器操作人员在运行期间，应经常检查压力容器，以便及时发现操作中或设备上所出现的不正常状态，采取相应的措施进行调整或消除，防止异常情况的扩大和延续，保证压力容器正常运行。对运行中压力容器的检查，包括工艺条件、设备状况以及安全装置等。

1. 工艺条件方面

主要检查操作条件，检查操作压力、温度、液位是否在操作规程规定的范围内。检查工作介质的化学成分，特别是那些影响容器安全（如产生腐蚀，使压力、温度升高等）的成分是否符合要求。

2. 设备状况方面

主要检查压力容器各连接部位有无泄漏现象；压力容器有无明显变形；基础和支座是否松动和磨损；压力容器的表面腐蚀以及其他缺陷或可疑现象。

3. 安全装置方面

主要检查压力容器的安全泄压装置以及与安全有关的计量器具（如温度计、压力表、计量用的衡器及流量计）是否保持完好状态。主要检查内容有：

(1) 压力表的取压管有无泄漏和堵塞现象，旋塞手柄是否处在全开位置。

(2) 弹簧式安全阀的弹簧是否锈蚀。

(3) 安全装置和计量器具是否在规定的使用期限内，其精度是否符合要求。

五、压力容器的停止运行

1. 正常停止运行

由于容器及设备按生产规程要进行定期检验、检修、技术改造，或因原料、能源供应不及时，或因容器本身要求采用间歇式操作工艺的方法等原因，均属正常停止运行。对此应注意以下事项。

(1) 停工方案审定　压力容器及其设备的停工过程，是一个变操作参数过程。在较短时间里，各台容器的操作温度、压力、液位等不断发生变化，要进行切断物料、返出物料、容器及设备吹扫、置换等大量工作，操作人员频繁地开关阀门，塔上塔下系统管线连续检查作业，劳动强度大，环境气氛乃至人们精神上都会呈现出紧张状态。没有一个统一的停工方案，很容易发生错误操作，损坏系统的设备、管线、仪器仪表，严重的还会导致发生危及生命的事故。压力容器的停工方案，一般应包括以下内容：

1) 停工周期（包括停工时间和开工时间），停工操作的程序和步骤。

2）停工过程中控制工艺变化幅度的具体要求。

3）容器及设备内剩余物料的处理、置换清洗及必须动火的范围。

4）停工检修的内容及要求、组织措施及有关制度。

压力容器停工方案一般由车间主任、工会、安全技术人员及有经验的操作人员共同编制，报主管领导审批，然后组织操作人员学习。停工方案一经确定，必须严格执行。

（2）停工中应控制降温速度　对于高温下工作的压力容器，由于急剧地降温或温度变化梯度过大时，会使容器壳壁产生疲劳现象和较大的收缩应力，严重时会使容器产生裂缝、变形、零部件松脱，使容器连接部位发生泄漏等现象。如果连接部位漏出的是易燃易爆介质，便会酿成火灾爆炸事故。如果漏出有毒剧毒介质，则会造成环境污染和中毒事故。

（3）采取降温的方法降压　对于储存液化气的容器，由于液化气具有气液共存的特点，容器内的压力取决于温度。所以，单纯排放液化气的气体或液体均达不到降压目的，必须先行降温，才能实现降压。

（4）应清除干净剩余物料　容器内的剩余物料多为有毒或剧毒、易燃易爆、有腐蚀性的介质。容器内物料不清除干净，操作人员无法进入容器内部检查和修理。如果是单台容器停工，首先就要切断这台容器的物料进出口。如果是整个装置停工，那就要将整个装置中的物料采用真空法和加压法清除干净（俗称倒罐），再用水、蒸汽或惰性气体进行置换，直至化验合格为止。

（5）停工阶段应准确执行各种操作　停工阶段的操作不同于正常生产操作，要求更加严格、准确无误。例如，开关阀门操作动作要缓慢，逐步进行，要观察流通情况；蒸汽介质要先开排凝阀，待排净冷凝水后即关闭排凝阀，再逐步打开蒸汽阀，防止发生水击损坏设备或管道；加热炉停工操作应按停工方案规定的降温曲线进行，设有空气预热器的加热炉，降温前应停用预热器，相应调节燃料，保持加热炉出口温度不变。

（6）杜绝火源　对残留物料的排放与处理，应采取相应的措施，特别是可燃、有毒气体应排至安全区域，妥善处理。设备表面、梯子平台、地面的油污、易燃物等应被清除。停工操作期间，容器周围应杜绝一切火源。

2. 紧急情况下的停止运行

当压力容器及其设备发生破裂、鼓包、变形、大量泄漏，或由于突然停电、停水、停汽，迫使压力容器不能正常运转，或由于容器周围发生火灾和其他天灾等非正常原因时，应紧急停止运行。下面简要介绍压力容器紧急停止运行的条件和措施。

（1）停止运行的条件

1）容器的操作压力、介质温度或壁温超过工艺安全操作规程所规定的极限值（包括最高温度和最低温度），经采取措施仍无法控制，并且有继续恶化的趋势。

2）容器本体不合格（主要受压元件出现裂缝、鼓包、变形，焊缝或可拆连接处发生泄漏等缺陷），危及安全。

3）安全附件失效，接管端断裂，紧固件损坏，难以保证安全运行。

4）容器的信号孔或警告孔泄漏。

5）操作岗位发生火灾或其他自然灾害，威胁到容器的安全操作。

6）接管、紧固件损坏，难以保证安全运行。

7）过量充装。

8）压力容器液位超过规定，采取措施仍不能得到有效控制。

9）压力容器与管道发生严重振动，危及安全运行。

10）其他异常情况，危及压力容器安全运行的紧急情况要立即停止运行。

（2）相应措施

1）对关键性的压力容器和设备，为防止因突然停电而发生事故，应配置双电源与联锁自控装置。如因线路发生故障，生产车间全部停电时，要及时汇报和联系，查明停电原因。同时应重点检查压力容器及设备的温度压力的变化，尽量保持物料畅通。发现因停电而造成冷却系统停机需要停水时，可根据生产工艺情况进行减量或维持生产。大面积停水时，则应立即停止生产进料，注意温度、压力变化。压力超过正常值时，可采取放空降压措施。

2）需要加热的容器或管道突然发生停汽时，容器或管道的温度会很快下降，一些在常温下呈固态而在操作温度下呈液态的物料，会因为温度下降凝结而堵塞管道。对此，应及时关闭物料连通的阀门，防止物料倒流至蒸汽系统。

3）停风会使所有以气为动力的仪表、阀门都不能动作，故停风时应立即改为手动操作，某些充气防爆电器和仪表也处于不安全状态，必须加强厂房内通风换气，以防止可燃气体进入电器和仪表内部。

4）对可燃物大量泄漏的处理。生产过程中，有可燃物大量泄漏时，首先应正确判断泄漏部位，及时报告领导和有关部门，迅速切断泄漏物料来源，并在一定区域范围内严格禁止动火及其他火源产生。操作人员应坚守岗位，密切注视容器内物料的工艺变化。工艺控制达到临界压力和临界温度的危险值时，应正确地进行停车处理。

第二节　压力容器的维护保养

压力容器维护保养的目的在于提高设备的完好率，使压力容器能保持在完好状态下运行，提高使用效率，延长使用寿命，保证运行安全。其内容包括：日常维修、大修、停用期间的维修保养等。维护保养的对象不仅包括压力容器本体，也应包括各种附属装置、仪器仪表，以及支座基础、连接的管道阀门等。本节重点介绍容器本体的日常维护保养。

一、压力容器设备完好的标准

1. 运行正常，效能良好。其具体标准为：

（1）容器的各项操作性能指标符合设计要求，能满足正常生产的需要。

（2）操作过程中运转正常，各项操作参数易于平稳控制。

（3）密封性能良好，无泄漏现象。

（4）带搅拌的容器，其搅拌装置运转正常，无异常的振动和杂音。

（5）带夹套的容器，加热或冷却功能良好。

（6）换热器无严重结垢。列管式换热器的胀口、焊口，板式换热器的板间，各类换热器的法兰连接处，密封良好，无泄漏及渗漏。

2. 装置完整，质量良好。一般来说，这应包括如下要求：

（1）零部件、安全装置、附属装置、仪器仪表完整，质量符合设计要求。

（2）压力容器本体整洁，油漆、保温层完整，无严重锈蚀和机械损伤。

（3）有衬里的容器，衬里完好，无渗漏及鼓包。

（4）阀门及各类可拆连接处无跑、冒、滴、漏现象。

（5）基础牢固，支座无严重锈蚀，外管道情况正常。

（6）各类技术资料齐备、准确、有完整的设备技术档案。

（7）压力容器在规定期限内进行了定期检验，安全性能好，并已办理使用登记证。

（8）安全阀、爆破片、易熔塞、温度计及压力表等附件定期进行了调校和更换。

二、压力容器运行期间的维护保养

容器运行期间日常维护保养工作的重点，是防腐、防漏、防露、防振，以及仪器仪表、阀门、安全装置的日常维护。

1. 保持完好的防腐层

工作介质对材料有腐蚀性的容器，应根据工作介质对器壁材料的腐蚀作用，采取适当的防腐措施。通常采用防腐层来防止介质对器壁的腐蚀，如涂层、搪瓷、衬里等。这些防腐层一旦损坏，工作介质将直接接触器壁，局部加速腐蚀，产生严重的后果。所以，必须使防腐涂层或衬里保持完好。这就要求在容器使用过程中注意以下几点：

（1）经常检查防腐层有无自行脱落，检查衬里是否开裂或焊缝处是否有渗漏现象。发现防腐层损坏时，即使是局部的，也应该经过修补等妥善处理后才能继续使用。

（2）装入固体物料或安装内部附件时，应注意避免刮落或碰坏防腐层。带搅拌器的容器应防止搅拌器叶片与器壁碰撞。

（3）内装填料的容器，填料环应布放均匀，防止流体介质运动的偏流磨损。

2. 消除容器的“跑”“冒”“滴”“漏”

由于磨损、连接不良或密封面损坏，压力容器的连接部位及密封部位经常会产生“跑”“冒”“滴”“漏”现象。这不仅浪费原料和能源，污染环境，还常常引起器壁穿孔或局部腐蚀加速，导致容器破坏事故。因此，要加强巡回检查，注意观察，消灭“跑”“冒”“滴”“漏”现象，保持良好的工作环境。

3. 保护好保温层

对于有保温层的压力容器要检查保温层是否完好，防止容器壁裸露。因为保温层一旦脱落或局部损坏，不但会浪费能源，影响容器效率，而且容器局部温差变化较大，产生温差应力，引起局部变形，影响正常运行。

4. 减小或消除容器的振动

容器的振动对其正常使用影响也是很大的。振动不但会使容器上的紧固螺钉松动，影响连接效果，或者由于振动的方向性，使得容器接管根部产生附加应力，引起应力集中，而且当振动频率与容器的固有频率相同时，会发生共振现象，造成容器的倒塌。因此，当发现容器存在较大振动时，应采取适当的措施，如隔断振源、加强支撑装置等，以消除或减轻容器的振动。

5. 维护保养好安全装置

容器的安全装置是防止其发生超压事故的重要装置，应使它们始终处于灵敏准确、使用可靠状态。因此，必须在容器运行过程中加强维护保养。安全装置和计量仪表应定期进行检查、试验和校正，发现不准确或不灵敏时，应及时检修和更换。容器上的安全装置不得任意拆卸或封闭不用。没有按规定装设安全装置的容器不得使用。

三、压力容器停用期间的维护保养

对于长期停用或临时停用的压力容器，也应加强维护保养工作。可以说，停用期间保养不善的容器甚至比正常使用的容器损坏得更快，有些容器恰恰是忽略了停用期间的维护而造成了日后的事故。

停止运行的容器尤其是长期停用的容器，一定要将内部介质排放干净，清除内壁的污垢、附着物和腐蚀产物。对于腐蚀性介质，排放后还需经过置换、清洗、吹干等技术处理，使容器内部干燥和洁净。要注意防止容器的“死角”内积有腐蚀性介质。

要经常保持容器的干燥和洁净。为了减轻大气对停用容器外表面的腐蚀，应保持容器表面清洁，经常把散落在上面的尘土、灰渣及其他污垢擦洗干净，并保持容器及周围环境的干燥。

另外，要保持容器外表面的防腐油漆等完好无损，发现油漆脱落或刮落时要及时补涂。有保温层的容器，还要注意保温层下的防腐和支座处的防腐。

第三节　压力容器定期检验与改造维修

压力容器的定期检验，是压力容器监察工作中的一个重要环节。压力容器改造维修是容器在出现缺陷、损坏或因生产工艺需要，进行必要的改造或维修。压力容器必须定期进行检验及确保改造、维修质量，以防止事故发生，确保安全经济运行。

一、压力容器定期检验

压力容器的定期检验是指在容器的设计使用期限内，每隔一定的时间，即采用适当有效的方法，对它的承压部件和安全装置进行检查或做必要的试验的法定强制性检验。

1. 压力容器定期检验的目的

使用中的压力容器，长期承受压力及其他一些载荷，有的还要受到腐蚀性介质的腐蚀，或在高温、深冷的工艺条件下工作，其承压部件不可避免地会产生各种缺陷。这些缺陷，有的是运行中产生的，有的是原材料或制造中的微小缺陷发展而成的。压力容器的这些缺陷如果不能及早发现并采取一定措施加以消除，任其发展扩大，必将在继续使用过程中发生断裂破坏，导致严重的爆炸事故。

实行定期检验，是及早发现缺陷、消除隐患、保证压力容器安全运行的一项行之有效的措施。通过定期检验，能达到以下几个方面的目的：

（1）了解压力容器的安全状况，及时发现问题，及时修理和消除检验中发现的缺陷，或采取适当措施进行特殊监护，从而防止压力容器事故的发生，保证压力容器在检验周期内连续地安全运行。

（2）通过定期检验，进一步验证压力容器结构设计、形式设计是否合理，制造、安装质量如何以及缺陷的发展情况等。

（3）及时发现运行管理中存在的问题，以便改进管理和操作。

因此，为了防止事故的发生，确保压力容器安全经济运行，压力容器的使用单位除了加强对压力容器的日常使用管理和维护保养外，还要由国家质检总局核准的检验机构持证的压力容器检验人员定期对压力容器进行全面的技术检验，对压力容器技术状况做出科学的判断，以确定压力容器能否继续使用到下一个检验周期。

2. 压力容器定期检验分类及检验周期

《压力容器定期检验规则》《超高压容器安全技术监察规程》《非金属压力容器安全技术监察规程》《气瓶安全监察规定》和《气瓶安全监察规程》等有关规程、规定，对压力容器定期检验的分类和周期都做了具体规定。

（1）压力容器的定期检验分类和安全状况等级　固定式压力容器的定期检验分为年度检查、全面检验和耐压试验；医用氧舱定期检验分为年度检验和全面检验；超高压容器定期检验分为全面检验和耐压试验；非金属压力容器只进行全面检验；移动式压力容器（气瓶除外）的定期检验分为年度检验、全面检验和耐压试验；各种气瓶的定期检验不分类，只有检验周期的不同。压力容器安全状况等级划分的内容详见本书第一章第四节。

（2）压力容器的定期检验周期和出具的检验结论　年度检查和全面检验工作完成后，检验人员根据实际检验情况出具检验报告。检验报告中应给出检验结论，以便使用单位按照给定的检验结论，做出具体处理，制定相应的使用管理要求和措施，以确保其继续安全运行或做报废等。不同的压力容器，根据相应的检验规程、规则，检验结论的种类也不同。

1）固定式压力容器的定期检验　根据《压力容器定期检验规则》等规定，固定式压力容器的定期检验分为年度检查、全面检验和耐压试验三类。

①年度检查：是指压力容器运行中的定期在线检查，每年至少一次。

②全面检验：是指压力容器停机时的检验。其检验周期分为：安全状况等级为1、2级的，一般每6年至少一次；安全状况等级为3级的，一般3～6年一次；安全状况等级为4级的，

其检验周期由检验机构确定。石墨制非金属压力容器每5年至少检验一次；搪玻璃压力容器每9年至少一次；玻璃纤维增强热固性树脂压力容器每3年至少检验一次；全塑料制压力容器每年至少检验一次；超高压人造水晶釜每3年至少检验一次，在使用超过12年后，每年至少检验一次；其他超高压容器每6次至少检验一次。新投用的压力容器应当于投用满3年时，进行首次全面检验。

③耐压试验：是指压力容器全面检验后所进行的超过最高工作压力的液压试验或气压试验。对固定式压力容器，每两次全面检验期间内，至少进行一次耐压试验；超高压容器每10年至少进行一次耐压试验。

当年度检查、全面检验和耐压试验同期进行时，应依次进行全面检验、耐压试验和年度检查，其中重复检验的项目只做一次。

压力容器定期检验结论，根据《压力容器定期检验规则》等规定分为1～5级（5个安全状况等级）。其中安全状况为4级的压力容器，其积累监控使用的时间不得超过一个检验周期，在监控使用期间，可对缺陷进行处理，提高安全状况等级，否则不得继续使用；安全状况等级为5级的，即判废。

2）医用氧舱的定期检验　医用氧舱的定期检验分为年度检验和全面检验两种。使用单位应提前一个月向检验单位提出定期检验申请。

①年度检验：是指每年至少进行一次的检验。设备连续停用时间超过6个月（不包括修理改造时间）的医用氧舱重新投用前，应按年度检验进行。

②全面检验：是指3年至少进行一次的检验。医用氧舱经维修、改造重新投用前，应按全面检验进行。使用期超过20年的，必须对其安全性能进行综合技术鉴定。

医用氧舱的定期检验结论分为三种：允许运行、整改后运行、停止运行。

3）移动式压力容器（气瓶除外）的定期检验　汽车罐车、铁路罐车、罐式集装箱和长管拖车的定期检验分为年度检验、全面检验和耐压试验三类。

①年度检验：每年至少一次。

②全面检验：罐车的全面检验周期按表 8—1 规定。

表 8—1　　罐车检验周期

安全等级＼罐车名称	汽车罐车、长管拖车	铁路罐车	罐式集装箱
1～2 级	5 年	4 年	5 年
3 级	3 年	2 年	2.5 年

有下列情况之一的罐车，也应做全面检验：

a. 新罐车使用一年后的首次检验。

b. 罐车发生重大事故或停用一年后重新投用的。

c. 罐体经重大修理或改造的。

低温型罐车的定期检验内容和要求，还应符合制造单位提供的使用维护说明书的要求。

移动式压力容器的定期检验结论分为 5 个安全状况等级：1～5 级，安全状况等级评为 4 级和 5 级者不得使用。

③耐压试验：每 6 年至少进行一次耐压试验。

4）气瓶定期检验　各类气瓶的定期检验周期不得超过以下规定：

①钢质无缝气瓶：按 GB 13004—1999《钢质无缝气瓶定期检验与评定》标准，盛装腐蚀气体的气瓶、潜水气瓶以及常与海水接触的气瓶，每两年检验一次；盛装一般气体的气瓶，每 3 年检验一次；盛装惰性气体的气瓶，每 5 年检验一次。对使用年限超过 30 年的气瓶，登记后不予检验，按报废处理。

②钢质焊接气瓶：按 GB 13075—1999《钢质焊接气瓶定期检验与评定》标准，盛装一般气体的气瓶，每 3 年检验一次；盛装腐蚀性气体的气瓶，每两年检验一次。对使用年限超过 12 年盛装腐蚀性气体的气瓶，以及使用年限超过 20 年的盛装其他气体的气瓶，登记后不予检验，按报废处理。

③液化石油气瓶：按 GB 8334—1999《液化石油气钢瓶定期检验与评定》标准，YSP—0.5、YSP—2.0、YSP—5.0、YSP—10、YSP—15 型钢瓶，自制造日期起，第 1 次至第 3 次检验的检验周期均为 4 年，第 4 次检验周期为 3 年；对 YSP—50 型钢瓶，每 3 年检验一次。对使用年限超过 15 年任何类型的气瓶，登记后不予检验，均按报废处理。

④铝合金无缝气瓶：按 GB 13077—2004《铝合金无缝气瓶定期检验与评定》标准，盛装惰性气体的铝瓶，每 5 年检验一次；盛装腐蚀性气体的铝瓶或在腐蚀性介质（如海水等）环境中使用的铝瓶，每两年检验一次；盛装其他气体的铝瓶，每 3 年检验一次。

⑤溶解乙炔气瓶：按 GB 13076—1991《溶解乙炔气瓶定期检验与评定》标准，每 3 年检验一次。乙炔气瓶在使用过程中若发现下列情况之一，应随时进行检验：

a. 瓶体外观有严重损坏。

b. 充气时瓶壁温度超过 40℃。

c. 对填料和溶剂的质量有怀疑时。

d. 瓶阀侧接嘴有乙炔回火迹象。

⑥低温绝热气瓶，每 3 年检验一次。

⑦车用液化石油气钢瓶，每 5 年检验一次；车用压缩天然气钢瓶，每 3 年检验一次。

使用中的气瓶，发现有严重腐蚀、损伤或对其安全可靠性有怀疑时，应提前进行检验。库存和停用时间超过一个检验周期的气瓶，启用前应进行检验。

发生交通事故后，应对车用气瓶、瓶阀及其他附件进行检验，检验合格后方可重新使用。汽车报废时，车用气瓶同时报废。

气瓶检验结论分为两种：合格、判废。

5）特殊检验周期规定　对一些特殊情况，内外部检验周期可以根据有关标准、规程要求，适当缩短或延长并办理相关手续，但最长延期不超过12个月（气瓶不得延长检验周期）。

3. 压力容器检验内容

（1）固定式压力容器　《压力容器定期检验规则》将压力容器的定期检验分为年度检查、全面检验和耐压试验三种。检验周期应根据容器的技术状况、使用条件和有关规定来确定。

1）年度检查　年度检查包括使用单位压力容器安全管理情况检查、压力容器本体及运行情况检查和压力容器安全附件检查等。年度检查以宏观检查为主，必要时再进行测厚、壁温检查和腐蚀性介质含量测定、真空度测试等项目检查。当发现危及安全的现象及缺陷时，如受压元件开裂、变形、严重泄漏等，应立即停车，做进一步检查。外部检查的主要内容包括：容器的防腐层、保温层及设备铭牌是否完好；容器外表面有无裂纹、变形、局部过热等不正常现象；容器的接管焊缝、受压元件等有无泄漏；安全附件是否齐全、灵敏、可靠；紧固螺栓是否完好，基础有无下沉、倾斜等异常现象。检验人员必须掌握必要的专业知识，具有一定的检验经验并取得相应的资格。年度检查可以由使用单位压力容器专业人员进行，也可以由质检总局核准的检验检测机构持证的压力容器检验人员，每年至少检查一次。

2）全面检验　全面检验是指在用压力容器停机时的检验。全面检验包括以下内容。

①年度检查的全部内容。

②结构检查，应重点检查下列部位：筒体和封头的连接，方形孔、人孔或检查孔及其补强、角接、搭接、布置不合理的焊

缝、封头、法兰和排污口。

③几何尺寸检查，包括纵、横焊缝对口错边量、棱角度、焊缝余高，角焊缝的焊缝厚度和焊脚尺寸，同一截面上最大直径与最小直径，直立容器和球形容器支柱的铅垂度，绕带式压力容器相邻钢带间隙等，对在运行中可能发生变化的，例如筒体的不圆度、封头与筒体的直径有可能发生鼓包或鼓胀变形的，应重点复核。

④表面缺陷情况检查。压力容器的表面缺陷有焊缝上的表面缺陷和母材上的表面缺陷；表面缺陷有腐蚀、机械损伤、表面裂纹、咬边、变形等类型，对各种类型的表面缺陷应逐一进行检查。

⑤壁厚测定，是压力容器定期检验的一项重要检验内容，它操作方便，可发现许多问题，是深入分析和强度校核的依据。

⑥材质检查，一是看压力容器选材是否符合有关规程和规范的要求，二是看经过一定时间的使用，材质变化后是否还能满足使用要求。

⑦对有保温层、涂层、堆焊层、金属衬里等覆盖层的压力容器检查。

⑧对焊缝埋藏缺陷、安全附件和紧固件检查。

3）耐压试验　耐压试验是指压力容器全面检验合格后，所进行的超过最高工作压力的液压试验或气压试验。

（2）其他压力容器的全面检验分别依据不同的规程、规定，检验内容也不完全相同。

4. 压力容器定期检验的方法及程序

（1）常用的压力容器定期的检验方法

1）宏观检查　利用直尺、卡尺、卷尺、焊规、塞规、放大镜、锤子等简单工具和器具，用肉眼对压力容器的结构、几何尺寸、表面质量进行直观检验的方法。

2）测厚检查　利用超声波测厚仪对压力容器筒体、法兰、封头、接管等主要受压元件的实际壁厚进行检查测量的方法。

3）壁温检查　利用测温笔、远红外测温仪、热电偶测温仪等工具和仪器，对压力容器使用过程中实际器壁温度进行检查测定的方法。

4）腐蚀介质含量测定　利用试验或化学分析技术，测定腐蚀介质含量的方法。

5）表面探伤　利用渗透剂对压力容器表面开口缺陷或利用电磁场对压力容器表面和近表面的缺陷进行检测的方法。前者多适用于非多孔性材料，后者仅适用于铁磁性材料的检测。

6）射线探伤　利用波长极短的X射线或γ射线穿透压力容器被检查部位，使被检部位内部缺陷投影到胶片上，通过暗室处理得到具有黑白反差的底片，从而检测出被检部位内部缺陷大小、数量和性质的检测方法。

7）超声波探伤　利用超声波遇到异质界面将产生反射、透射和折射的原理，对压力容器材料和焊缝中缺陷进行检测的方法。

8）硬度测定　利用布氏、洛氏、维氏或肖氏硬度计对压力容器器壁硬度进行测定，借以考核压力容器器壁材料的热处理状态和材料是否劣化的检验方法。

9）金相检验　利用酸洗、取样，借助显微镜观察以检查压力容器器壁材料组织变化的检验方法，或采用在器壁覆膜的方法，检查器壁材料表面金相组织。

10）应力测定　利用应变片和接收仪器以测定压力容器的整体或局部区域应力水平的检测方法。

11）声发射检测　利用传感器将压力容器器壁的缺陷在负载状态下扩展增大而导致开裂过程中发出的超声波信号被接收、放大、滤波，以监控压力容器能否继续安全运行的监测手段。

12）耐压试验　利用不会导致危险的液体或气体，对压力容器进行的一种超过设计压力或最高工作压力的强度试验。

13）气密试验　利用惰性气体对盛装有毒或易燃介质的压力容器整体密封性能所进行的试验方法。

14）强度校核　在对压力容器壳体进行测厚的基础上，根据其结构特点，利用不同时期的不同计算标准，对压力容器壳体应力水平进行复核计算，以确定压力容器能否满足使用要求。

15）化学分析　通过取样用化学分析技术测定材料化学成分的检测方法。

16）光谱分析　利用光谱仪对金属材料火花中各种合金元素谱线的测定分析，粗略估算金属材料种类的检测方法。

（2）压力容器检验一般程序　压力容器检验的一般程序（见图 8—1）是检验工作的常规要求，检验员可根据实际情况，确定检验项目，并进行检验工作。

5. 压力容器年度检验前使用单位应做好的准备工作

（1）必须将压力容器内部介质排除干净，用盲板隔断所有液体、气体或蒸汽的来源，设置明显的隔离标志，并切断有关电源。

（2）具有易爆、助燃、毒性或窒息性介质的，必须进行置换、中和、消毒、清洗，并取样分析，分析结果应达到有关规定、标准的要求。

人孔和检查孔打开后，必须注意清除所有可能滞留的易燃、有毒、有害气体。压力容器内部空间的气体中的氧体积分数应为18％～23％。必要时还应配备通风、安全救护等设施。

具有易燃介质的压力容器，严禁用空气置换。

（3）能够转动的或其中有可动部件的压力容器，应锁住开关，固定牢靠。

（4）需要进行检验的容器表面，特别是腐蚀部位和可能产生裂纹性缺陷部位，应彻底清扫干净。

（5）检验用灯具和工具的电源电压，应符合 GB/T 3805—1993《特低电压（ELV）限值》的规定。

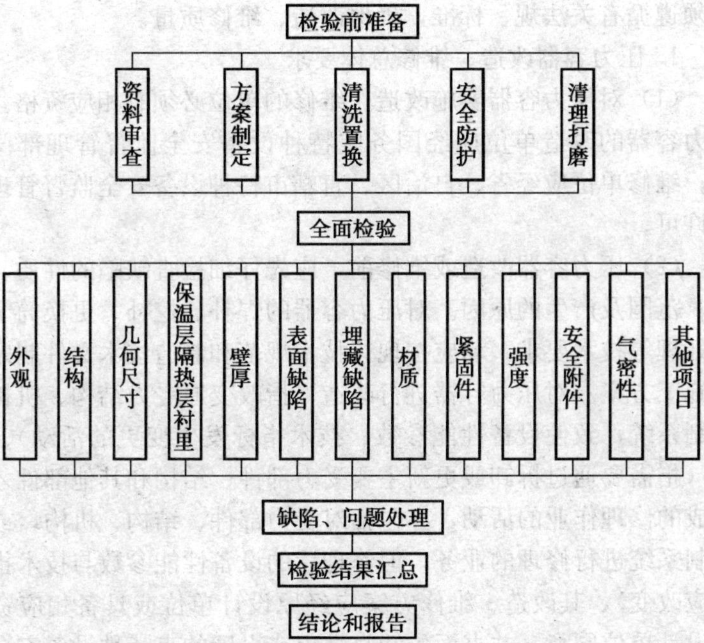

图 8—1　在用压力容器检验的一般程序

(6) 内部检验时，应有专人监护，并有可靠的联络措施。

(7) 准备好容器技术档案资料、运行记录、使用介质中有害杂质记录。

(8) 准备好压力容器安全管理规章制度、安全操作规范和操作人员的资格证。

(9) 检查时，使用单位压力容器管理人员和相关人员到场配合，协助检查工作，及时提供检查人员需要的其他资料。

二、压力容器改造维修

压力容器在使用过程中，如发现缺陷、损坏或因生产工艺的需要，可以进行必要的改造或维修。由于改造、维修的质量好坏直接关系到压力容器的安全使用，所以，压力容器的改造、维修必须遵循有关法规、标准，确保改造、维修质量。

1. 压力容器改造、维修总体要求

（1）对压力容器实施改造、维修的单位必须有相应资格。即压力容器的改造单位应经国务院特种设备安全监督管理部门许可；维修单位应经省、自治区、直辖市特种设备安全监督管理部门许可。

（2）压力容器改造或维修前，应先仔细检查缺陷的性质、特征、范围及产生的原因。对压力容器的焊补、挖补、更换筒节及热处理等技术要求，均应按现行技术规范和制造技术文件制定具体施工方案。对压力容器进行改造（指改变原受力结构、机构或控制系统，致使设备性能参数、技术指标发生变更的活动）、维修（指需要通过拆卸或更新主要受力部件、结构和其他部件才能完成的修理作业的活动，亦包括对受力部件、结构、机构，或者控制系统进行修理的业务，但修理后的设备性能参数与技术指标不应改变），其改造、维修方案应经原设计单位或具备相应资格的设计单位同意，并书面告知直辖市或设区的市特种设备安全监督管理部门后才可施工。

压力容器改造或维修单位应向使用单位提供改造、维修后的图样、施工质量证明文件等技术资料。

（3）压力容器受压元件改造或维修时，必须保证其结构和强度满足安全使用的要求。

（4）压力容器的技术改造或维修所使用的材料，必须与原设计、制造所选用的材料相适应，即改造或维修用材与容器制造用材相同或者强度级别、焊接性能相近。改造或维修用材必须有质量证明书。

（5）压力容器的改造或维修过程，应经专业的检验单位监督检验合格。

（6）压力容器内部有压力时，不得进行任何维修。对于特殊的生产工艺过程，需要带温带压紧螺栓时，或出现紧急泄漏需进行带压堵漏时，使用单位必须按设计规定，制定有效的操作要求和防护措施，作业人员应经专业培训并持证操作，并经使用单位技术负责人批准。在实际操作时，使用单位安全部门应派人进行现场监督。如压力容器检验、维修人员进入容器内，进入前应按《压力容器定期检验规则》要求，做好准备和清理工作，达不到要求时，严禁人员进入。

2. 采用焊接方法对压力容器进行改造或维修的要求

受压元件不应采用贴补或补焊的维修方法，一般采用挖补或更换。且应符合以下要求：

（1）压力容器的挖补、更换筒节及热处理等技术要求，应参照相应制造技术规范，制定施工方案及适合于使用的技术要求。焊接工艺应经焊接技术负责人批准后才能实施。

（2）缺陷清除后，一般应进行表面无损检测，确认缺陷已全部消除。焊接工作完成后，应再做无损检测，确认修补部位符合质量要求。

（3）母材焊补的修补部位，必须磨平。焊缝缺陷清除后的修补长度应满足要求，一般不宜小于 100 mm。

（4）有热处理要求的，应在补焊后重新进行热处理。

（5）主要受压元件焊补深度大于 1/2 壁厚的压力容器，还应进行耐压试验。

3. 常用的维修方法

（1）打磨　对于压力容器表面微裂纹、机械损伤局部磨损、腐蚀坑及不严重的表面脱碳等缺陷，一般可采用打磨的方法消除，但打磨处的剩余壁厚应满足压力容器的强度要求并经表面探伤合格。对焊缝表面成形超差（如表面凹凸不平、尺寸超标等），也可采用打磨法对缺陷进行消除。凡打磨部位应与母材圆滑过渡。

（2）堆焊　对压力容器器壁因腐蚀产生的较深或面积较大的腐蚀坑、严重表面机械损伤和流体冲刷形成的沟槽等，当其危及容器安全时，可采用堆焊方法进行消除。但堆焊面积和深度不宜过大，表面应打磨平整，堆焊工艺应进行评定，堆焊部位经表面探伤合格。有热处理要求的应进行焊后热处理和进行必要的耐压试验。

(3) 挖补或更换　对于焊缝内在缺陷，如未熔合、未焊透、裂纹及超标的夹渣、气孔等缺陷，以及严重的鼓包、变形、腐蚀且不能采用堆焊等方法消除的，可采用挖补或更换筒节、封头的方法消除。采用补板时，补板的形状可为圆形、椭圆形或带圆角的矩形，圆角半径应大于 100 mm，且应经探伤、耐压试验等检验合格。

(4) 其他维修方法

1) 对压力容器密封面及需重复使用的密封元件（如透镜垫），当其出现影响密封效果的划痕时，可用光刀或研磨的方法消除。

2) 对金属衬里容器的缺陷，如衬里有裂纹、气孔、夹渣等，可进行补焊或局部更换。衬里鼓包可用水压、机械等方法顶回复位。搪瓷等非金属衬里有爆瓷、裂纹、剥瓷等缺陷时可用有机物或无机物修补。

3) 高压容器的主螺栓和主螺母的毛刺、伤痕可以修磨，但伤痕长累计超过一圈螺纹时，则应按规定进行更换。

4) 换热器个别焊接管头泄漏时，可用铰削方法消除焊缝金属，用表面探伤检查，换管后重新焊接，并经耐压试验合格。如管头属胀接口泄漏，欠胀时可采用复胀或改为焊接。如属换热管腐蚀泄漏、局部不严重的点腐蚀，可经打磨消除缺陷后焊补，否则应进行换管。如泄漏管子根数多，可采用换芯方法处理。管子泄漏而不能立即大修时，也可用堵管、合成树脂黏合等应急方法处理，待停车检修时再维修或更换管子。

4. 改造或维修质量的检验与验收

(1) 压力容器改造或维修后的焊缝和受压部件的表面质量及

几何尺寸，应符合现行制造标准。

（2）挖补或焊补处的内在质量需经无损探伤检查，合格级别应符合《容规》或图样的要求。

（3）压力容器受压部件在改造或维修后，应进行耐压试验或气密性试验。

（4）维修或改造后的质量由检验单位进行监督检验。

（5）医用氧舱的改造、维修单位应对改造、维修质量负责，改造、维修的项目应符合《医用氧舱安全管理规定》及 GB 12130—1995 或相关标准的规定，改造、维修工作完成后应出具医用氧舱改造、维修报告，并报所在市特种设备安全监督管理部门和卫生行政部门。

5. 改造或维修资料及归档

（1）压力容器改造或维修资料应该包括以下方面：

1）改造或维修原因及改造或维修部位简图。

2）改造或维修施工方案及工艺文件。

3）所用钢材、焊材、管件等质量证明书。

4）如改造或维修用材与压力容器原始材料不同，则应有材料代用的审批手续。

5）改造或维修中的有关记录及安全装置检修记录。

6）竣工图。

7）检验记录（如焊缝表面质量检验、探伤、耐压及气密性试验等记录）。

（2）压力容器改造或维修资料，竣工后应由施工单位移交给容器使用单位，并存入该压力容器安全技术档案内。

第九章

压力容器事故与应急预案

第一节　压力容器事故的危害性与破裂形式

压力容器一旦发生事故，就会造成一定的危害。了解事故的危害性和研究容器破坏方式是很重要的。只有掌握了各种破坏方式的发生发展规律，才能制定出防止容器破坏的对策，避免和减少事故的发生。

一、压力容器事故的危害

压力容器的结构并不复杂，但在载荷作用下，应力的分布却比较复杂。例如，开孔处的应力分布要比不开孔处复杂得多。尤其是在高温、高压、低温、腐蚀等恶劣的运行条件下，如果管理不当，就容易发生事故。容器一旦破坏，不但会造成设备、财产的损失，还会造成人员的伤亡。

压力容器发生事故的危害主要有震动危害、碎片的破坏危害、冲击波危害、有毒液化气体容器破裂时的毒害、二次爆炸燃烧危害等。

1. 震动

压力容器发生爆炸事故时，一般会发出巨大的声响。这种声响可使物体发生震动，设备损坏，也会伤及人的耳膜和内脏，甚至危及人的生命。

2. 碎片的破坏作用

容器发生爆炸时，壳体可能破裂成大小不等的碎块或碎片向四周飞散。这些具有较高速度或较大质量的碎片，在飞出的过程中具有较大的动能，可击穿房屋，损坏设备、管道，危及人员生命，也可能引起连续爆炸或酿成火灾、中毒等。因此，压力容器经常被人称做巨型炸弹。

若被击物为塑性材料（如钢板、木材等），碎片的穿透力可按下式计算：

$$S=K\frac{E}{A}$$

式中 S——碎片对材料的穿透深度，cm；

E——碎片击中时所具有的动能，J；

A——碎片穿透方向的截面积，cm^2；

K——材料的穿透系数，对钢板，$K=1$；对木材，$K=40$；对钢筋混凝土，$K=10$。

从上式可以看出，容器破裂成碎片时，周围的设备是比较容易被击穿的。例如，质量为 1 kg 的碎片，如穿透方向的面积为 50 mm^2，则只要击中时的速度不低于 100 m/s，厚度为 10 mm 的钢制设备完全可被击穿。

3. 冲击波危害

容器发生爆炸时，其 80%以上的能量以冲击波的形式向外扩散。冲击波是介质受到外界的作用，如震动、冲击、敲打等而产生的一种介质状态突然变化的传播，或者简称为强扰动传播。压力容器破裂时，容器内的高压气体大量冲击，它使周围的空气受到冲击而发生扰动，使压力、温度、密度等发生突然变化，这种扰动在空气中传播就成为冲击波。空气冲击波中状态的突然变化，最显著地表现在压力上，开始时突然升高，产生一个很大的正压力，接着又迅速衰减，在很短时间内正压降为零，而且还要继续下降至小于大气压的负压。如此反复循环数次，压力一次比一次小，直到趋于平衡。它的破坏作用主要是由波阵面上的超压 Δp 引起的。

在爆炸中心附近，空气冲击波波阵面上的超压 Δp 可以达到几个甚至十几个大气压。在这样高的压力下，建筑物将被摧毁，设备、管道均会遭到严重破坏，即使 0.005 MPa 的超压就可以使门窗玻璃破碎，0.1 MPa 的超压就可使人死亡，冲击波对建筑物和人体伤害见表 9—1、表 9—2。

表 9—1　冲击波超压 Δp 对建筑物的破坏作用

超压 Δp (MPa)	破坏情况	超压 Δp (MPa)	破坏情况
0.005～0.006	门窗玻璃部分破碎	0.05～0.06	木建筑厂房柱折断，房架松动
0.006～0.01	门窗玻璃大部分破碎		
0.015～0.02	窗框损坏	0.07～0.1	砖墙倒塌
0.02～0.03	墙壁裂缝	0.1～0.2	防震混凝土破坏
0.04～0.05	墙壁大裂缝，屋瓦飞落	0.2～0.3	大型钢架结构破坏

表 9—2　冲击波超压 Δp 对人体的伤害作用

超压 Δp (MPa)	伤害作用
0.02～0.03	轻微损伤
0.03～0.05	听觉器官损伤或骨折
0.05～0.1	内脏严重损伤或死亡
>0.1	大部分人员死亡

冲击波波阵面上超压的大小与产生冲击波的爆炸能量有关。爆炸气体产生的冲击波是立体的，它以爆炸点为中心，以球面形状向外扩展。超压 Δp 的计算请参考有关资料。

4. 有毒液化气体容器破裂时的毒害区

如果压力容器内的介质为有毒液化气体，当容器破裂时，有毒介质外泄，部分介质流入地沟，就会造成环境污染；部分介质汽化蒸发向外扩散，造成大面积毒害区域，使得人和动物中毒，甚至危害生命。

表 9—3 列出了容器充装的有毒液化气体的危险浓度。

表 9—3　　　　有毒气体的危险浓度

名称	吸入 5～10 min 致死浓度（%）	吸入 0.5～1 h 致死浓度（%）	吸入 0.5～1 h 致重伤浓度（%）
氨	0.5		
氯	0.09	0.003 5～0.005	0.001 4～0.002 1
硫化氢	0.08～0.1	0.042～0.06	0.036～0.05
二氧化氮	0.05	0.032～0.053	0.011～0.021
氢氰酸	0.027	0.011～0.014	0.01

通过估算可知，大多数液化气体生成的蒸气体积为液体的二、三百倍，如液氯为 240 倍，液氨为 150 倍，氢氰酸为 200～370 倍，液化石油气为 180～200 倍。如 1 t 液氯容器破裂时可造成 8.6×10^4 m^3 的致死伤亡区，5.5×10^6 m^3 的中毒范围；如 1 m^3的氢氰酸，可使 3 700 m^3 的空间变成中毒伤亡区。

5. 二次爆炸燃烧

充装可燃液化气体的压力容器，如液化石油气压力容器等破裂时，液化气体大量蒸发，与周围空气混合，遇到引火源或达到爆炸极限，会在容器外发生二次爆炸，酿成更大的火灾事故。

容器二次爆炸燃烧区域的计算，可参考有关资料。据介绍，一个 15 kg 民用液化石油气瓶破裂爆炸时，其燃烧范围可达到 20 m，一个 1 t 的液化石油气储罐破裂爆炸时，其燃烧范围可达 78 m（即以容器为中心，以 39 m 为半径的半球形区域）。易燃介质防火防爆的重要性，由此可见。

二、压力容器破裂方式

金属的破裂方式有多种分类方法。根据在破裂前产生塑性变形的大小分为韧性破裂和脆性断裂；根据构件破裂面对外力的取向分为正断和切断；根据在破裂过程中裂纹的发展和扩张途径分为穿晶破裂和晶间破裂等。从压力容器安全的角度，按金属材料破裂的现象不同，把压力容器的破裂分为韧性破裂、脆性破裂、疲劳破裂、腐蚀破裂和蠕变破裂五种方式。

1. 塑性破裂（韧性破裂）

塑性破裂是因为容器承受的压力超过材料的屈服极限，材料发生屈服或全面屈服（即变形），当压力超过材料的强度极限时，则发生断裂。

（1）塑性破裂的特征

1）具有明显的塑性变形。破裂容器器壁有明显的伸长变形，破裂处器壁显著减薄。金属的塑性断裂是在经过大量的塑性变形后发生的，表现在容器上则是周长增大和壁厚减薄。所以，具有明显的外形变化，是压力容器塑性破裂的主要特征。

2）断口呈暗灰色纤维状。塑性破裂断口为切断型撕裂，从金相上观察，这种断裂是先滑移后断裂，断口呈灰暗色纤维状，不齐平，与主应力方向成 45°角。圆筒形容器纵向开裂时，其破裂面常与半径方向成一角度，即裂口是斜断的。

3）容器一般无碎片飞出，只是裂开一个口。壁厚比较均匀的圆筒形容器，常常是在中部裂开一个形状为“()”的裂口。

（2）造成塑性破裂的原因

1）盛装液化气体的容器过量充装。液化气体随温度的升高体积增加比较大，若容器内是满液，则压力急剧上升，造成超压爆炸。这可能是由于充装失误、计量误差或操作工责任心不强造成的。

2）由于容器在使用过程中超压而使器壁应力大幅增加，超过材料的屈服极限。如化学反应容器由于操作不当、介质工艺参数失控而使化学反应速度加快、反应温度升高，使器内压力上升。

3）由于设计或安装错误，如容器的进气压力高于容器的设计压力，但没有在进气管安装减压阀。

4）器壁大面积腐蚀使壁厚减小。

（3）防止塑性破裂的措施　防止塑性破裂事故发生的根本措施是防止容器壳体应力超过材料的屈服极限，即防止超压。操作中应注意以下几个方面：

1）严禁超压运行。盛装液化气体的容器，应防止过量充装和超温运行。

2）严格按操作规程操作，防止因操作失误造成内压升高，发生事故。特别是放热反应容器，应严格控制物料加入量。

3）容器应按《压力容器安全技术监察规程》进行定期检验，防止因器壁腐蚀减薄而发生事故。

2. 脆性破裂

压力容器在正常压力范围内，无塑性变形情况下突然发生的爆炸称为脆性破裂。

（1）产生脆性破裂的原因

1）低温使材料的韧性降低或材料的脆性转变，温度升高使材料变脆。

2）设备存在制造缺陷，造成局部压力过高。

（2）脆性破裂的特征

1）没有明显的塑性变形。容器发生脆性破裂时没有明显的外观变化，因而往往是在没有外观预兆的情况下突然破裂。

2）断口齐平，呈金属光泽。作为脆性破裂的断裂源，往往是材料内部存在的缺陷处或结构几何形状不连续处应力集中的部位。当容器壁厚较大时，出现人字形纹路，其尖端指向断裂源。

3）一般产生碎片。由于脆性破裂的过程是裂纹迅速扩展的过程，材料的韧性又差，所以，脆性破裂的容器常裂成碎片，且在容器破裂时飞出。

4）破裂事故多在温度较低的情况下发生。金属材料的断裂韧性随温度的降低而减小，所以，有裂纹缺陷的容器常在温度较低的情况下发生脆性破裂。

（3）防止脆性事故发生的措施

1）确保材料具有较高的韧性。材料的韧性是至关重要的。因此，从设计时就必须考虑选择具有良好韧性的材料来制造压力容器，必要时甚至可以放弃追求过高的强度。

2）避免或降低容器的应力集中。如结构不良、开孔等，造成局部应力过高。在设计时，尤其是对低温容器应尽可能采用降低应力集中的补强结构，制造时应严格按设计要求施工。

3）提高焊接质量，热处理消除容器的残余应力。消除残余应力的热处理主要是退火处理。

4）按规定定期对容器进行检验，重点对裂纹性缺陷进行检验和无损探伤。

5）操作时应注意容器是否出现异常泄露，即裂纹源。

3. 疲劳破裂

压力容器的疲劳破裂是由于容器在频繁的加压、卸压过程中，材料受到交变应力的作用，经长期使用后所导致的容器破裂。交变应力是随时间呈周期性变化的应力，也称为疲劳应力。容器在承压和卸压状态下，器壁所受的应力差异很大。不过容器在使用过程中一般加压、卸压重复次数不多，所以材料通常承受的是所谓低周疲劳应力。在交变应力作用下，容器的较高应力部位会产生细微的裂纹（或微细裂纹扩展）等缺陷，并在裂纹的尖端形成高度应力集中。应力集中的存在，使微裂纹逐渐扩大。同时，由于应力继续不断地交变，在裂纹扩大到一定程度后，如果载荷达到一定数值，或遇到冲击、震动，容器就会沿着裂纹发生破裂。

（1）疲劳破裂的特征

1）破坏总是在经过多次的反复加压和卸压以后发生。

2）容器破坏时没有明显的塑性变形过程，器壁没有减薄。

3）容器一般不是破裂成碎片，而是裂成一个口，泄漏失效。

4）疲劳断口存在两个明显的区域，一个是疲劳裂纹扩展区，光滑面有海滩状波纹，一个是最终断裂区，断口齐平，有金属光泽。

5）疲劳破裂的位置往往是在容器存在应力集中的部位（如开孔接管处等）。

（2）防止疲劳破裂的措施　防止疲劳破裂的措施，在于设计中应尽量减少应力集中，采用合理的结构及制造工艺。同时，还应在使用过程中尽量减少不必要的加压、卸压，以及严格控制压力及温度的波动。

4. 腐蚀破裂

压力容器在腐蚀介质作用下，引起壁厚减薄或材料组织结构改变，力学性能降低，使压力容器的承压能力不够而产生的破坏，称为腐蚀破裂。

腐蚀破裂一般是应力腐蚀的结果。应力腐蚀是金属材料在应力和腐蚀介质的共同作用下，以裂纹形式出现的一种腐蚀破坏。发生应力腐蚀，必须同时具备两个条件：一是应力，指拉伸应力，包括由外载荷引起的应力和在加压过程中引起的残余应力；二是腐蚀介质。

常见的容器应力腐蚀有下面几种。

（1）液氨对碳钢及低合金钢容器的应力腐蚀　液氨广泛用于化肥、石油化工、冶金、制冷等工业部门。液氨的储存和运输大部分用碳钢或低合金钢制压力容器。在一般情况下，无水液氨只对钢材产生轻微的均匀腐蚀。但是液氨储罐在充装、排料及检修当中，容易受空气污染，而大气中的氧及二氧化碳则促进液氨的应力腐蚀。液氨的应力腐蚀主要是残余应力，且与它的工作温度有明显的关系。

为防止液氨对储存容器的应力腐蚀，使用中应采取下列措施：

1）在焊接工艺上采取措施，减小焊接残余应力。焊缝最好都经过消除残余应力处理，冷压封头必须经过热处理。

2）尽可能采用屈服强度低的低碳钢制造液氨储罐。若采用合金钢材料，则 16MnR 比 16Mn 更合适。

3）尽可能保持较低的工作温度，低温储存。

4）减小空气污染。

5）在液氨中加入 0.1%～0.2%的水。实验证明，液氨中含有 0.2%的水有缓蚀作用，但对高强度钢不起作用。

（2）硫化氢对钢制容器的应力腐蚀　在化工行业，硫化氢的应力腐蚀是一个比较普遍的问题，特别是湿的硫化氢对碳钢和低合金钢的应力腐蚀。在应力因素方面，除了薄膜应力以外，主要是焊接残余应力、强行装配组焊引起的附加应力等。在腐蚀因素方面，介质中含量较高的硫化氢及水分与高强度钢焊缝区的淬硬组织，构成了腐蚀环境。

预防硫化氢对压力容器的应力腐蚀，除了从根本上降低介质中硫化氢的含量外，比较有效的措施是消除残余应力或减小焊接残余应力和其他附加应力。最常用的办法是进行焊后热处理。还可采用内壁涂防腐层的办法。

（3）热碱溶液对钢制容器的应力腐蚀　压力容器的工作介质中，如果含有一定浓度的氢氧化钠溶液，在温度较高的特定环境中，会对碳钢或合金钢产生应力腐蚀。这种现象俗称碱脆，或称苛性脆化。

钢的碱脆一般要同时具备三个条件：即高的温度、高的碱浓度和拉伸应力。

碱脆断裂的容器，没有宏观塑性变形，断裂都发生在应力集中部位，断面与主拉伸应力大体成垂直。

（4）含水的一氧化碳对钢的应力腐蚀　在通常情况下，一氧化碳气体可以被铁吸附，在金属表面形成一层保护膜。但是由于多种原因，内壁上这层保护膜遭到局部破坏。于是在保护膜被破坏的地方，因一氧化碳和水的作用，使铁发生快速阳极溶解，并形成向纵深方向扩展的裂纹。

（5）高温高压氢对钢的应力腐蚀　在石油化工容器中，有一些容器的工作介质是温度为几百摄氏度、压力为几十兆帕、含有一定比例氢的混合气体。例如，合成氨的合成塔，介质为氮、氢、氨的混合气体。碳钢及低合金钢在高温高压的还原性介质（特别是氢）的作用下，强度和塑性都会严重降低，而它的外表面却没有明显的破坏迹象，这一现象俗称“氢脆”。原因是发生了化学反应，高温高压的氢进入钢中，与渗碳体相互作用，生成甲烷，使钢脱碳。

氢气是否使钢发生氢脆，主要取决于它的压力、温度、作用时间和钢的化学组成。通常，氢的分压越高、温度越高，钢的脱碳层越深，发生氢脆断裂的时间越短。其中温度因素尤为重要。

钢中碳与合金的含量对氢脆也有很大影响。在相同的温度和压力条件下，碳含量越高，越容易发生氢脆。在合金钢中，碳含量对氢脆的影响就更为明显。钢中若加入铬、钛、钒等元素，则可阻止钢产生氢脆。

5. 蠕变破裂

蠕变是指当金属的温度高于某一限度时，即使应力（主要为拉应力）低于屈服极限，材料也能发生缓慢的塑性变形。这种塑性变形经长期积累，最终也能导致材料破坏，这一现象被称为蠕变破裂。

容器发生蠕变破坏是由于容器长期处在高温（碳素钢和普通低合金钢的蠕变温度界限为350～400℃）下工作，应力长期作用的结果，所以，蠕变破坏一般都有明显的塑性变形，其变形量的大小取决于材料的塑性。

容器发生蠕变破裂事故非常少，但对于高温容器仍不可忽视。例如，高温加氢反应、高温高压下的合成氨、高温加热炉等设备，在设计、制造、使用过程中应特别考虑蠕变问题。

第二节 压力容器事故分类与处理

压力容器安全管理和检验的最主要的目的是防止事故的发生，保证压力容器的正常运行。对于已经发生的事故，应该进行全面调查和认真分析，找出原因，有针对性地采取防范措施，防止同类事故重复发生。

一、压力容器事故的分类

按照《锅炉压力容器压力管道特种设备事故处理规定》，以事故造成的人员伤亡和破坏程度，压力容器事故分为特别重大事故、特大事故、重大事故、严重事故和一般事故。

1. 特别重大事故是指造成死亡 30 人（含 30 人）以上，或者受伤（包括急性中毒，下同）100 人（含 100 人）以上，或者直接经济损失 1 000 万元（含 1 000 万元）以上的设备事故。

2. 特大事故是指造成死亡 10～29 人，或者受伤 50～99 人，或者直接经济损失 500 万元（含 500 万元）以上 1 000 万元以下的设备事故。

3. 重大事故是指造成死亡 3～9 人，或者受伤 20～49 人，或者直接经济损失 100 万元（含 100 万元）以上 500 万元以下的设备事故。

4. 严重事故是指造成死亡 1～2 人，或者受伤 19 人（含 19 人）以下，或者直接经济损失 50 万元（含 50 万元）以上 100 万元以下，以及无人员伤亡的设备爆炸事故。

5. 一般事故是指无人员伤亡，设备损坏不能正常运行，且直接经济损失 50 万元以下的设备事故。

二、处理压力容器事故的要求与方法

1. 对处理压力容器事故的要求

（1）判断、处理压力容器事故要“稳”“准”“快”。“稳”指压力容器一旦发生事故，操作人员一定要保持镇静，不能惊惶失措；“准”指对事故的原因判断要准；“快”指对事故的处理要快，防止事故扩大。要做到“稳”“准”“快”地处理事故，这就要求每个容器操作人员有一定技术素质，能熟练掌握压力容器基本知识、压力容器的操作要领及设备在运行中可能出现各种事故的应急处理方法。

（2）压力容器操作人员一时查不清事故原因时，应迅速报告上级，不得擅自处理，延误时机。在事故未得到妥善处理之前，不得擅离岗位。

（3）压力容器发生爆炸事故或造成人员伤亡、设备损坏后，事故发生单位应采用快捷形式，将设备名称、事故类别、地点、时间、人员伤亡及事故破坏简要情况报告报主管部门和当地特种设备安全监督管理部门，当地特种设备安全监督管理部门应逐级上报。

2. 处理压力容器事故的一般方法

（1）当压力容器发生超压时，应迅速切断外来压力源的进气（汽）阀门并打开泄压阀门，使压力容器内部的压力迅速降低。

（2）迅速开启手动安全泄压装置泄压。

（3）对反应容器，为防止容器内压力继续升高，应立即停止投料，并采取必要的措施减慢容器内介质的反应速度。

（4）采取其他有效的降压、降温措施。

（5）必要时应采取紧急停车措施，停止设备运行。

3. 对事故责任的处理

事故发生单位及其主管部门，应根据经认定的事故调查报告书中的处理建议，对有关责任人员进行行政处分、经济处罚。

对造成重大责任事故的责任人应按有关规定追究刑事责任。

三、压力容器事故报告办法

1. 事故报告方法

压力容器发生事故后，首先要做的事就是报告主管人员和保护好现场。在发生火灾时要报火警。

（1）事故发生单位或者业主，除按规定报告外，必须严格保护事故现场，妥善保存现场相关物件及重要痕迹等各种物证，并采取措施抢救人员和防止事故扩大。为防止事故扩大，在抢救人员或者疏通通道时，需要移动现场物件、设施等，必须做出标志，绘制现场简图并写出书面记录，见证人员应签字，必要时应当对事故现场和伤亡情况录像或者拍照。

（2）发生特别重大事故、特大事故、重大事故和严重事故后，事故发生单位或者业主必须立即报告主管部门和当地特种设备安全监督管理部门。当地特种设备安全监督管理部门接到事故报告后应当立即逐级上报，直至国家特种设备安全监督管理部门。发生特别重大事故或者特大事故后，事故发生单位或者业主还应当直接报告国务院特种设备安全监督管理部门。

（3）发生一般事故后，事故发生单位或者业主应当立即向设备使用注册登记机构报告。

（4）移动式压力容器、特种设备异地发生事故后，业主或者聘用人员应当立即报告当地特种设备安全监督管理部门，并同时报告设备使用注册登记的特种设备安全监督管理部门。当地特种设备安全监督管理部门在接到事故报告后应当立即逐级上报。

2. 事故报告的内容

（1）事故发生单位（或者业主）名称、联系人、联系电话。

（2）事故发生地点。

（3）事故发生时间（年、月、日、时、分）。

（4）事故设备名称。

（5）事故类别。

（6）人员伤亡、经济损失以及事故概况。

四、压力容器事故的调查和分析

1. 压力容器事故调查的程序

（1）事故调查工作必须坚持实事求是、尊重科学的原则。国家对压力容器事故的调查和处理规定是：

1）特别重大事故按照国务院的有关规定由国务院或者国务院授权的部门组织成立特别重大事故调查组，国务院特种设备安全监督管理部门参加。

2）特大事故由国务院特种设备安全监督管理部门会同事故发生地的省级人民政府及有关部门组织成立特大事故调查组，省级特种设备安全监督管理部门参加。

3）重大事故由省级特种设备安全监督管理部门会同事故发生地的市（地、州）人民政府及有关部门组织成立重大事故调查组，市（地、州）特种设备安全监督管理部门参加。

4）严重事故由市（地、州）特种设备安全监督管理部门会同事故发生地的县（市、区）人民政府及有关部门组织成立事故调查组，县（市）特种设备安全监督管理部门参加。

5）一般事故由事故发生单位组织成立事故调查组。上一级特种设备安全监督管理部门认为有必要时，可以会同有关部门直接组织成立事故调查组。

(2) 事故调查组应当履行下列职责：

1）调查事故发生前设备的状况。

2）查明人员伤亡、设备损坏、现场破坏以及经济损失情况(包括直接和间接经济损失)。

3）分析事故原因（必要时应当进行技术鉴定)。

4）查明事故的性质和相关人员的责任。

5）提出对事故有关责任人员的处理建议。

6）提出防止类似事故重复发生的措施。

7）写出事故调查报告书。

2. 压力容器事故调查的方法

当压力容器发生事故后，首先要尽快地对事故现场进行周密的检查、观察和必要的技术测量。在情况尚未调查清楚以前，认真保护事故现场。应根据具体情况来决定检查的具体内容，但一般应包括以下基本内容：

（1）本体破裂情况。

（2）安全装置情况。

（3）现场破坏及人员伤亡情况。

（4）事故的过程。

（5）容器使用情况。

（6）事故分析。

五、压力容器事故的处理

完成事故调查报告后，要本着“四不放过”的原则，明确事故的原因，汲取经验教训，制定出改进措施，防止同类事故再次发生，并对有关责任人提出处理意见。

六、压力容器常见事故原因分析

1. 设备本身质量问题

（1）自制或自制改装的设备，材质不符合要求，没按规定和技术要求进行加工。

（2）焊接质量太差，如设备焊接处有明显的与母材未熔合、连续点状夹渣、气孔、细小裂纹，或焊接口未开坡口、焊肉薄厚不均等。

（3）没有严格按设计图样加工，给设备事故留下隐患。

（4）选用旧设备或代用设备，材料性能不明或自身缺陷而发生事故。

此类事故，约占特种设备事故总数的20％～35％。

2. 违章操作

（1）作业人员未经培训，无证上岗。

（2）未对设备进行置换或置换不彻底就试车或打开人孔进行焊接检修，空气进入容器内形成爆炸性混合物而爆炸。发生此类事故最多的是小型氮肥厂。

（3）用可燃、助燃气体（如氧气、合成系统的精炼气、碳化系统的变换气）补压、试压、试漏。

（4）未做动火分析、动火处理（如未加盲板将检修设备与生产系统进行隔离，或盲板质量差，或采用石棉板做盲板)，未办理动火证就动火作业。

(5) 带压紧固设备的阀门和法兰的螺栓。

(6) 盲目追求产量，超压超负荷运行。

(7) 不按有关规定执行，仅凭经验。这在一些乡镇企业尤为突出。

(8) 设备置换清扫时，置换顺序错误。

(9) 操作中错开阀门或开关阀门不及时，或开关阀门顺序错误，致使设备憋压或气体倒流超压，引起物理爆炸。

(10) 投料过快或加料不均匀引起温度剧增，或设备内母液凝固。

(11) 投错物料，使其在回收工序中受热分解爆炸。

此类事故，约占特种设备事故总数的 35%～50%。

3. 未按规定检验或因客观原因无法实施检验，致使设备存在缺陷未及时发现

(1) 设备不能及时进行外部检验和定期检验。

(2) 设备维修改造时，不能按规定到检验部门报检，未进行监督检验。改造维修质量不能保证。

(3) 因需拆保温及设备不能更换触媒等原因，不能实施检验。

(4) 因设备结构原因，不能进行检验或进行水压试验。

此类事故，约占特种设备事故总数的 5%～20%。

4. 安全附件及安全装置损坏失效

仪表装置失灵、损坏。安全泄压装置动作由于容器内部压力或温度异常上升所引起的，有时也可能由于安全装置质量不好，以致在正常使用中自行动作，使容器内物料喷出而引起事故。容器上的压力表、温度计、液位计破损，安全附件未能进行定期校验等造成物料泄漏引起事故。

此类事故，约占特种设备事故总数的 5%～10%。

5. 气瓶充装混乱、管理不到位

（1）气瓶颜色不清，未留余压，不能辨别是何种气体。

（2）气瓶乱堆乱放，管理混乱。

此类事故，占特种设备事故总数的5%～15%。

6. 其他原因

（1）使用单位管理不到位。

（2）设备长期储存，温度过高引起自聚反应或充装可燃性液化气体过满，高温下储存和运输中气体受热膨胀，压力剧增而引起爆炸。

（3）设备运行中，因仪表接管漏气、阀门密封不严等引起可燃气体泄漏。

（4）设备腐蚀速率快，未及时发现腐蚀等。

其他原因引发的事故，占特种设备事故总数的3%～5%。

第三节　压力容器典型事故与预防

一、压力容器的爆炸事故及预防

压力容器的爆炸事故指压力容器在使用中或压力试验时，受压部件发生破坏，设备中介质积蓄的能量迅速释放，内压瞬间降至外界大气压力的事故。

预防的措施如下：

1. 防止超温超压运行。应严格按照生产工艺规定的工艺参数和核定的最高工作压力、最高（低）工作温度范围运行。对充装液化气体的压力容器严禁过量充装；特别是对其中有化学反应发生的压力容器，更应严格控制反应速度。

2. 严格遵守劳动纪律和工艺安全操作规程，容器操作人员应经技术培训，做到持证上岗独立操作。

3. 认真做好压力容器的选购、安装或组焊质量的验收工作，防止先天性缺陷。

4. 加强容器的维护保养，积极开展容器的定期检验（包括每年至少一次的外部检查），及时发现缺陷，及时处理。

5. 确保安全附件齐全、灵敏、可靠，实行定期检查与校验。对装有减压装置的管道，应定期检查减压装置是否完好，防止压力容器超压。

二、裂纹事故及预防

裂纹事故指的是这样的情况：压力容器受压部件在使用中由于各种原因产生了裂纹而且裂纹需要得到处理。裂纹是压力容器最危险的缺陷，又是导致容器发生脆性破裂事故的主要因素。压力容器产生裂纹，应引起高度重视。裂纹的扩展速率很快，不及时采取有效措施，会导致容器严重损坏或爆炸事故的发生。

预防的措施如下；

1. 选用设计制造符合规范的压力容器，并保证安装或组焊质量，防止因先天性缺陷造成应力集中产生裂纹。

2. 尽量减少压力容器开停次数，并保证平稳操作，防止疲劳裂纹的产生。

3. 采取有效的防腐蚀措施，防止应力腐蚀裂纹的产生。

4. 保证容器主要受压部件的技术改造、修理质量，防止补焊后产生裂纹。

5. 做好压力容器的检查、检验工作，一旦发现裂纹及时处理，防止裂纹事故的发生。

三、鼓包变形事故

压力容器的受压部件在使用中由于各种原因产生鼓包、变形，需进行修理的称为鼓包变形事故。压力容器产生鼓包、变形时，必须引起重视，如处理不当，随着鼓包、变形程度的发展也会造成压力容器被迫停运或发生压力容器爆炸事故。

预防措施如下：

1. 压力容器选材必须适当，并应严格把好容器出厂质量关，防止先天性缺陷。

2. 对有腐蚀性介质的容器应采取防腐和防止介质冲刷的措施，防止容器器壁腐蚀减薄。

3. 严格执行工艺操作规程，防止由于超温、超压或局部过热等原因造成鼓包变形。

4. 认真做好压力容器检查和检验及维护保养工作。当容器的主要受压部位发生鼓包变形且危及设备安全运行时，则应停车修理。

四、泄漏事故

压力容器受压部件等部位在使用中由于各种原因造成的介质泄漏需进行修理的称泄漏事故。由于容器内的介质不同，如果发生泄漏，轻则造成资源、能源浪费和环境的污染，重则造成压力容器被迫停运或燃烧爆炸事故。

预防措施如下：

1. 保持密封面不泄漏

(1) 更换失效的填料。

(2) 更换或修复变质或损伤的密封垫。

(3) 对不平整的法兰面，应进行加工修整或更新法兰。

(4) 对称均匀拧紧连接螺栓。

2. 防止胀接管口和焊接管口泄漏

胀接的管口若泄漏，可采用复胀、加衬套临时堵胀管口、焊接口或更换管子等方法进行修理。焊接的管口若泄漏，可采取补焊等方法进行修理。

3. 防止介质腐蚀穿孔泄漏

对有腐蚀性介质的容器，必须采取防腐措施，或采用不锈钢材料。

4. 及时检修阀门防止阀门泄漏

在运行中应经常检查并处理阀门故障，防止阀门泄漏。常见的阀门泄漏故障主要有以下几种：

(1) 阀盖接合面泄漏。其原因是：螺栓紧力不够或紧固不匀；阀盖垫片损坏；接合面不平。

（2）阀瓣（闸板）与阀座密封面泄漏。其原因是：关闭不严；研磨质量差，阀瓣与阀杆间隙过大，造成阀瓣下垂或接触不好；密封圈材料不良或被杂质卡住。

（3）阀座与阀壳间泄漏。其原因是：装配太松；有砂眼。

（4）填料盒泄漏。其原因是：填料的材质选择不当；填料压盖未压紧或压偏；加装填料的方法不当；阀杆表面粗糙度值大或变成椭圆。

（5）认真搞好压力容器的检验、检查及维护保养工作。

五、爆管事故

压力容器范围内的承压管道由于各种原因造成的穿孔、破裂导致压力容器被迫停止运行必须修理的事故，称爆管事故。这种事故是压力容器运行中较常见的事故。

预防措施如下：

1. 对有腐蚀性介质的管道采取防腐措施，或采用不锈钢等耐蚀材料的管材。

2. 防止传热管道（或废热锅炉）因水质不好积垢，防止因介质循环不好，而造成爆管。

3. 制定正确的操作规程，做到平稳操作。

4. 采取有效措施，防止介质冲刷或流速过大而造成磨损。

5. 认真搞好压力容器检查、检验，发现问题及时解决。

六、过量充装事故

预防措施如下：

1. 严格按照规定的充装量充装。

2. 定期校验显示装置及控制装置，保证其灵敏、可靠，并保证在有效校验期内。

3. 提高充装人员的技术素质，做到持证上岗，要加强其工作责任心，防止过量充装。

4. 发现过量充装时，充装人员应立即采取紧急措施并按规定的报告程序及时向本单位有关部门报告。

5. 对已盛装液化气体的容器，应采取有效的降温措施。

第四节　压力容器事故的应急预案

压力容器是事故发生率相对较高的特殊设备，在做好防范事故措施，尽力避免事故发生的同时，还应根据事故发生的可能性和可能造成的危害制定事故应急预案，以便在事故发生时，立即启动应急预案，使事故能得到及时、有效的控制，防止事故的扩大，减少人员伤亡和财产损失，把事故造成的危害减少到最低限度。根据《中华人民共和国安全生产法》《特种设备安全监察条例》《国务院关于特大安全事故行政责任追究的规定》等有关法律、法规的要求，有关部门、单位必须结合本地、本单位实际，制定事故应急预案。

一、组织策划

压力容器的使用单位，特别是危险性比较大的压力容器的使用单位，应根据本单位压力容器的数量和类别制定压力容器事故应急预案。事故应急预案的组织策划，应由单位的安全负责人或压力容器管理人员负责。事故应急预案参与制定和审议的人员，应该包括压力容器安全管理人员（或单位安全员）、生产工艺技术部门、设备技术管理部门以及土建、医疗等专业的有关人员和单位的行政、后勤、工会等部门的有关人员。使用单位应建立应急救援组织或指定兼职的应急救援人员，配备必要的应急救援器材、设备。因压力容器使用单位专业性较强，因此，由使用单位自己组织的救援组织和装备有时更有效、更专业、更快捷、更有针对性。

事故应急组织机构中应设指挥协调通信联络小组（负责指挥协调和报警接警等）、现场抢险组（负责灭火或切断压力源，卸压停车等）、疏散引导组（引导现场及附近人员撤离至安全地点或上风位置）、安全防护救护组（负责现场受伤人员的抢救及送往医院等）。

二、制定原则和相关内容

制定压力容器事故应急预案时，应预想容器可能发生怎样的事故与事故发生的过程将会如何，及其可能产生的后果，有针对性地制定应急对策，以最大限度地保护人的生命为第一原则。在此基础上，根据现场生产设施、生产工艺状况、关联设备管线、岗位厂房现场环境等，制定事故发生后现场人员该怎样自救逃生，进入现场控制事故、抢救受伤人员时怎样自我保护，应注意些什么问题，应怎样进入现场等。其主要内容如下。

1. 现场人员自救逃生预案

对压力容器可能会发生爆炸事故的岗位，应预先根据爆破能量计算出冲击波、碎片等对人体的伤害方式及伤害程序，同时还应预想二次爆炸、火灾、可能产生的继发性事故及附近设施、厂房建筑物倒塌等情况，制定自救逃生方案。一旦压力容器发生爆炸，现场人员应立即伏地或钻入桌底或躲到预定的安全角落，以避免受到冲击波、碎片和继发事故的伤害；保持镇静，大声呼救，待事态相对稳定后，按预定的逃生方法逃生，包括防护用品在何处、怎样使用，并留意是否还有倒塌物伤害的潜在威胁，是否还会引发火灾等；采用预定的自救方法以及预定的逃生路线和逃生姿势等逃生。由于事故现场一般都凌乱不堪、能见度低，现场人员往往难以从惊恐万状的情绪中冷静下来，难免有盲目逃生或不会逃生自救而导致中毒窒息，特别是伴随有火灾发生的，往往会“避得过爆炸，却逃不出火灾”。因此，事故的应急预案就显得非常必要，它将可以提高现场人员逃生的成功率。

2. 控制事故的发展扩大和人员抢救预案

压力容器事故应急预案应预想事故发生后可能造成的恶果和可能会发展扩大所造成的危害；应预定现场人员特别是无关人员的紧急疏散，如谁指挥、怎样逃生等。对压力容器的压力来源来自系统其他设备，或容器为毒性介质且管道系统与其他设备紧密相连的，容器发生事故时，必须及时切断压力源或外泄的毒气源，系统紧急停车，以控制事故的进一步发展扩大。但在事故发生时，这一过程往往不易进行而造成事态的扩大，造成更多的人员伤亡。因此，应当预定处理程序，包括预定防护用品种类及其放置位置、使用方法，预定处理方法和步骤及其使用的工具等。对有人员受伤、中毒的，除及时报“120”急救外，还应按预定的抢救方案，针对伤员不同的受伤程度和中毒情况，进行抢救以赢得宝贵的抢救时间和抢救机会，如预定抢救人员怎样进入现场，怎样搜寻和将受伤、被困人员救出现场，怎样根据受伤程度进行抢救，包括人员放置体位、止血包扎、人工呼吸、心脏按压及施用应急解毒手段和解毒措施等。对事故后有可能发生火灾事故的，还要制定灭火和应急疏散预案。

3. 压力容器事故应急指挥协调预案

为使事故现场的抢险救灾能忙而不乱，分工有序，有条不紊，需要制定事故应急指挥、协调预案。抢险工作主要包括事故报告程序和方法。例如火灾报警“119”、急救报警“120”的程序和分工，如谁去报、报告谁、谁负责接警引路、谁负责指挥协调等，同时，还应预定抢救的人力、物力、装备、车辆等的分工和调配供应。设立义务消防队的企业，按义务消防队平时训练预案的人员分工，确定谁负责灭火、谁负责抢救伤员、谁负责组织疏散和通信联络等，做到训练有素、快速有效，为减少人员伤亡和财产损失赢得时间。此外，事故应急预案还应包含现场设备设施布置和逃生、疏散通道等示意图（图中应注有可能发生事故的压力容器的位置和装置的生产情况、工艺特性和介质特性等），让参与救灾的外单位人员特别是公安消防等专业抢险人员能一目了然，使抢险更迅速、更有针对性、更有效。事故应急指挥协调预案不能有丝毫“家丑不可外扬”、设法逃避责任的观念，因为人的生命是最宝贵的，延误时间等于葬送了生命。预案必须强化“119”“120”的报警和让其参与的力度，特别是公安消防队伍，除灭火外，还肩负抢险救灾、人员寻找挖掘、防化等职能，且具有专门的工具和手段，是抢险救灾、减少人员伤亡的主要力量。

4. 压力容器事故的善后处理预案

压力容器事故发生后，企业内部往往较为混乱，特别是出现人员伤亡时，事故单位的负责人或有关人员既要面临有关部门的调查，又要照顾受伤入院员工及接待、安抚受伤员工家属，甚至面临被索赔、被上门追讨等困难。稍有不慎，便会影响事故的调查处理，使矛盾激化而引发新的社会问题。因此，事故应急预案还应包括事故发生后预定的现场保护、人员安置、家属安抚和组织事故调查或协助调查、处理等程序方案。预定人员安排和职责分工，做到该赔偿的、该安置的、该照顾的均有着落，事事有人负责，并按预定的方案执行。

三、演练和隐患检查整改

检验应急预案是否符合所预想的紧急情况的要求，必须进行预演，特别是现场演练。另一方面，为使可能发生事故的岗位的人员了解并熟悉事故应急预案，应组织他们参加有关的联合演练。演练有助于查隐患。演练过程中发现的与应急预案发生冲突的不良习惯和现象及安全隐患等应立即进行整改。以往的演练证明，需要整改的问题为数不少，例如为贪图方便，操作现场物料、原料堵塞通道；灭火器材欠缺或失效；安全疏散通道安全出口不畅顺；疏散指示标志、应急照明不可靠等。另外，需要整改的问题还可能包括现场防护用具、防护设施不齐全或不完好，作业空间、设备附属装置的位置、方位不合理需改进调整等。通过演练还可检查应急电源、防毒面具（口罩）防护用品是否可靠有效，以及易燃介质压力容器岗位电气设施，是否属于防爆等级。

防止压力容器事故的应急预案，必须紧密结合本单位的具体情况（包括生产工艺状况、作业场所的环境条件、介质的特性等），并对周边及可能波及的区域，当地的医疗、公安、消防系统的具体情况有全面考虑，力求尽量减少事故造成的危害，特别是减少人员的伤亡，并做好事故的善后处理等补救工作。

第二部分　压力容器操作工安全技术考核复习题及试卷实例

Ⅰ. 安全技术考核复习题

第一章

一、判断题（对的打√，错的打×）

1. 一般压力容器的设计使用年限是10～20年。　（　）

2. 1个大气压约等于10米高水柱。　（　）

3. 压力容器按照安置方式可分为固定式压力容器和移动式压力容器。　（　）

4. 压力容器的安全状况分为五个等级，5级的安全状况最好。　（　）

二、填空题

1. 压力容器必须满足以下要求：要有足够的强度、一定的刚度、可靠的耐久性、必要的稳定性和良好的________性。

2. 压力容器的主要技术参数为压力、温度、容积和________。

3. 按生产过程中的作用原理，压力容器可分为________容器、换热容器、________容器和储运容器。

4. 中压搪玻璃压力容器在《容规》中划为第________类压力容器。

三、选择题

1.《特种设备安全监察条例》规定，生产、使用单位应当建立健全________和岗位安全责任制度。

A. 特种设备安全管理制度　　B. 人员培训管理制度

C. 安全生产管理规范

2. 在选用压力容器钢材时，应重点考虑钢材的力学性能、________和耐腐蚀性能。

A. 延伸率　　B. 钢的冷脆性和热脆性

C. 工艺性能

四、简答题

1. 为什么说压力容器的安全问题特别重要？

2.《特种设备安全监察条例》列入的压力容器监察范围要比《压力容器安全技术监察规程》范围要宽，这部分压力容器算哪一类？是否按《容规》管理？

第二章

一、判断题（对的打√，错的打×）

1. 压力容器的密封方式主要有强制密封、自紧密封、半自紧密封。（　）

2. 球形容器受力状况较好，但不如相同容积的圆筒形容器节约钢材。（　）

3. 法兰连接是由开孔补强、法兰、密封元件组成的密封连接件。（　）

二、填空题

1. 压力容器的结构形式主要有球形容器、圆筒形容器、________、锥形（组合形）容器等。

2. 压力容器一般由壳体、________、法兰、________、开孔与补强、支座等部分组成。

三、选择题

1. 自紧密封是利用容器内（　）的压力，使密封面产生自紧力来达到密封的目的。

A. 加压泵　　B. 介质　　C. 钢板内应力

2. 压力容器的封头类型，有凸形封头、半球形封头、(　　)封头、碟形封头等。

A. 三角形　　B. 多层形　　C. 椭圆形

四、简答题

相对于层板包扎与绕带式筒体而言，扁平钢带缠绕式厚壁容器的优点是什么？

第三章

一、判断题（对的打√，错的打×）

1. 断裂型安全泄压装置常见的有内置式安全阀和爆破片。(　　)

2. 压力容器必须装设安全阀，可以铅直，可以卧放，向空间排泄压力。(　　)

3. 快开门式安全联锁装置已成为快开门（盖）式压力容器不可缺少的安全装置。(　　)

二、填空题

1. 压力表的量程最好为容器工作压力的________倍，最小应不小于1.5倍，最大应不高于________倍。

2. 压力容器的安全附件，可分为四大类，即联锁装置、警报装置、计量显示装置和________装置。

三、选择题

1. 安全附件的装设位置，应便于（　　）、检验和维修。

A. 改造　　B. 排放　　C. 观察

2. 玻璃板式液面计有（　　）或已经破碎的应停止使用。

A. 裂纹　　B. 气泡　　C. 泄漏

四、简答题

1. 压力容器为什么要安装安全附件？

2. 对于爆破片的装设和更换有什么要求？

第四章

一、判断题（对的打√，错的打×）

1. 在临界温度下，使气体液化所必需的压力叫临界压力。（　）

2. 液化气体的爆炸和燃烧是同时发生的。（　）

二、填空题

1. 压力容器常用气体按其临界温度可分为压缩气体、高压液化气体和________。

2. 在腐蚀性介质中，其火灾危险性有氧化性、易燃性和遇水分解________性。

三、选择题

1. 易燃介质是指其与空气的混合物的爆炸下限小于 10%，或爆炸上限与下限之差值大于等于________的气体。

A. 15%　　B. 20%　　C. 30%

2. 二氧化碳是一种无色、无臭、有酸味的、无毒性的________。

A. 液化气体　　B. 压缩气体　　C. 气液混合体

四、简答题

1. 压力容器操作人员为什么必须了解容器内介质的特性？

2. 液化石油气容器爆炸一般属于什么性质的爆炸？产生爆炸的因素及危害是什么？

第五章

一、判断题（对的打√，错的打×）

1. 严禁带压拆卸压紧螺栓。（　）

2. 夹具是加装在泄漏缺陷外部与泄漏部位外表面共同组成新密封空腔的金属构件。（　）

3. 因泄漏使螺栓承受高于原设计使用温度的泄漏点可以采用带压密封。（　）

二、填空题

1. 被密封的流体泄漏有三种形式：穿漏、________和扩散。

2. 密封剂经注射到夹具与泄漏部位外表面所形成的________内，使其与介质直接接触，是新建立的密封结构的第一道防线。

3. 带压密封作业中应注意的安全问题，主要是避免爆炸，避免________，避免放射性损伤，避免烫伤、冻伤及灼伤，避免________，避免噪声危害等。

三、选择题

1. 带压密封技术由密封剂、夹具、________、带压密封操作技术四部分组成。

A. 特殊工具　　B. 机具组成　　C. 专用工具

2. ________捆扎法在泄漏点所用包容物不是固定式夹具，而是一种特制的钢带。

A. 固定　　B. 钢带　　C. 夹堵

3. 从事带压密封作业人员应当具备中技或同等学历，并已从事检修、维修工作________年以上。

A. 一　　B. 二　　C. 三

四、简答题

1. 什么是带压密封技术？

2. 你所在单位的压力容器有泄漏吗？有几种形式？详细说明。

第六章

一、判断题（对的打√，错的打×）

1. 液化气汽车罐车的安全阀选用内置式，是为了避免运输过程中安全阀受到意外损伤。（　）

2. 内置式紧急切断阀的结构和功能不同，可分为有过流关闭功能紧急切断阀和无过流关闭功能紧急切断阀两种。（　）

3. 罐车的押运人员可以不持有安全监督管理部门发给的押运员上岗证书。（　）

二、填空题

1. 按罐体保温方式可分为常温裸型、堆积绝热型、________型及高真空多层绝热型等多种。

2. 罐式集装箱主要是由________、罐体、遮阳或保温及相应的安全附件组成。

三、选择题

1. 汽车罐车的安全附件包括紧急切断装置、安全阀、液面计、压力表、温度计、________装置和消防装置等。

A. 遮阳　　B. 消除静电　　C. 防寒

2. 罐车的漆色、铭牌和________与规定不符，必须禁止充装。

A. 标志　　B. 灭火器　　C. 氮气

四、简答题

1. 为什么说罐车的安全管理比固定式储存容器要求更高？

2. 罐车的充装方法有哪些？

第七章

一、判断题（对的打√，错的打×）

1. 气瓶外表喷涂带颜色的油漆，就是为了使外表面不生锈。（　）

2. 对气瓶进行充装前的检查就是看瓶内是否有余压。（　）

二、填空题

1. 按结构分类，气瓶可分为无缝气瓶和________气瓶。

2. 盛装液化气体的气瓶的设计压力是介质温度为________℃时的瓶内气体压力的上限值。

三、选择题

1. 气瓶附件是指瓶帽、瓶阀、________和防震圈等。

A. 罩棚　　B. 安全阀

C. 易熔合金塞或爆破片

2. 气瓶应做到专瓶专用，不得私自改装________。

A. 液化石油气　　B. 其他气体

C. 氢气

四、简答题

1. 气瓶的安全管理与其他固定式压力容器主要有哪些不同？

2. 简述为什么要控制气瓶超装？如何预防气瓶超装？

第八章

一、判断题（对的打√，错的打×）

1. 压力容器的档案主要包括：原始技术资料、使用情况记录和使用登记资料三个方面的内容。（　）

2. 当压力容器进行改造、维修时，从事焊接工作的人员，

要取得特种设备作业人员操作证。 （ ）

3. 压力容器运行中，只因开错阀门造成事故，不算违章操作。 （ ）

二、填空题

1. 压力容器运行中，防止超温、________和介质泄漏是防止事故的根本措施。

2. 发生异常情况，危及压力容器安全运行的紧急情况，要立即________。

3. 液化石油气钢瓶的定期检验是从制造之日起，第 1 次至第 3 次的检验周期均为 4 年，第 4 次检验周期为________年；对于 YSP—50 型的钢瓶，每________年检验一次。

三、选择题

1.《特种设备安全监察条例》是特种设备生产（含设计、制造、安装、改造、维修）、________、检验检测及监督检查中，都应当遵守的条例。

A. 停止使用 B. 使用 C. 投入使用

2. 压力容器定期检验的目的是确定压力容器能否使用到________。

A. 下一个检验周期 B. 下一个年度检查 C. 报废

四、简答题

简述你所操作的压力容器的名称及安全操作要点。

第九章

一、判断题（对的打√，错的打×）

1. 应该对发生的压力容器事故，进行全面的调查分析，找出事故的原因，有针对性地采取防范措施，防止同类事故重复发生。 （ ）

2. 未按规定检验或由于客观原因无法实施检验，致使设备

存在缺陷，也是常见事故的主要原因之一。 ( )

二、填空题

1. 压力容器的破裂形式分为：韧性破裂、脆性破裂、________破裂、________破裂和蠕变破裂等五种形式。

2. 压力容器要确保________齐全、灵敏、可靠。

3. 事故发生单位应采用快捷方式，将事故名称、事故类别、地点、________、________简要情况报告给主管部门和当地特种设备监督管理部门。

三、选择题

1. 压力容器在反复变化的载荷作用下，可能产生________破裂。

A. 蠕变 B. 腐蚀 C. 疲劳

2. 判断处理压力容器事故，要“稳”“准”________。

A. “好” B. “急” C. “快”

四、简答题

1. 压力容器事故的主要危害有哪些？

2. 压力容器的事故是如何分类的？

Ⅱ. 安全技术考核复习题答案

第一章

一、判断题

1. √　　2. ×　　3. √　　4. ×

二、填空题

1. 密封　　2. 壁厚　　3. 反应、分离　　4. 三

三、选择题

1. A　　2. C

四、简答题

1. 答：压力容器的安全问题之所以特别重要，主要是因为它既是在工业生产、医疗卫生、能源、军事、科研等领域和人民生活中使用广泛的设备，又是事故率高，事故后果严重且往往是灾难性事故的特种设备。

（1）压力容器应用广泛

压力容器是一种能承受压力载荷的密闭容器。它的主要作用是储存、运输有压力的气体或液化气体，或者是为这些流体的传热、分离提供一个密闭的空间，或者是作为完成物理化学反应的设备。在生产和生活中都得到最广泛的应用。

（2）压力容器事故率高

压力容器是一种可能引起爆炸或中毒等危害性较大事故的特种设备，当设备发生破坏或爆炸时，设备内的介质迅速膨胀、释放出极大的内能，这些能量不仅使设备本身遭到破坏，瞬间释放

的巨大能量还将产生冲击波，使周围的设施和建筑物遭到破坏，危及人员生命安全。如果设备内盛装的是易燃或有毒介质，一旦突然发生爆炸或泄漏，将会造成恶性的连锁反应，后果不堪设想，它比一般机械设备事故率都高，所以要有更高的安全要求。

（3）压力容器事故后果严重

压力容器承压部件的断裂破坏伴随着介质的能量释放会形成爆炸，具有巨大的破坏力，不仅损坏设备本身，而且损坏周围的设备和建筑，并常常造成人身伤亡，后果极其严重。

总之，压力容器爆炸，常造成大面积的、立体性的破坏和群体伤害，给事故发生单位和社会造成严重损失。因而对压力容器的安全不能等闲视之，一定要慎之又慎，确保万无一失。

2. 答：由于《特种设备安全监察条例》是后发布的法规，且又比《压力容器的安全技术监察规程》监察范围规定宽，对于适用范围的小型压力容器（即直径小于 0.15 m 或容积小于 0.025 m^3），根据国家质量监督检验检疫总局 2006 年 3 月下发的《关于锅炉压力容器安全监察工作有关问题的意见》规定，小型容器不按《压力容器的安全技术监察规程》划分类别。在此文件中，没有对小型容器的适用规程做出解释，只对设计、制造资格做了具体规定，其余事项还待以后做出具体规定。

第二章

一、判断题

1. √　　2. ×　　3. ×

二、填空题

1. 箱形容器　　2. 封头（端盖）、密封元件

三、选择题

1. B　　2. C

四、简答题

答：扁平钢带缠绕式厚壁容器，是我国首创的一种结构形式。它兼有层板包扎与绕带的优点，没有难以焊接和检验的深而窄的环焊缝，制造工艺简单而易于掌握，也不需要复杂的大型设备，主要材料扁平钢带轧制容易，内筒外表面也不需要加工出沟槽等。目前国内小型化肥生产用的高压容器，很大一部分是这种结构。多年来的使用经验证明，这种结构形式的高压容器质量良好，安全可靠。

第三章

一、判断题

1. × 2. × 3. √

二、填空题

1. 2、3 2. 安全泄压

三、选择题

1. C 2. A

四、简答题

1. 答：压力容器安装安全附件是为了保障压力容器安全运行，装设在压力容器上或装设在有代表性的压力容器系统上的能显示、报警、自动调节或自动消除压力容器运行过程中可能出现的不安全因素的所有附属装置，因此，压力容器上必须安装安全附件。

2. 答：(1) 爆破片的装设应符合以下要求：

1) 爆破片装置与容器的连接管线应为直管，通道面积不得小于膜片的泄放面积。

2) 对易燃，毒性程度为极度、高度、中度危害介质的压力容器，应在爆破片的排出口装设导管，将排放介质引至安全地点，并进行妥善处理，不得直接排入大气。

3）爆破片应与容器液面以上的气相空间相连，其中普通正拱型爆破片也可安装在正常液面以下。

（2）爆破片的更换

爆破片应定期更换，更换期限由使用单位根据本单位的实际情况确定。对于超过爆破片标定爆破压力而未爆破的也应更换。

第四章

一、判断题

1. √　　2. ×

二、填空题

1. 低压液化气体　　2. 易燃

三、选择题

1. B　　2. A

四、简答题

1. 答：压力容器常用介质很多，有些介质的危险特性在于易燃烧、易爆、有毒、腐蚀以及可能发生的分解、氧化、聚合倾向等性质，如果不了解它的特性，管理不好，极易发生事故。只有了解它，才能避免或减少事故发生。

2. 答：液化石油气的爆炸一般属于气体混合物爆炸。液化石油气体与空气混合，达到一定浓度时，遇着火源即能发生爆炸燃烧。其爆炸为两种类型，即敞露式混合爆炸和密闭容器内混合爆炸。前者多发生在室内，当液化石油气泄漏以后，经过较长时间的扩散挥发，与空气形成爆炸性混合物（进入爆炸极限范围），遇到导爆因素（如明火等）立即爆炸，室内突发火团，伴有巨响，门窗破裂，物品强震破坏，甚至可掀翻屋顶。这都是使用不当或失于防漏检查而导致的事故。爆炸时能掀翻容器，摧毁设备，折弯管道，往往发生继生火灾。密闭容器内的爆炸，非常危险，爆炸时，容器裂成碎片四处飞射，伴有声光，有很强的破坏

力，形同炸弹，这类事故往往是因为容器内存有液化石油气，空气进入，充分扩散混合而形成爆炸条件的。容器置换违章，管道阀门不严，未经动火分析而进行焊接作业，经常导致这种恶性事故。

第五章

一、判断题

1. √　2. √　3. ×

二、填空题

1. 渗漏　2. 密封空腔　3. 中毒、高空坠落

三、选择题

1. C　2. B　3. C

四、简答题

1. 答：带压密封技术也称为不停车带压堵漏技术。它是先进的设备维修技术，主要用于流程工业各类装置和系统、公用和长输管道上，可以在保持生产、运行连续进行的情况下把泄漏部位密封止漏，避免停车损失。带压密封操作简便、安全、迅速、经济，且社会效益较高。

2. （略）

第六章

一、判断题

1. √　2. √　3. ×

二、填空题

1. 真空粉末绝热　2. 框架

三、选择题

1. B　2. A

四、简答题

1. 答：罐车是移动式压力容器，由于其活动范围大、运行环境条件复杂，罐内介质绝大部分是易燃、易爆及有毒等介质，在充装和运输过程中，极易发生事故。因此，罐车的安全管理，比固定式储存容器提出了更高更严格的要求。

2. 答：罐车的充装方法一般有压缩机加压充装法、泵充装法、加热充装法、静压差充装法和压缩气体加压充装法等。

第七章

一、判断题

1. ×　　2. ×

二、填空题

1. 焊接　　2. 60

三、选择题

1. C　　2. B

四、简答题

1. 答：气瓶是一种移动式压力容器。其使用广泛、数量大、流动性强、使用条件恶劣，大部分使用者缺乏安全常识，在气瓶充装方面，也存在一些特殊情况。因此，除了要符合压力容器的一般要求外，还有一些专门的规定和要求，来保证气瓶的安全使用。

2. 答：气瓶超装是指气瓶充装过量，主要是液化气体的过量充装。充装过量也是气瓶破裂爆炸的常见原因，特别是低压液化气体气瓶，其破裂爆炸绝大多数是由于充装过量引起。气瓶超装的预防必须从充装站（点）抓起。各充装站（点）应切实按国家有关的法律法规、标准和规程的规定和要求，抓好气瓶充装的各项管理工作，特别是充装过程的管理和充装后的检查。

第八章

一、判断题

1. √　2. √　3. ×

二、填空题

1. 超压　2. 停止运行　3. 3、3

三、选择题

1. B　2. A

四、简答题

（略）

第九章

一、判断题

1. √　2. √

二、填空题

1. 疲劳、腐蚀　2. 安全附件

3. 时间、人员伤亡及事故破坏

三、选择题

1. C　2. C

四、简答题

1. 答：压力容器发生事故的危害主要有震动危害、碎片的破坏危害、冲击波危害、有毒液化气体容器破裂时的毒害、二次爆炸燃烧危害等。

2. 答：按照《锅炉压力容器压力管道特种设备事故处理规定》中所造成人员伤亡和破坏程度，压力容器事故分为特别重大事故、特大事故、重大事故、严重事故和一般事故。

特别重大事故是指造成死亡 30 人（含 30 人）以上，或者受

伤（包括急性中毒，下同）100 人（含 100 人）以上，或者直接经济损失 1 000 万元（含 1 000 万元）以上的设备事故。

特大事故是指造成死亡 10～29 人，或者受伤 50～99 人，或者直接经济损失 500 万元（含 500 万元）以上 1 000 万元以下的设备事故。

重大事故是指造成死亡 3～9 人，或者受伤 20～49 人，或者直接经济损失 100 万元（含 100 万元）以上 500 万元以下的设备事故。

严重事故，是指造成死亡 1～2 人，或者受伤 19 人（含 19 人）以下，或者直接经济损失 50 万元（含 50 万元）以上 100 万元以下，以及无人员伤亡的设备爆炸事故。

一般事故，是指无人员伤亡，设备损坏不能正常运行，且直接经济损失 50 万元以下的设备事故。

Ⅲ. 安全技术考核试卷实例

单位________　　　姓名________　　　成绩________

一、填空题（每空 2 分，共 30 分）

1. 国务院颁布的《特种设备安全监察条例》第三十九条规定：锅炉、压力容器、电梯、起重机械等的作业人员应当按照国家有关规定经特种设备安全监督管理部门________合格，取得国家统一格式的特种作业人员证书，方可从事相应的工作。

2. 国务院颁布的《特种设备安全监察条例》规定：压力容器作业人员包括压力容器安装、改造、维护保养，________及其相关管理人员。

3. 国务院（中央编办发［2003］15 号文）进一步明确特种设备的安全监督管理、特种设备作业人员的考核由________部门负责。

4. 压力容器运行中工艺参数的控制主要是指对温度、________、介质腐蚀性、交变载荷等的控制。

5. 压力容器年度检查每年至少________次。

6. 压力容器检验时的直观检查和量具检查被称为________。

7. 腐蚀是压力容器在使用过程中最________产生的一种缺陷。

8. 压力容器的安全装置是指为了使压力容器能够安全运行而装设在容器上的一种附属装置，所以又常称为________附件。

9. 新安全阀投用前需调试________。

10. 爆破片是一种________型安全泄压装置，所以只能使用一次。

11. 液面计的最高和最低安全液位，应做明显的________。

12. 脆性断裂的容器，壁厚一般也没有________。

13. 压力容器温度控制主要是控制其________工作温度。

14. 高压容器属________类压力容器。

15. 严禁________拆卸压紧压力容器紧固螺栓。

二、选择题（每题 2 分，共 20 分）

1. 国务院《特种设备安全监察条例》第七十七条规定：从事压力容器操作的人员，未取得相应特种设备作业人员证书上岗作业的，法律责任是停止使用或者停产停业整顿，处（　）罚款。

A. 1 000 元以上 2 000 元以下

B. 2 000 元以上 2 万元以下

C. 2 万元以上 5 万元以下

D. 5 万元以上 7 万元以下

2. 低压搪玻璃压力容器属（　）类压力容器

A. Ⅰ　　B. Ⅱ　　C. Ⅲ

3. 压力容器安全状况等级为 3 级的，一般（　）年进行一次全面检验。

A. 1　　B. 3　　C. 5

4. 压力容器的使用单位在压力容器使用前应向（　）办理使用登记手续，领取使用证。

A. 劳动和社会保障部门

B. 地市级质量技术监督部门

C. 安全生产管理局

5. 压力表的量程最好为容器工作压力的（　）倍。

A. 1.5　　B. 2　　C. 3

6. 国家质量监督检验检疫总局关于《特种设备作业人员培

训考核管理规则》规定，取得特种设备作业资格证书者在资格证书有效期满前（　　）个月向当地的考核发证部门提出复审申请，未按期复审，其资格证书自行失效。

A. 1　　B. 3　　C. 6

7. 压力容器最高工作压力低于压力源压力时，在通向压力容器进口管道上必须装设（　　）。

A. 减压阀　　B. 截止阀　　C. 球阀

8. 安全阀必须进行定期检验，每年至少（　　）。

A. 一次　　B. 二次　　C. 三次

9. 压力容器的安全阀应（　　）安装。

A. 水平　　B. 垂直　　C. 倾斜

10. 液化气体储存容器必须（　　）装设安全泄压装置。

A. 单独　　B. 共同

三、判断题（每题 2 分，共 20 分。对的划√，错的划×）

1. 压力容器出厂时可以没有制造单位所在地质量技术监督检验单位签发的压力容器产品制造质量监督检验证书。（　　）

2. 发生压力容器转让或租赁时，压力容器技术档案应移交给新的使用单位保管，并办理移交手续。（　　）

3. 压力容器使用单位必须编制压力容器的安全管理规章制度及安全操作规程。（　　）

4. 压力容器比较常见的缺陷是腐蚀、裂纹和变形。（　　）

5. 压力表没有铅封、铅封损坏或超过校验有效期时，可以使用。（　　）

6. 液化石油气钢瓶属Ⅱ类压力容器。（　　）

7. 压力容器按工艺用途分为储存容器、反应容器、分离容器和换热容器。（　　）

8. 压力容器使用单位可选用无安全装置制造许可证单位制造的相关产品。（　　）

9. 压缩机附属气体储罐不必单独装设安全泄压装置。

( )

10. 压力容器的延性断裂是指材料经过明显的塑性变形后发生的断裂。 ( )

四、简答题（每题5分，共20分）

1. 简述安全装置的设置原则。

2. 压力容器的破裂形式有哪几种？

3. 简述压力容器易发生事故的原因。

4. 什么是热应力？

五、问答题（10分）

压力容器紧急停止运行的情况有哪些？